REGENMOORE

Fantastische Landschaftsgebilde mit wundersamen Anpassungen

„Regenmoore haben eine ganz liebliche Schönheit,
sie sind Verstärker des großen, stillen Zuges einer Landschaft,
die eigentümliche Gebilde hervorbringen." (Ratzel, 1901)

André Bönsel

REGEN MOORE

Fantastische Landschaftsgebilde mit wundersamen Anpassungen

Inhalt

Prolog

Das Dänschenburger Moor und das Gresenhorster Teufelsmoor sind die Regenmoore meiner Heimat. Es sind kleine Regenmoore, aber im Vergleich zu anderen größeren Regenmooren blieb ihnen ihr regenmoortypischer Moorkern erhalten. Wie ein umgedrehtes flaches Uhrglas wölbt sich zumindest noch der Moorkern des Dänschenburger Moores über die Umgebung. Dieser Eindruck ergibt sich im Gresenhorster Teufelsmoor nicht mehr, doch eine prächtige regenmoortypische Vegetation gedeiht dort noch. Im Kern sind beide Moore ursprünglich. Genau diese Atmosphäre meiner zwei Regenmoore, die ich schon über Jahrzehnte hinweg nahezu jede Woche genieße, sorgte für die Gedankenspiele in meinem Kopf – wie es hier früher wohl mal war, wie es werden wird, warum es woanders in Regenmooren ganz anders aussieht, weshalb die eine Pflanzenart oder Tierart hier ist und dort nicht und vieles mehr. Um Antworten auf diese Fragen zu finden, besuchte ich zahlreiche weitere Regenmoore in Deutschland und weltweit. Ich habe unendlich viele Publikationen und Bücher dazu gelesen. Aber ein Buch nur über Regenmoore fehlte bislang. Und deshalb habe ich den Entschluss gefasst, dieses Buch zu schreiben.

Der Name „Teufelsmoor", der für viele Regenmoore verwendet wurde, verrät vieles über die menschliche Gefühlslage gegenüber Mooren. So erfreuten und erfreuen sich seit jeher nur wenige Naturforscher und Naturgenießer an Mooren. Die meisten Menschen verbreiteten über Moore eher Mythen, Gruselgeschichten, Lesestoff für Krimis – wie Arthur Conan Doyles „Der Hund von Baskerville" – und hinterließen bei vielen Menschen eine im Gehirn unwiderruflich festgesetzte Furcht gegenüber Mooren, so dass sie bis heute einen weiten Bogen um Moore machen. Fast jeder Mensch verbindet mit Mooren Wasser und Mücken – Mücken in Tausenden, Millionen, Milliarden, Billionen. Moore sind das landschaftliche Feindbild in so mancher Menschenseele. Sie hassen diese vermeintlich menschenfeindliche, mückenüberlagerte, nutzlose, einfach nur nasse und – wie viele glauben – undurchdringliche Landschaft. Diese Antipathie war der Grund, warum man Moore überhaupt entwässert hat und es bis heute tut.

Trotz der kollektiven Abgeneigtheit erkannten einige Menschen, dass sich Regenmoortorf relativ gut als Brennstoff nutzen lässt. Als die Menschen nahezu das gesamte Mitteleuropa abgeholzt hatten, mussten sie zwangsläufig auf diesen Brennstoff zurückgreifen. Die große Phase der Abtorfung begann. Die Abneigung blieb. So schickte man die Menschen, für die man die geringste Wertschätzung aufbrachte, zum Abtorfen in die Moore. Häftlinge der Weltkriege sind die besten Zeitzeugen dafür. Es gibt aber auch ein ganzes Volk, welches sich freiwillig mit dem Nutzbarmachen und nicht nur mit dem Abtorfen von Mooren beschäftigte: die Niederländer. Sie waren so erfolgreich im Urbarmachen von Mooren, dass sich im Laufe der Zeit viele andere Völker ihrer Erkenntnisse annahmen. Mancherorts wurden Niederländer sogar angeworben, um auf fremden Staatsterritorien zu siedeln, damit sie dort die Moorgebiete kultivieren. Friedrich der Große lockte holländische Neusiedler in die nordostdeutschen Moorniederungen, damit sie dort das Kultivieren der Landschaften vorantrieben.

Nebel, der häufig in den Regionen vorherrscht, in denen die Regenmoore vorkommen, bestärkt sicher die Fantasien und die Mystik, die Regenmoore seit jeher auf den Menschen ausstrahlen.

Im 21. Jahrhundert könnte die Notwendigkeit vom Kultivieren und vom Torfabbau eigentlich vorbei sein. Als Brennstoff nutzt ihn kaum ein Mensch mehr, weil andere Brennstoffe höhere Wirkungsgrade erzielen. Menschen, die Torf immer noch als Brennmaterial nutzen, tun dies nur, weil sie sich einen anderen

Brennstoff nicht leisten können. Neue aktuelle Nutzungsbegründungen beruhen in der Regel auf Alibi-Begründungen. Das Entwässern von Regenmooren stand und steht also immer in einem Zusammenhang von menschlichen Zwängen und Unwissenheit. Wie der große deutsche Landschaftsforscher Friedrich Ratzel schon sagte, spiegelt das Aussehen einer Landschaft die Psyche der dort gerade lebenden oder der dort gelebten Menschen wider. Was die Menschen gegenüber Mooren empfinden, sieht man deshalb bis in die Gegenwart.

So werden heutzutage auch einige Moore wieder revitalisiert, weil man den Nutzen von Mooren erkannt hat. Hier waren es wiederum die Niederländer, die das Wissen um das Revitalisieren vorantrieben. Mineralisierter Torf hat die Geländehöhen ihres Landes schrumpfen lassen, weshalb viele Bereiche der Niederlande mittlerweile unter dem Meeresspiegel liegen. Nur durch Eindeichen und Herausschöpfen von Niederschlagswasser bleiben diese Landflächen bewohnbar. Weil man sehenden Auges dem Elend entgegengeht, ist es gerade dieses Volk, welches sich nach dem Kultivieren von Mooren auch verstärkt mit dem Revitalisieren von Mooren beschäftigt. Vielerorts müssen sich Moorforscher aber bis heute erklären, warum sie sich gerade für Moore interessieren, es seien doch nur gefährliche und unnütze Moraste. Warum das so ist, selbst in der westlichen Welt, und sich aber gerade ändert, erklären ein paar selbst erlebte Situationen.

Körperliche Arbeit, um Geld zu verdienen und damit seinen Lebensunterhalt zu bestreiten, waren noch bis ungefähr in die 80er-Jahre des 20. Jahrhunderts gang und gäbe. Spätestens dann begann das Zeitalter der Automatisierung, der Computer und Chips, und, wenn man so will, die Emanzipation von der körperlichen Arbeit. Gleichzeitig stieg die Arbeitslosigkeit, weil keine Arbeit für die früher körperlich schuftenden Arbeiter mehr da war. Der Großteil dieser schuftenden Generation ist jetzt Rentner und darf seinen Alltag genießen. Als diese Generation noch arbeitete, konnte sie sich ein Interesse an Regenmooren nicht leisten, schon gar nicht tage-, monate- oder gar jahrelang ihre Zeit mit Gedankenspielen über das Für und Wider vom Revitalisieren von Mooren verplempern. Bei den Belangen des Individuellen ging es um die Existenz. Meiner Großmutter war, abgesehen von ihrem Haushalt, dem Vieh auf dem Hof und ihrer Nähmaschine, alles fremd. Für ihre Großmutter war selbst das Alphabet noch ein Zauberbuch, für ihre Mutter und sie selbst war es etwas, womit Notare und Apotheker das Papier

schwärzten. Und als die Tochter meiner Großmutter dann später studieren wollte, brach für sie fast eine Welt zusammen.
Erst allmählich wurde bei ihr und beim Rest der Menschheit der Nutzen von Lesen und Schreiben erkannt. Viele Menschen der neueren Generationen lernen jetzt sogar das Nachdenken – *das Studieren*. Sich mit Mooren zu befassen wird aber noch lange nicht von jedermann gutgeheißen. Die Menschheit muss sich wohl erst vollständig von der körperlichen Arbeit emanzipieren und dann noch genügend allgemeine Reserven durch die neuen Techniken anhäufen, um ihren Blick und die Gedanken für die Natur frei zu bekommen. Doch erste positive Tendenzen sind zu erkennen. Es gründeten sich Parteien, die sich als der Natur verschrieben sehen wollen, und sogar zahlreiche universitäre Einrichtungen beschäftigen sich seit den letzten zwei Jahrzehnten des 20. Jahrhunderts intensiv mit Umwelt- und Naturschutz.
Die Zeiten haben sich also geändert. Viele Menschen hätten potenziell Zeit, sich mit Regenmooren zu befassen, und einige Menschen machen es schon. Manche Menschen wollen sogar die Moore schützen oder abgetorfte Moore wiedervernässen. Bücher über Moore sind entstanden, selbst in verschiedenen Sprachen. Es gibt einen genial gemachten Dokumentarfilm von Jan Haft über die Magie der Moore. Warum also noch ein Moorbuch? Ganz einfach: Weil es noch kein Buch allein über Regenmoore gibt. Alle bisherigen Bücher, Zeitschriftenaufsätze und Filme beschäftigen sich mit den Mooren im Allgemeinen. Dabei gibt es Niedermoore und Regenmoore. Und die Abgrenzung dieser zwei Moortypen ist keine intellektuelle Spielerei. Regenmoore sind völlig andere Moore. Sie entstehen zwar häufig erst auf Niedermooren, ermöglicht durch Torfmoose, doch deren Lebenswelt ist eine ganz andere. Die ganz spezifischen Zusammenhänge zwischen der Ausgangssituation und der Flora und Fauna wurden hier und da in Aufsätzen beschrieben, aber noch niemals in einem zusammenfassenden Buch.
Dabei lassen sich gerade am Beispiel der Regenmoore aktuelle Aspekte der Ökologie wie Inselvorkommen, Inselökologie, Metapopulation, Refugialstandort, Anpassungsstrategien oder Biotopwechsel – was nur einige ausgewählte Aspekte sind – hervorragend betrachten. Zu nennen wären gleichermaßen die Aspekte des wissenschaftlichen Naturschutzes wie Seltenheit, Eigenart, Vielfalt, Schönheit, Wiederherstellbarkeit oder Machbarkeit. In der Realität sind all diese Punkte eine Streuung

aus dem Ganzen, denn irgendwie hängt alles miteinander zusammen. Und mir scheint es an der Zeit, wenigstens den Versuch zu unternehmen, ein zusammenfassendes Buch zu den Erkenntnissen über Regenmoore und dabei sowohl über ihre pflanzlichen als auch tierischen Bewohner zu schreiben, um damit die Faszination für Regenmoore bei zahlreichen Menschen zu wecken. Denn nur das, was man kennt, wird man schützen. Und die Zeit ist dafür jetzt reif.

Dieses Buch soll aber kein Zusammentragen von historischen und rezenten Fakten sein, sondern es will die evolutionären und ökologischen Zusammenhänge erklären. Es geht um das Warum. Die Frage danach, warum etwas so ist, wie es gerade ist, wird dann – so jedenfalls meine Hoffnung – auch zu der Erkenntnis führen, wie fantastisch Regenmoore, wie einzigartig und schließlich wie schützenswert diese wunderschönen Landschaftsgebilde sind. Die Kenntnisse zu Regenmooren, die in diesem Buch vielleicht manchmal mit scheinbar leichter Hand verbunden wurden, sind in der Wissenschaft meist bis ins kleinste Detail getrennt. Mir geht es in diesem Buch aber ums Begreifen, nicht um aufzählende detailgetreue Wissenschaft. Begreifen wäre das, was beim Leser zurückbleibt, wenn er das Gelesene wieder vergessen hat. Wissen-

Man kann sich in einem Regenmoor auch berauschen lassen, zum Beispiel wenn man sich inmitten eines Meeres von Wollgräsern stellt, das leicht vom Wind bewegt wird.

schaftler verfolgen häufig noch andere Ziele. So unterliegen die Universitäten und ihre Gelehrten untereinander einem unausgesprochenen Zwang, sich voneinander abzuheben, basierend auf verschiedenen kulturellen und landschaftlichen Hintergründen sowie häufig aufgrund finanzieller Zwänge, was konsequenterweise zu unterschiedlichen Denkströmungen führt. Viele ihrer Texte sind komplizierte, verschleierte Fakten, denn eine klare Wahrheit über bestimmte Zusammenhänge bringt den Einzelnen mitunter nicht immer weiter. Generell leben die meisten Wissenschaftler am Mainstream angepasst, und das war schon immer so. Verschleierte Fakten helfen den Mooren aber überhaupt nicht und für das Verständnis der Zusammenhänge für die Menschen, die die Regenmoore zum Schluss schützen sollen, tragen sie erst recht nicht bei. Manche Naturschützer scheinen durch die vielen Einzelfakten, die zum Teil noch akribisch bis ins Detail weiter diskutiert werden, das große Ganze aus den Augen verloren zu haben. So geht es bei vielen Debatten zum Schutz von Mooren nur noch ums Klein-Klein und nicht mehr um den eigentlichen Erhalt oder die Wiederherstellbarkeit.

Deshalb klammere ich die vielen kleinen Kniffligkeiten aus, um das Wesentliche im Blick zu behalten. Damit das Buch nicht zu einer steifen Schwarz-weiß-Lektüre wird, ist es zusätzlich mit ein paar bildlichen Leckerbissen geschmückt. Der Mensch ist ein Augentier, deshalb sagten schon diverse kluge Gelehrte: Man lernt von dem Gesehenen. Die Bilder sollen helfen, das Gelesene zu speichern. Und nicht zuletzt will ich natürlich die Menschen nach draußen in die Regenmoore locken, denn das wirkliche Lernen und Begreifen kann nur durch das Sehen im Freien funktionieren. Aus dem Gelesenen und Gesehenen werden sich sicherlich wieder neue Fragen ergeben, und genau das ist ebenfalls Ziel dieses Buches. Wer fragt, der lebt, und wer lebt, der kann genießen und den Lebensraum, den er genießt, schützen. Fragen zu stellen ist eine Fähigkeit, die der Mensch mit der Geburt in die Wiege gelegt bekommt. Diese Befähigung ist wohl genau der Punkt, der uns am grundlegendsten von allen anderen Lebewesen unterscheidet, und nur deshalb können wir die kompliziertesten Dinge durchschauen – wenn wir es wollen.

Dass Fragen zum Lernen führt, zeigen uns am besten unsere Kinder. Mir jedenfalls meine Kinder, die mich seit geraumer Zeit durch die Regenmoore begleiten. Sie haben noch eine kindliche Sichtweise gegenüber Regenmooren und diese wechselt sogar, je nachdem, was wir in dem einen

oder anderen besuchten Moor so erleben und je mehr das Gehirn aufnehmen kann. Schon als Vierjähriger katalogisierte mein Sohn Arthur die einzelnen Moore nach dem Nutzen für ihn. Natürlich tat er das nicht bewusst, aber nachdem, was er dazugelernt hatte. So konnten wir beispielsweise durch die meisten Regenmoore problemlos hindurchwandern und alles Mögliche entdecken. In einigen Regenmooren wird es aber zunehmend schwieriger, und zwar dort, wo eine Wiedervernässung durchgeführt wurde, die am Rand des Moores manchmal mehr als kniehohe Wasserstände hervorbrachte. In diesen Randbereichen stehen häufig zahlreiche abgestorbene Bäume. Dieses Bild der toten, blattlosen Bäume fand Arthur gar nicht schön. Seine Meinung verschärfte sich noch, wenn ich ihm eine wunderbare Wanderung mit vielen tollen Erlebnissen durch ein solches Moor versprochen habe und wir uns beim Durchqueren ordentlich nasse Füße geholt haben. Er schimpfte über die Wiedervernässung des Moores und sagte: *„Papa, in Moore darf man kein Wasser mehr machen, sonst kann man gar nicht mehr durchgehen und alle Bäume sterben ab. Das ist überhaupt nicht toll!"*
Wie mein Sohn Arthur haben viele Menschen diese distanzierte Sichtweise gegenüber wiedervernässten Mooren, wenngleich vielleicht aus anderen Gründen. Im Kern treffen hier zwei unterschiedliche Gedankengänge aufeinander: zum einen das, was wissenschaftlich richtig ist, und zum anderen das, was gefühlt richtig ist. Beides sind zwei völlig unterschiedliche Dinge. Das sachlich Richtige beruht auf wissenschaftlichen Fakten und das andere auf menschlichen Gefühlen, die bekanntlich je nach Umfeld und eigenem Kenntnisstand ganz unterschiedlich ausfallen können. Bei einem erwachsenen Gehirn hängen die Gefühle vom Gelernten ab und von einer Umwelt, indem Gelerntes entweder ausgetauscht oder nur vergessen wird. Wissenschaftliche Fakten ändern sich auch, denn Wissenschaft ist ein Prozess von Erkenntniszugewinn und keinesfalls etwas einmal Festgeschriebenes und für immer Gültiges. Doch in der Regel hat ein solcher Prozess nichts mit Gefühlen zu tun, sondern ist potenziell von jedermann überprüfbar.
Mein Sohn Arthur hat mittlerweile viel dazugelernt. Er weiß, dass viele Arten nur (noch) in Regenmooren leben und das Wasser zum Überleben benötigen. Die toten Bäume ergeben für ihn jetzt Sinn, selbst wenn sie nur dafür da sind, um von ihm umgestoßen zu werden, mit dem Ziel, danach zu schauen, was alles herauskrabbelt. Das Schimpfen über die wiedervernässten Moore hat sich bei Arthur mittlerwei-

le in Begeisterung gewandelt. Er weiß sogar, wie man durch nasse Moore schlendert, nämlich indem man die strukturierteren Moosteppiche nutzt, wo noch andere Pflanzenstängel außer Moose vorkommen. Wenn ich manchmal mit meinen höheren Stiefeln durch die wasserüberspannten Bereiche der Torfmoosschlenken patsche, ruft Arthur: *„Papa, du musst da gehen, wo noch andere Pflanzen aus den Moosen rausgucken, sonst versinkst du.“* Was für eine geistvolle Erkenntnis eines damals Vierjährigen! Sicher konnte er es noch nicht erklären, warum das tatsächlich so ist, aber er hat durch Beobachtung und Erkenntniszugewinn eine andere Sichtweise erlangt.

Die Sichtweise gegenüber Regenmooren hängt also davon ab, was wir über sie wissen. Deshalb ist es mein Hauptanliegen, dass nach dem Lesen dieses Buches bei möglichst vielen Menschen das Interesse an Regenmooren geweckt wurde, wonach sie versuchen, deren Vielfalt, Seltenheit und Schönheit zu entdecken. Denn wie gesagt: Erst das, was man kennt, ist man bereit zu schützen. Wenn man es liebt, ist man sogar bereit, Entbehrungen zu erbringen. Und das wäre gut so – in unser aller Interesse!

Bedingungen für die Entstehung von Regenmooren

Regen und Temperatur als Grundvoraussetzungen für Regenmoore

Der Regen setzt den Rahmen für die Regenmoore (Proctor, 1995). In der Tropenzone zwischen den Wendekreisen können sich tropische Regenwälder entwickeln, in den gemäßigten Zonen nördlich und südlich der Wendekreise bis an die Polarkreise heran bilden sich die Regenmoore. Die Regenmenge muss sowohl für die Regenwälder als auch für die Regenmoore die Rate der Verdunstung übersteigen. Dauerhaft feuchte Verhältnisse sind dabei unerlässlich. Die Jahreslufttemperatur des jeweiligen Gebietes entscheidet darüber, ob ein Regenwald, ein Regenmoor oder eine Tundra mit regenmoorähnlicher Vegetation entsteht.

Tropische Regenwälder erreichen ihre maximalsten Ausdehnungen in den Niederungsgebieten der äquatorialen Kontinente. So bestehen die größten zusammenhängenden Regenwaldgebiete im Amazonasbecken, im Kongobecken des mittleren Afrikas sowie im südöstlichen Asien bis über die Inselketten von Borneo, Indonesien und Papua-Neuguinea.
Die Regenmoorgebiete finden sich nördlich und südlich der Wendekreise im klimatischen Einflussbereich der Meere und ein paar wenige in den tropischen Gebieten. Im Inneren der Kontinente nimmt die Zahl der Regenmoore stetig ab. Dort reichen die Niederschlagsraten in der Regel nicht mehr aus, um die Verdunstungsraten zu übertreffen. Ab den Polarkreisen ist die Temperatur der limitierende Faktor, um echte Regenmoore aufwachsen zu lassen. Hier sieht die Vegetation im Sommer zwar aus wie ein Regenmoor, es bilden sich aber keine echten, sprich durch mächtige Torflagen aufgewölbte Regenmoore. In diesen Tundralandschaften entstehen Bulten (Torfmooshügel) und Schlenken (nasse bis wassergefüllte Vertiefungen im Moor, meist auch mit Torfmoosen bewachsen) durch das Wechselspiel von Frost und Sonne. Vom äußeren Erscheinungsbild her und selbst bei einzelnen Standortfaktoren gibt es starke Ähnlichkeiten zwischen Tundra und Regenmoor, weshalb viele Pflanzen und Tiere sowohl in der Tundra als auch in Regenmooren leben. Für das Überleben von zahlreichen Pflanzen und Tieren der heutigen Regenmoore war diese Ähnlichkeit der Standorte während der letzten Eiszeiten auf Nord- und Südhalbkugel von entscheidender Bedeutung. Tundralandschaften gab es nämlich immer während der Eiszeiten, und zwar am Rand der Gletscher-

lagen. In diese Refugien wichen viele Arten aus und wanderten von dort später, nach den Eiszeiten, wieder in die neu entstandenen Regenmoore ein. Die klimatischen Leitfaktoren –Niederschlag und Temperatur –entschieden und entscheiden bis in die Gegenwart über Vorkommen von Regenwald, Regenmoor oder regenmoorähnlicher Tundralandschaft.

Insgesamt müssen die Niederschlagssummen für das Entstehen von Regenwäldern allerdings um ein Vielfaches höher sein als für Regenmoore, was wiederum mit der Temperatur zusammenhängt. In der tropischen äquatorialen Zone steht die Sonne ganzjährig senkrecht und erzeugt durch die Einstrahlungswärme enorme Verdunstungsraten, was die Tropen für uns Menschen so schwül vorkommen lässt. Regenmoore fühlen sich über das gesamte Jahr betrachtet eher nass-kalt an, wenngleich sie im Sommer auch manchmal wunderbar warm werden können. Wo die Niederschlagsmengen in der Tropenzone unter 2.000 Millimeter abfallen, kann sich kein Regenwald erhalten, weil durch die hochstehende Sonne mehr Wasser verdunstet als regelmäßiger Nachschub erfolgt (Fittkau, 1973). Hier entstehen manchmal Saison-Regenwälder, wenn zumindest in einzelnen Monaten enorme Regenmengen fallen

Niederschlag, ob er als peitschender Regen, Schnee oder Nebel auftritt, ist die Grundvoraussetzung für das Entstehen von Regenmooren.

(Walter & Breckle, 1999). Solche saisonalen Erscheinungen gibt es bei Regenmooren nicht, dafür ist die Vegetationszeit in der gemäßigten Zone zu kurz. Entweder schaffen es die Torfmoose der Regenmoore, solche saisonalen Schwankungen auszugleichen, oder es gibt bei extremen Niederschlagsschwankungen keine Regenmoore.

Auch in biologischen Systemen gelten die Regeln der Physik und Chemie (Lawton, 1999). Nach der van-'t-Hoff'sche Regel steigt die Reaktionsgeschwindigkeit bei einem Temperaturanstieg um 10 °C auf das Zwei- bis Dreifache an und fällt umgekehrt bei Temperaturabfall in ebengleicher Relation (Randall et al., 2000). Für biochemische Prozesse innerhalb der Tiere und Pflanzen gilt genau diese Regel, wenn auch in etwas abgeschwächter Form. So erklärt sich, warum in den Tropen bei Jahresdurchschnittstemperaturen von teils über 16 °C mächtige Regenwaldbäume mit tonnenschwerer Laubblattlast entstehen können (Gates, 1962). In den meisten Gebieten der Regenmoore liegt die Jahresdurchschnittstemperatur nicht einmal bei 8 °C. Die Wachstumsraten sind demnach deutlich geringer. Hier wachsen die Moosbulten selbst bei guter jährlicher Wasserversorgung in Millimeter-Raten und nicht wie im Regenwald in Metern oder gewaltigen Kubikmetern. Für einen echten Regenwald ist neben der Temperatursumme vor allem die Regelmäßigkeit von Regen entscheidend, wohingegen Regenmoore Unregelmäßigkeiten bezüglich der Regenmenge durch die verschiedenen Fähigkeiten der Torfmoose kompensieren können. Dennoch müssen mindestens um die 600 Millimeter Regen im Jahr fallen, um Regenmoore überhaupt entstehen zu lassen (Rydin & Jeglum, 2013).

Die Regelmäßigkeit des Niederschlags in Regenwaldgebieten bewirkt die ganzjährig senkrecht einfallende Sonnenenergie, die nicht nur für die Verdunstung verantwortlich zeichnet, sondern die gerade durch den durch sie herbeigeführten Verdunstungsprozess für regelmäßig aufsteigende Luftmassen sorgt. Diese aufsteigenden Luftmassen kühlen sich beim Aufstieg wieder ab und geben übermäßige Feuchtigkeit in Form von meist heftigen Niederschlägen ab. Die sich weiter abkühlende Luft fließt in der Höhe zu beiden Wendekreisen und sinkt dort wieder herunter. Im bodennahen Bereich der Wendekreise werden die Luftmassen vom Windsystem der Passate erfasst, steigen schräg zum Sonnenhöchststand wieder auf, nehmen über den Ozeanen erneut Wasser auf und strömen in Richtung Äquator wieder zurück. Regenfeuchte Luftmassen werden also stets zum Äquator zurückgelenkt, um die Regenwälder mit Wasser zu versorgen. So entstehen am Äquator regelmäßig die Tiefdruckgebiete und an den Wendekreisen die beständigen, nahezu staubtrockenen Hochdruckgebiete. Genau deshalb bildeten sich am Äquator die Regenwälder und unmittelbar an den Wendekreisen die Wüstengürtel der Erde.

An den Polen der Erde besteht hingegen ein Defizit von Sonnenenergie. Dieses Defizit versuchen die Luftmassen auszugleichen. Es entstehen nicht nur die Passatwinde, die wieder zum Äquator zurückströmen, sondern ebenso außertropische Westwinde. Durch die Eigenrotation der Erde werden die vom Äquator kommenden Winde auf West gedreht und die kalten Luftmassen der Pole auf Osten. Den für die Regenmoore notwendigen Niederschlag bringen also außertropische Luftmassen. Sie tragen noch die Energie der Tropen mit sich und nehmen Wasser über den Meeren auf. Deshalb bezeichnet man die regenreichsten Gebiete der Nord- und Südhalbkugel als ozeanisch beeinflusste Klimagebiete. Solche feuchten Luftmassen der Westwinde driften früher oder später immer auf terrestrische Bereiche der Erde, wo sie sich spätestens abkühlen und abregnen. Relief und östliche Gegenwinde von den Polen bestimmen, wie weit die feuchten Luftmassen ins Innere der Kontinente reichen. Selbst die Meeresströmungen wie der Golfstrom, der bis nach Norwegen reicht, haben Einfluss auf die Niederschlagsbildung. Der warme Golfstrom befördert die feuchten Luftmassen über den Nordatlantik, was Norwegen bis zu 2.000 Millimeter Niederschlag jährlich beschert. Der Westwind trägt diese Niederschlagsmengen bis weit in den skandinavischen Raum hinein, weshalb es von Norwegen bis nach Finnland viele Regenmoore gibt. Die östlichen Gegenwinde lassen anschließend die Niederschläge versiegen.

In den Sommermonaten erwärmen sich die inneren Bereiche der nördlichen und südlichen Kontinente, wodurch auch innerhalb der Kontinente feuchte Luftmassen aufsteigen und sich an anderer Stelle abregnen. Diese Konstellationen sind nur nicht so beständig und relativ klar voraussagbar wie im tropischen Teil der Erde (Goudie, 2002). Die Niederschläge fallen ober- und unterhalb der Wendekreise im Jahresverlauf viel unregelmäßiger als in den Tropen. Zudem ergießen sich die Niederschläge nie flächig, sondern werden vom Relief der jeweiligen Inlandsregionen und den jährlich unterschiedlich weitreichenden Windströmungen bestimmt.

Hohe Niederschlagsmengen stehen in den gemäßigten Zonen fast immer in Verbindung mit der Nähe zum Meer und der Lage von Gebirgszügen. Gebirge stoppen die hereinziehenden Regenwolken und zwingen sie zum Absinken und beim Abkühlen zum Abregnen. Deshalb bestehen Binnenland-Regenmoore auf der Luvseite von Gebirgszügen. Diese Funktion von Gebirgszügen können auch Moränenketten der Eiszeiten wahrnehmen, denn selbst kleinere Erhebungen bremsen feuchtwarme Luftmassen und lassen sie luvseitig abregnen. Das Relief bestimmt also, wie weit die feuchtwarme Luft der Ozeane ins Landesinnere vordringen kann. Ohne Gebirgszüge ziehen die Luftströme weit ins Landesinnere hinein, Erhebungen hingegen bremsen die Luftzirkulation aus. Daraus ergibt sich ungefähr die kontinentale Niederschlagsverteilung auf Nord- und Südhalbkugel und danach schließlich die Verteilung der Regenmoore. Küstennah und luvseitig an den ersten kontinentalen Gebirgs- oder Moränenzügen bestehen deshalb die größeren Regenmoore, landeinwärts dann immer we-

Das Aufwachsen von Moosbulten benötigt in Regenmooren Jahre, da die meist niedrige Jahrestemperatur die biochemischen Prozesse verlangsamt. Die Speicherfähigkeit der Moose und die Langsamkeit des Wachstums machen Regenmoore aber zu langzeitigen Landschaftsgebilden.

niger bis gar keine Regenmoore mehr. Aus diesen Gründen waren die landeinwärts verbreiteten Regenmoore schon immer kleinere isolierte Gebilde inmitten der sonstigen Landschaften und niemals so zusammenhängende Einheiten wie die tropischen Regenwälder. Dieser Sachverhalt hatte schon immer einen ganz besonderen Einfluss auf die Tierwelt der Regenmoore. Doch jetzt ist es an der Zeit, etwas zu den Machern der Regenmoore zu sagen: den Torfmoosen.

Die Torfmoose

„Diese kleinen grünen Moose machen Regenmoore?“ Diese Frage stellten mir meine Kinder, als sie noch klein waren, aber schon gewisse Details zusammenfügen konnten, und meinten: *„Grün und nicht sichtbares Wasser können wohl kaum zusammenpassen.“* Ich antwortete: *„Doch, sie können enorm viel Wasser speichern und dadurch Durststrecken überstehen.“* Dann zeigte ich ihnen, wie man sich an einem heißen trockenen Sommertag nach Wochen ohne Regen und ohne sichtbares Wasser im Moor wunderbar die Hände waschen kann. Ich zog ein großes Moosbüschel aus dem Moosteppich und drückte es über den Händen der Kinder aus. Das Staunen war groß. Mindestens ein kleines Einweckglas voll Wasser ergoss sich über ihre Hände. Die nächste Frage lautete: *„Wo nehmen diese Moose das Wasser her? Sie sehen doch ganz grün aus, wie alle anderen Pflanzen, und diese haben doch nicht so viel Wasser gespeichert, oder?“*

Tatsächlich sind die meisten Torfmoose den größten Teil des Jahres grün wie alle anderen Pflanzen. Grün bedeutet, sie haben enorm viel Wasser gespeichert. Aber sie können auch weiß werden. Dann sind die obersten Torfmoosschichten mit Luft gefüllt, was ein Vorteil wird, wenn im Sommer einfach kein Regen mehr fallen will und die Verdunstung scheinbar ins Unendliche geht. Torfmoose kompensieren durch ihre Speicherfähigkeit die Unregelmäßigkeit der jährlichen Niederschläge und überstehen durch ihre spezielle Anpassung des *Weißwerdens* sogar längere Trockenphasen ohne Niederschlag. Damit machten sie das Entstehen von Regenmooren auf der Nord- und Südhalbkugel erst möglich (van Breemen, 1995).

Was aber ist das Grün der Torfmoose? Es gibt grüne Meerbereiche, grüne Regenwälder, grüne Regenmoore. Man glaubt es kaum, doch dieses Grün hat miteinander zu tun. Im Meer sind es winzige Cyanobakterien, die die Färbung verursachen, im Regenwald und Regenmoor ebenfalls. Es sind Myriaden von winzigen Gebilden, die in den

Zellen der Blätter stecken. Die winzigen kleinen Gebilde im Blattgrün stammen von urtümlichen Cyanobakterien ab, die vor mehr als einer halben Milliarde Jahren schon als freilebende bakterielle Zellen in den Meeren existierten, und dort eine Gemeinschaft (Symbiose) mit anderen Pflanzen eingingen (Margulis & Sagan, 1995). Die bis heute im Meer schwimmenden Bakterien sind also verwandt mit den Bakterien, die wir seit einigen Jahrmillionen als Symbionten in sämtlichen grünen Pflanzen erkennen. Die Fachsprache der Biologie nennt diese in den Pflanzenzellen vorkommenden Gebilde *Chloroplasten*. Mit den Chloroplasten und der Sonne als Energielieferant können die grünen Pflanzen aus Kohlendioxid und Wasser die für sie selbst benötigten Kohlenstoffverbindungen herstellen und geben als Abfallprodukt Sauerstoff ab.

Die grüne Erde und vor allem den Sauerstoff in der Luft verdanken wir Menschen demnach den Bakterien, die vor langer Zeit eine Liebesbeziehung mit Pflanzen eingegangen sind und die diese Ehe bis heute aufrechterhalten (Kutschera & Niklas, 2005; Kutschera, 2006b). Entdeckt hatte diese Tatsache zum Anfang des 20. Jahrhunderts (1905) der russische Flechtenforscher Konstantin Mereschkowski, als er unter dem Mikroskop beobachtete, wie die Teilung der Chloroplasten der Teilung von bakteriellen Zellen ähnelte, weshalb er eine Symbiose mit Bakterien vermutete (Zrzavy et al., 2013). Salonfähig und widerspruchslos machte diese Theorie aber erst zum Ende des 20. Jahrhunderts ein Team um die amerikanische Mikrobiologin Lynn Margulis. Solche wunderbaren und manchmal scheinbar unmöglichen Prozesse in der Natur nennen die Biologen Evolution (Kutschera, 2006a).

Das Ergebnis von Evolution kann man kurzgefasst auf den Punkt bringen: *Was irgendwie möglich ist und nicht das Leben stört, kann in der biologischen Welt sein*. Dieses Phänomen wird mit dem Terminus „kontingent" ausgedrückt. Voraussetzung für jedwede Veränderungen im biologischen Ganzen sind Mutation, Neukombination, geografische oder ökologische Isolation, Symbiose und die Auslese (Selektion). Doch nicht jede Mutation, jede Isolation, Neukombination oder Symbiose führt zur Veränderung. Gerade Mutationen gibt es jeden Tag und überall auf der Welt, und trotzdem verändert sich die biologische Welt nicht ständig, zumindest nicht sichtbar. Es laufen also stetige Veränderungen ab; sie werden für uns Menschen nur nicht sofort sichtbar. Genau dieses Phänomen des Nicht-sofort-sichtbar-Werdens schuf die Probleme der Biologie, die bis

Grüne Torfmoose – wie hier Sphagnum fallax – speichern bis zu 500 % ihrer eigenen Biomasse an Wasser und können damit selbst bei unregelmäßig fallenden Niederschlägen überleben.

heute nicht absolut geklärt sind. Eines der Hauptprobleme ist das Artproblem. Damit ist konkret die Frage gemeint: Wann ist eine Art eine Art? Darüber streiten sich Wissenschaftler seit vielen Jahrzehnten (Amann et al., 1995; Mayr, 2000; Wiley & Mayden, 2000; Tautz et al., 2003). Doch sicher waren sich alle Wissenschaftler schon immer darin, dass gerade die einzelnen Arten die einzelnen Nischen (Standorte) besiedeln (van Valen, 1976; Wiens, 2004). Konsens besteht auch in der Annahme, dass die Grundbausteine für das Leben auf unserer Erde aus dem Wasser kamen; wie die Cyanobakterien, die mit Pflanzenzellen eine Symbiose bildeten und dort zu den Chloroplasten wurden. Ursprüngliches Leben ging demnach aus dem Wasser hervor (Futuyma, 1990; Gould, 1997). Wasser aufzunehmen und Wasser zu halten bildet nicht zuletzt deshalb für alle terrestrischen Pflanzen die Existenzgrundlage auf dem Land (Walter, 1967).

Von den Moosen im Allgemeinen sind die Torfmoose eine sehr alte Gruppe. Vor etwa 380 Millionen Jahren haben sich die Torfmoose vom Rest der damals vorkommenden Moose abgetrennt. Dies passierte genau zu der Zeit, zu der sich immer mehr Pflanzen und Tiere vom Leben im Wasser emanzipierten und zu Landlebewesen wurden (Fortey, 1999). Damals entstanden die ersten regenwaldähnlichen Wald- und Moorlandschaften, in denen sich Torfmoose ansiedelten. Die verschiedensten Schichten, die sich über die Jahrmillionen über die damaligen Torflager legten, erzeugten enorme Drücke, so dass aus Torf Braun- oder Steinkohle wurde (Stanley, 2001). In einigen dieser ursprünglichen Landschaften bauen Menschen heutzutage Braun- oder Steinkohle ab.

Insgesamt entsteht durch die Prozesse der Evolution fortlaufend Vielfalt, und so auch bei den Torfmoosen. Einige Torfmoose, die bis heute an verschiedenen Orten der Erde überlebten, gab es seit ungefähr 14 Millionen Jahren: sie bildeten sich im Miozän. Die Sumpflandschaften des Miozäns reichten bis in die Zonen der heutigen borealen Zonen mit den Regenmooren. Damals war es weltweit nur viel wärmer als heute, weshalb in diesen Sümpfen neben Torfmoosen noch gigantisch große Baumfarne und teils riesige Tiere existierten. Die schon damals kleinen Torfmoose bevölkerten die Bodenschicht und speicherten Wasser. Über ihnen entstanden Sumpfwälder und teils sogar Formen, die den heutigen Regenwäldern entsprechen. Einige dieser Torfmoose leben bis heute in den tropischen Regenwäldern (Fukarek et al., 1992). Sie sind dort sogar endemisch geworden, was heißt, dass sie nur noch dort in den Regenwäldern der Tropen vorkommen. Schätzungsweise 250 bis 300 Arten von Torfmoosen sollen auf der Erde bis heute noch existieren (Clymo & Hayward, 1982; Rydin, 1986). Von diesen 300 Arten haben es seit der Entstehung vor zirka 14 Millionen Jahren immerhin 40 Arten geschafft, die gesamte nördliche Erdhalbkugel an geeigneten Stellen zu besiedeln. Diese Arten sind zirkumboreal verbreitet und je nach ihren Präferenzen für einen speziellen Mikrostandort nahezu überall am Aufbau der Moore im Allgemeinen und meist auch im Speziellen – nämlich am Entstehen sowie Bestehen von Regenmooren – beteiligt (Johnson et al., 2014). Bevor ich mit der Artbildung der einzelnen Torfmoose und den einzelnen Präferenzen der verschiedenen Torfmoose in Regenmooren fortfahre, möchte ich die allgemeine Morphologie der Torfmoose beleuchten.

Morphologie der Torfmoose

Die Torfmoose pflanzen sich sehr ursprünglich fort, und zwar mithilfe unfassbar kleiner Sporen. Eine Spore ist nichts weiter als ein kleines Behältnis mit einem Keim darin. Die Kleinheit der Sporen macht eine Verbreitung

Die Torfmoose verbreiten sich über Sporen. Die Sporenkapseln, wie hier von Sphagnum fimbriatum, wachsen über die eigentlichen Köpfchen der Torfmoose hinaus, um dort erwärmt zu werden und dann bei richtiger Reife und Wärme zu platzen. Der Wind erledigt anschließend die Verbreitung der Sporen.

durch den Wind und damit eine Verbreitung über enorme Entfernungen möglich. Deshalb sind immerhin schon mindestens 40 Torfmoosarten zirkumboreal verbreitet. Außertropische Westwinde und östliche Polarwinde sowie die „Schwerelosigkeit" der Sporen schaffen dafür die Voraussetzung. Die Windverbreitung der Torfmoose erklärt ebenfalls, warum viele Arten in den Regenwäldern über die Jahrmillionen endemisch geworden sind. Die Kontinente drifteten auseinander, womit nicht nur ganz andere Entfernungen für die Sporen als Hemmnis wirkten, sondern sich auch das Windsystem umstellte. Die großen zusammenhängenden Kontinente am Äquator, wie sie jetzt existieren, ließen eine Windwalze entstehen, die im Großen und Ganzen das Wasser als Niederschlag, die staubigen Nährstoffe und eben die Sporen immer wieder zum Äquator zurückfließen lassen. Sporen der Torfmoose aus den Regenwäldern fielen stets wieder in den Regenwald zurück. Als die Regenwälder zu großen, zusammenhängenden, dichten Regenwäldern wurden, dürften die meisten Sporen sogar kaum noch aus dem Wald aufgestiegen sein.

Dazu waren und sind die Baumkronen viel zu dicht und lassen nichts mehr heraus, was einmal darin ist (Reichholf, 1990). Das Verbreiten von Pflanzen übernehmen im Regenwald meist die Ameisen. Die Tiere können die Keime allerdings nicht in denselben Dimensionen wie der Wind verteilen. Dies ist ein Faktor, der letztendlich zum Endemismus von Torfmoosen in Regenwäldern führte.

Die Sporen der Torfmoose sind tetraedrisch geformt. Diese Form macht sie stabil und damit bei ihren weiten Ausflügen überlebensfähig. Ist der Tetraeder einmal an einem günstigen feuchten Platz gelandet, wartet er dort auf eine Pilz-Wurzel (*Mykorrhiza*), um von ihr die ersten Nährsalze und Wasser zum Wachsen zu bekommen. Sukzessiv tritt dann aus der Spore der Keim hervor. Das Hervorwachsen mit dem Mykorrhizapilz wird Vorkeimphase genannt. Der Vorkeim der Moose heißt Protonema. Dieser Vorkeim muss eine Größe von ein paar Millimetern erreichen, bis er Wachstumsknospen bildet, aus denen dann die eigentliche Moospflanze wächst. Aus dem winzigen Vorkeim wird ein Stämmchen ohne Wurzeln, weshalb Torfmoose stets dicht gedrängt als Polster oder als schwimmender Teppich vorkommen. Wäre dies nicht der Fall, würden sie schlichtweg umfallen oder im Wasser davontreiben.

Die wurzellosen Stämmchen tragen in regelmäßigen Abständen Büschel von Seitenästchen. Manche Ästchen hängen locker am Stamm herunter, andere liegen eng an. Durch diese unterschiedliche Anordnung der Ästchen kann man sogar einzelne Arten bestimmen; einen standortökologischen Sinn ergibt dies auch. Die Torfmoose mit vereinzelt angeordneten Ästchen stehen förmlich im Wasser, da sie mit der lockeren Anordnung dafür sorgen müssen, dass überschüssiges Wasser ablaufen kann. Die Zwischenräume solcher Moospolster sind verhältnismäßig groß, wodurch keine Kapillarwirkung entsteht. Kapillarwirkung meint die Ausbreitung von Flüssigkeit – in diesem Falle die des Niederschlagswassers. Diese Wirkung entfaltet sich nur in engen Zwischenräumen. Die Torfmoose mit enger Anordnung der Ästchen stehen auf den höheren Lagen der Moore, wo sie förmlich jeden Milliliter Regenwasser zurückhalten müssen und deshalb möglichst keine Freiräume durch zu locker stehende Ästchen übriglassen. Die winzigen Zwischenräume, die trotzdem noch bestehen bleiben, ermöglichen Kapillarströme.

Am Gipfel der Stämmchen bilden aber alle Torfmoose eine mehr oder wenige dünne und dennoch relativ dichte Rosette. Unter dieser Rosette entwickelt sich jährlich ein Tochterstämmchen, das genauso stark wird wie das Mutterstämmchen und zum Start Wasser braucht. Dieses Zweiteilen wird Scheindichotomie genannt. Da die hochwachsenden Mutterstämmchen von unten her absterben, weil sie in dieser Schicht nicht mehr genügend Licht und Sauerstoff im Gedränge der Ästchen bekommen, ist dieses jährliche Teilen ein lebensnotwendiges Abspalten von der Mutter. Die Tochterzweige werden zu neuen selbstständigen Pflanzen und erhalten das gesamte Torfmoospolster am Leben. Torfmoospolster bestehen also aus stetigem Absterben und beständigem Neuwachsen.

Das Zellennetz der Torfmoosstämmchen und -ästchen ist aus zweierlei Zellen aufgebaut. Große, farblose, tote Zellen umschließen kleine, lebende, grüne Zellen, was man nur unter einem sehr guten Mikroskop erkennen kann. Die toten Zellen sind die Hyalinzellen, die große Poren in ihren Längs- und Querwänden aufweisen. Durch Diffusion gelangt das Regenwasser in diese Zellen. Da Hyalinzellen tot sind, haben sie keine funktionstüchtigen Spaltöffnungen, wie sie die meisten anderen grünen Pflanzen aufweisen. Torfmoose können deshalb nicht aktiv die Wasseraufnahme oder Wasserabgabe regeln. Nach den rein physikalischen Regeln diffundiert Wasser in diese Zellen hinein oder hinaus, je nach Wassersättigungsgrad außerhalb der toten Zellen. Fällt lange Zeit kein Regen auf die Moore, geht die Luftfeuchtigkeit zurück und aus den obersten Ästchen diffundiert das Wasser wieder heraus. In den tausenden toten Ästchen, die unter den Mütter- und Tochterstämmchen sitzen, bleibt das Wasser der toten Hyalinzellen aber erhalten. Je trockener es oben wird, desto dichter legen sich die Ästchen aneinander. Nun kommt eine weitere physikalische Komponente ins Spiel, die die oberen Ästchen von unten mit Wasser versorgt: die Kapillarwirkung. Durch den Engstand der Ästchen wirken Adhäsions- und Kohäsionskräfte, die nun für ein kapillares Aufwärtsströmen des Wassers sorgen (Hayward & Clymo, 1982).

Die toten Hyalinzellen sind also die Speicher der Torfmoose, und ebendiese gaben das Wasser ab, als ich den Moosballen vor den Augen meiner Kinder in den Händen zusammendrückte. Die Speicherfähigkeit kann bis zu 3.000 % ihres eigenen Trockengewichtes ausmachen (Lösch, 2001). Osmotische Kräfte bringen das Wasser aus den außenliegenden Zellen in die inneren Bereiche des Zellnetzes der Torfmoose. So werden die grünen Zellen mit Wasser versorgt. Die grünen Zellen sind die Chlorozyten, die die Chloroplasten enthalten und mittels Sonne die pflanzenwichtigen

Kohlenstoffverbindungen herstellen und als Abfallprodukt den Sauerstoff abgeben.
Aber nur mit Regenwasser, Sonnenlicht und Kohlendioxid aus der Luft kann keine Pflanze überleben; auch Torfmoose bilden hier keine Ausnahme. Jede Pflanze braucht weitere wichtige Nährstoffe und vor allem Stickstoff. In den vom Regenwasser bestimmten Lebensräumen – Regenwald und Regenmoor – bilden nicht die Kohlenhydrate als Produkt der Photosynthese die Mangelware, sondern es sind die Eiweißstoffe, für die Stickstoff benötigt wird, sowie die energiereichen Phosphorverbindungen. Hier kommen wieder die toten Zellen, die Hyalinzellen, ins Spiel. Die Porenöffnungen dieser Hyalinzellen lassen nicht nur Wasser hineindiffundieren, sondern mit dem Wasser kommen zugleich Nährstoffe, die im Wasser gelöst sind, hinein, sowie bakterielle Kleinstlebewesen, die im Wasser schwimmen. Wolken bilden sich durch Staubpartikel, die in der Luft schweben (Hupfer et al., 1998). Nährstoffe im Staub fallen mit dem Regenwasser zu Boden und gelangen so über die Hyalinzellen in die Torfmoose.
Bakterien zählen zu den kleinsten Lebewesen und sind an allen Lebensprozessen auf der Erde beteiligt (Margulis & Sagan, 1995; Gould, 2002). Cyanobakterien, allerdings andere Arten als jene von damals, die beim Entstehen der Chloroplasten beteiligt waren, gelangen ebenfalls über die Hyalinzellen in die Torfmoose und sind die Lebensretter in einer ansonsten stickstoffarmen Landschaft, denn in der Regel kommt über den Regen nicht viel pflanzenverwertbarer Stickstoff in die Pflanze. Doch die Cyanobakterien in den Pflanzen fixieren den Stickstoff aus der Luft; sie wandeln molekularen Stickstoff (N_2) in pflanzenverfügbares Ammonium (NH_4^+) um. So bekommen die Torfmoose ihren lebensnotwendigen Stickstoff, der zwar stets und überall zur Genüge in der Luft vorkommt, aber als molekulare stabile Verbindung (N_2), und der ohne ein bakterielles Umwandeln für Pflanzen nicht nutzbar wäre. Was diese Bakterien ohne riesigen Energieaufwand hinbekommen, dafür brauchen wir Menschen sehr viel Energie. Das sehr aufwendige Haber-Bosch-Verfahren liefert uns den pflanzenverwertbaren Stickstoff, ohne den Landwirtschaft gar nicht mehr denkbar wäre. Energiefressendes Autofahren beschert uns ebenfalls pflanzenverwertbare Stickstoffverbindungen (Ertl & Soentgen, 2015). Gerade diese Stickstoffverbindungen, die wir Autofahrer freisetzen, haben neuzeitliche Auswirkungen auf die Moore. Aber bleiben wir vorerst noch beim Normalfall und fassen zusammen, dass die relativ einfache Morphologie der Torfmoo-

se ihnen physiologische Eigenschaften verschaffte, um damit die Ingenieure eines hocheffektiven Landschaftsgebildes zu werden. Ohne die Torfmoose funktioniert dieses Gebilde Regenmoor nicht; sie sind die *Macher* dieses Standortes.

Wie Torfmoose ihre Umwelt zu ihren Gunsten verändern

Im Verhältnis zu Bodenwasser war Regenwasser, selbst wenn es mit ein paar gelösten Stoffen versehen war, immer relativ nährstoffarm. Diese Tatsache verschaffte den Torfmoosen auf Standorten, die nur mit Regenwasser gespeist wurden, gegenüber anderen Pflanzen immer einen Vorteil. Sind sie auf einem solchen Standort einmal angesiedelt, haben sie die Fähigkeit, die Umwelt sukzessive zu ihren Gunsten zu dominieren (van Breemen, 1995). Natürlich beherrschen die Torfmoose ihre Umwelt nicht bewusst, sondern dies geschieht durch indirekte Prozesse, die sich aus ihrer Morphologie und den daraus ergebenden physiologischen Eigenschaften ableiten. Das ist ein typisches Phänomen für Evolution; ein Detail verändert sich in der Umwelt, was wiederum ein Lebewesen für sich nutzen kann. Wenn man so will, trafen die Torfmoossporen zur richtigen Zeit auf den richtigen Ort, um dort optimale Bedingungen vorzufinden und daraufhin ihrer „wahren“ Bestimmung nachzukommen: Regenmoore zu bilden.

Einmal an einem günstigen Standort angekommen, sorgen Torfmoose für dauerhaft nährstoffarme, saure, anaerobe und kalte Standorteigenschaften, die andere Pflanzen in ihrer Wuchskraft bremsen oder die spezielle Anpassungen bei diesen noch vorkommenden Pflanzenarten hervorrufen. So bleiben Regenmoore allein schon deshalb beständig nährstoffarm, weil die toten Hyalinzellen der Torfmoose nahezu sämtliche Nährstoffe, die mit dem Regen auf das Moor fallen, aufsaugen.

Doch Torfmoose weisen nicht nur ein ganz spezielles Zellennetz aus Hyalinzellen und Chlorozyten auf, sondern sie haben in ihren Zellwänden unveresterte Polygalacturonsäuren eingelagert, die ihnen in den Regenmooren einen deutlichen Vorteil verschaffen. Diese Säuren sind mit mindestens 15 % am Gesamtmaterial der Zellwände beteiligt (Anschütz & Gessner, 1954). Polygalacturonsäuren sind organische Verbindungen, die die Torfmoose aus den Kohlenhydraten, die bei der Photosynthese entstehen, herstellen, und die nicht vergären, auch wenn sauerstoffarme (anaerobe) Verhältnisse bestehen, die eigentlich ideale Bedingungen für einen Gärungsprozess darstellen. Denn wie es wahrscheinlich jeder aus seinem eigenen Haushalt kennt, kann aus zuckrigen Kohlenstoffverbindungen – wie hochprozentigen Fruchtsäften – ein Alkohol werden, nämlich wenn man die Flasche oder das Tetrapack zu lange geöffnet herumstehen lässt. Im Gefäß sind nahezu anaerobe Verhältnisse und der Gärungsprozess beginnt, was uns spätestens beim Trinken des lange Zeit herumstehenden Saftes auffällt. Reagieren organische Säuren und Alkohol miteinander, kann es zu einer Esterbildung kommen, wobei ein Säureester entsteht und Wasserstoff-Ionen abgespalten werden. Diese chemischen Reaktionen wissen Torfmoose an ihren Zellwänden zu verhindern, weshalb sie unveresterte Polygalacturonsäuren einlagern.

Die Wasserstoff-Ionen werden nämlich für ganz andere Zwecke benötigt. Nährstoffe wie Na^+, K^+, NH_4^+, Ca^{2+} oder Mg^{2+} werden über die Hyalinzellen aufgenommen und können in die lebenden Zellen der Torfmoose wandern, indem eine äquivalente Menge an Wasserstoff-Ionen aus den Zellwänden abgegeben wird (Brehm, 1968). Einen solchen Prozess nennt man Kationenaustauschprozess. Die abgegebenen Wasserstoff-Ionen wirken versau-

Im eher kalten Lebensraum – Regenmoor – können im Sommer kleine Wärmeinseln entstehen, nämlich dort, wo schwarzbraunes Wasser die Schlenken überspannt und Sonnenenergie absorbiert.

ernd auf das äußere Milieu, da sich die übriggebliebenen positiv geladenen Protonen der Wasserstoff-Ionen sofort an negativ geladene Enden der Wassermoleküle hängen (den O^{minus}-Enden des Wassers) und H_3O^+-Säuren bilden. Wassermoleküle (H_2O) sind in den Regenmooren genügend vorhanden. Da dieser Prozess immerfort stattfindet, werden Regenmoore sauer und bleiben es auch. Der daraus entstehende Versauerungsgrad wird mit dem pH-Wert eines Milieus ausgedrückt. Der pH-Wert gibt das Verhältnis zwischen positiv geladenen H^+-Ionen und negativ geladenen OH-Ionen wieder. In Regenmooren ist das Verhältnis klar zu den H^+-Ionen verschoben, wodurch sie pH-Werte zwischen drei und vier erreichen (Clymo, 1973; Clymo & Hayward, 1982). Ein Bad in Säure macht es nahezu allen anderen Pflanzen schwierig, in dieser Umwelt zu überleben. So schaffen sich die Torfmoose einen eigenen Lebensraum.

Das Ansäuern des Milieus wirkt konservierend. Beste Beispiele für eine prächtige Konservierung sind die gefundenen Moorleichen. Durch die Säure wurde die Haut gegerbt. Nichts anderes macht übrigens der Gerber. Er säuert die Tierfelle, um diese zu Leder zu gerben.

Unterhalb der Torfmooskäpfchen wird das Milieu arm an freiem Sauerstoff, weil die Umwelt dort unten stets wassergesättigt bleibt. Die Torfmoose können es sich gar nicht leisten, Poren für freien Sauerstoff offen zu lassen. Jede Pore, ob im Moos selbst oder außerhalb des Mooses, wird – wenn es irgendwie möglich ist – mit Wasser gefüllt. Die dadurch entstehenden sauerstoffarmen Bedingungen sorgen für eine verringerte bis gar nicht vorhandene bakterielle oder pilzliche Zersetzung. Sauerstoffabhängige Pilze und Bakterien findet man nur in den allerobersten Torfmoosschichten, wo wiederum durch Diffusion noch Sauerstoff in ihre Zellen gelangen kann. Je mächtiger die Schichten von toten Zellen werden, desto gewaltiger wird die Drucklast und damit wird immer mehr Sauerstoff im wahrsten Sinne des Wortes herausgedrückt. Die Luftporen verschwinden. Je tiefer das Moor ist, desto sauerstoffärmer ist es.

Bei Sauerstoffarmut fehlen die sauerstoffabhängigen Bakterien und damit einhergehend die wichtigsten Pflanzenzersetzer. Die toten Zellen der Torfmoose, die jedes Jahr mehr werden, bleiben dadurch fast im Urzustand erhalten. Diese nahezu unzersetzte organische Masse wird als Torf bezeichnet. Die saure Umgebung, welche die Torfmoose selbst verursachen, und die Sauerstoffarmut ermöglichen eine enorme Akkumulation von toten Pflanzenzellen und damit das

Entstehen von Torf, was dann die aufgewölbten Regenmoore als ganz eigene Landschaftsgebilde hervorbringt (Göttlich, 1980).

Regenmoore sind außerdem kalte Standorte, die nur im Sommer kleine Wärmeinseln hervorbringen können. Ist das kein Widerspruch? Nein. Wasser ist ein hervorragendes Speichermedium für Wärme; es weist eine hohe Kapazität für das Speichern von Wärme auf. Deshalb verwenden wir Wasser im Heizungssystem unserer Häuser. Und Wasser ist in Regenmooren in hoher Menge vorhanden. Doch in Regenmooren ist mindestens die Hälfte eines Jahres das Wasser nicht warm. Wärme muss dem Wasser zugeführt werden. In unseren Häusern erledigt das Zuführen von Wärme die Heizungstherme, im Moor übernimmt diese Aufgabe die Sonne. Nördlich und südlich der Wendekreise, wo sich die meisten Regenmoore befinden, scheint die wärmende Sonne jedoch nicht ganzjährig und schon gar nicht senkrecht auf die wasserspeichernden Torfmoose. Vielmehr bedeckt in weiten Teilen der Erde mit Regenmoorstandorten im Winterhalbjahr sogar kalter Schnee den Boden. Letztlich soll das Wasser in den Zellen der Torfmoose auch gar nicht zu warm werden, damit das Wasser nicht durch Verdunstung wieder heraustritt. Verdunstung schafft zudem Verdunstungskälte, die wiederum das Wachstum behindert. Warum die Regenmoore nun eher gleichmäßig kühl sind und kaum richtig warm, liegt an der Zeitschiene für das Abkühlen und Aufheizen. So kühlt die Wassermenge eines Regenmoores im Winter nicht unendlich herunter und im Sommer heizt sich die Menge nicht unendlich auf. Der „Kühlschrank" – Winter – wirkt zeitlich zu kurz, um die gesamte, schier unendliche Masse an Wasser vollständig abzukühlen. Bevor das passiert, springt wieder der Erhitzer an, die Sonne. Die Sonne wiederum scheint über eine zu kurze Zeit, um die gewaltigen abgekühlten Wassermengen des Winterhalbjahres komplett auf angenehme Sommertemperaturen zu erwärmen. Wer ein eigenes Wohnhaus besitzt, der weiß, wie häufig im Winter die Therme anspringen muss, um das Wasser im Heizungssystem konstant warm zu halten. Hinzu kommt, dass viel Torf im Regenmoor vorhanden ist – und Torf im Gegensatz zu Wasser ein sehr schlechter Wärmeleiter ist. Der Torf wird nie tiefgründig erwärmt. Im Inneren eines Regenmoorkörpers ist die Wärme sogar gleichbleibend. Im gesamten Lebensraum eines intakten Regenmoores halten sich Warmwerden und Abkühlen also die Waage, weshalb dieses Gebilde im Ganzen weder richtig kalt noch richtig warm wird.

Kleine Wärmeinseln können allerdings in Regenmooren entstehen (Sternberg, 1993), aber eben nicht im Ganzen, sondern nur dort, wo schwarzbraunes Wasser in regenreichen Jahren die Torfmoose der Schlenken überspannt. Schwarzbraun ist das Wasser der Regenmoore, weil die Huminsäuren es so anfärben. Dieses dunkle Wasser absorbiert die Sonnenwärme und erwärmt diese Schlenken um ein Vielfaches mehr als die sonstigen Flächen im Regenmoor. Das Erwärmen solcher mit braunem Wasser gefüllten Schlenken beginnt in nassen Jahren schon im Frühjahr und kann dann bis zum Sommer erhebliche Temperatursummen erreichen. Sind die Schlenken aus Gründen der anthropogenen Zerstörung von Regenmooren arm an grünen Torfmoosen oder fehlen diese sogar und ist der Untergrund stattdessen von nacktem Torfschlamm geprägt, wird das Wasser noch dunkler. Das führt dazu, dass solche Bereiche richtig heiß werden können. In solchen gestörten Bereichen der Regenmoore leben dann sogar extrem wärmeliebende Pflanzen und Tiere inmitten eines eher kalten Lebensraumes. Wenn Regenmoore abgetorft werden und sich zahlreiche Schlenken über nacktem Torf bilden, findet man gar noch viel mehr dieser Lebewesen dort (Sternberg, 1995; Ott, 2010; Bönsel & Frank, 2014).

Die Evolution der Torfmoose

Die Evolution der Torfmoose wird von vielen Aspekten beeinflusst. Schnell kann man sich im Klein-Klein verlieren. Ich versuche es vereinfacht auszudrücken, wenn ich sage, dass es beim großen Prozess der Evolution um den Zufall geht, der die biologische Vielfalt ständig neu erschafft, und um die Selektion, die die Vielfalt am Leben erhält. Dass zufällige Ereignisse eine gewisse Vielfalt hervorbringen, kann sich wahrscheinlich jeder Leser noch vorstellen, aber beim Begriff der Selektion, die die Vielfalt erhält, scheiden sich bis heute bei vielen Biologen die Geister (siehe Mayr, 2005). Doch Selektion ist ein sehr wichtiger Aspekt für den Erhalt von biologischer Vielfalt, und zwar deshalb, weil dieser Begriff nicht meint, dass jedes Individuum, das nicht dem Optimum entspricht, aus jeder Generation eliminiert wird. Vielmehr werden nur die Individuen selektiert, die extrem vom Optimum abweichen. Der ganze Rest lebt ständig weiter und bringt die Vielfalt in die nächste Generation.

Dieses maßvolle Eliminieren ist ein sehr wichtiger Punkt für die Evolution (auch der Torfmoose), denn nur eine sehr vielfältige Gruppe von Individuen kann sich an neue Umweltfaktoren anpassen und bei bestimmten weiteren

Voraussetzungen sogar neue Arten bilden. Ein wichtiger Punkt für das Entstehen von neuen Arten ist die geografische Isolation (Mayr, 2003). Da sich die Sporen unserer Torfmoose über den Wind verbreiten, ist dieser Faktor bei dieser Artengruppe allerdings als eher gering für die Artbildung einzustufen. Nur in den geschlossenen Regenwäldern ist dieser Faktor gegeben und tatsächlich bildeten sich dort ganz neue Arten, die sogar auf diesen Raum beschränkt blieben und die heute endemisch sind. Die meisten Arten werden aber weiterhin über die ursprüngliche Form des Windes verbreitet, was bei dieser Artengruppe über viele Millionen von Jahren eine hohe biologische Vielfalt erhielt, da Isolation fehlte. Erst als die Torfmoose die Regenmoore gebildet hatten, begann bei ihnen die Zeit der Artbildung, die bis heute nicht abgeschlossen ist (Johnson et al., 2014). Es sei betont, dass Evolution nie abgeschlossen ist, manche Arten aber schon ein gewisses Endstadium erreichen (Eldredge & Gould, 1972; Gould, 1994b) Bei den Torfmoosen, die, wie schon erklärt, sehr einfach gebaute Lebewesen sind, findet demzufolge auch ständig eine gewisse Evolution statt, und zwar ausgehend von ihren Zellen. Für die Artbildung kamen ökologische Faktoren ins Spiel.
Da Torfmoose aus nur wenigen Zellen bestehen, ist die Evolution auf diese Bestandteile beschränkt. So unterscheiden sich die einzelnen Torfmoosarten auch nur nach der Anordnung der toten Hyalinzellen und der grünen, lebenden Chlorozyten. Diese Unterschiedlichkeit wirkt sich auf die Speicherfähigkeit von Regenwasser aus, sie beeinflusst die Kationenaustauschkapazität und damit die Abgabe von Wasserstoff-Ionen, die wiederum den pH-Wert des Lebensraumes bestimmen. Die Fähigkeit des Wasserspeicherns hatten Torfmoose schon seit Anbeginn ihrer Entstehung, doch mit dem Bilden der Regenmoore fing diese Speicherfähigkeit an zu variieren. Durch das Aufwölben der Regenmoore entstand nämlich ein natürlicher Gradient des Moorwassers, auf welchem entlang sich einzelne Gruppen der Torfmoose spezifisch anpassten und was schließlich sogar neue Arten hervorbrachte. Befördert wurde diese Artbildung durch einen weiteren ganz natürlichen Vorgang, der sich immer wieder in Regenmooren abspielt: das Bilden von Schlenken und Bulten.

Im Großen und Ganzen verläuft die Evolution der Torfmoose an zwei Gradienten gleichzeitig: dem Moorwassergradienten und dem Ionengradienten (Thompson & Waddington, 2008; Strack & Price, 2009; Johnson et al.,

2014). Der Ionengradient ergibt sich zwangsläufig aus dem Vorhandensein des Moorwassergradienten, denn dieser Gradient verläuft vom Zentrum zum Rand, wonach Wasser, im wahrsten Sinne des Wortes, den Berg hinabläuft. Wo Niederschlagswasser auf das Regenmoor fällt, nehmen die dortigen Torfmoose die gelösten Stoffe sofort auf, was heißt, dass das überschüssige, ablaufende Wasser deutlich weniger bis gar keine Nährstoffe mehr enthält und damit ein Ionengradient entlang des Moorwassergradienten entsteht. Dann gibt es noch die Arten, die fast nur am Entstehen von Regenmooren beteiligt sind und die sich demzufolge an nährstoffreicheres Wasser, an ein weniger saures Milieu angepasst haben, und die sich untereinander durch einen dritten Gradienten, die Lichtverfügbarkeit, unterscheiden. Im fertigen Regenmoor ist dieser Gradient zu vernachlässigen, da hier kaum Bäume oder höhere, dichte Sträucher stehen, die einen merklichen Gradienten für Licht ausbilden könnten.

Wie die Forschergruppe um Matthew G. Johnson (2014) feststellte, blieb die Evolution der Torfmoose in gleichmäßig feuchten Standorten wie den Niedermooren und Sümpfen vorerst eher re-

Torfmoose können herrlich bunt leuchtende Moosteppiche bilden. Vor allem die Arten, die sich aus dem Moorwasserspiegel herausheben und Bulten formen, sind häufiger bunt und nicht nur grün.

gressiv. Erst mit dem Entstehen des typischen Moorwassergradienten in Regenmooren begann sie progressiv zu werden. Dieser Vorgang entspricht den allgemeinen ökologischen Erkenntnissen, wonach Wasserlebensräume meist uniformer als terrestrische Lebensräume sind, die durch die Vielfalt der Standortfaktoren heterogener werden (Remmert, 1992; Ricklefs & Miller, 2000). Diese vereinfachte Formel kann auf Regenmoore übertragen werden. Denn Regenmoore sind keine einfachen aquatischen oder semiaquatischen Lebensräume mehr, sondern durch ihr Aufwölben und das Bilden von Schlenken und Bulten relativ heterogene Gebilde, in denen es aquatische, semiaquatische und terrestrische Teillebensräume gibt (Johnson et al., 2014).

Unentschlossen ist die Forschergruppe darüber, ob nun das Wasserspeichern entlang des Moorwassergradienten oder das Binden von Nährstoffen mehr Evolution auslöst oder beides gleichmäßig. Vermutlich ist die Nährstoffaufnahme durch Kationenaustausch etwas komplizierter in einem extrem nährstoffarmen Landschaftsgebilde und deshalb bei diesem Aspekt der geringere Spielraum für Evolution. Beim Wasserspeichern kann man sich hingegen relativ leicht eine gewisse Variation vorstellen, auf die dann Selektion wirkt. So brauchen nur die Hyalinzellen unterschiedlich groß zu sein, um differenziert Wasser zu speichern. Und tatsächlich scheint die Evolution genau an diesem Aspekt anzugreifen, denn je nachdem, wo die einzelnen Torfmoosarten auf dem Moorwassergradienten eines Regenmoores vorkommen, so unterscheiden sie sich in der Größe ihrer Hyalinzellen (Wasserspeicherzellen). Und deshalb ist es fast immer so, dass das Muster der Hyalinzellen im Zellennetz der Torfmoose der Schlüssel zum Bestimmen einer Torfmoosart ist.

Die Arten, die wenig Wasser speichern können, leben im oder nahe am Moorwasser, z. B. in den Schlenken, und die Arten, die viel Wasser speichern können, auf den höheren Lagen, z. B. auf den Bulten. Zwischen Schlenke und Bulte wachsen wieder andere Arten. Und alle Arten wachsen und wachsen, weshalb Schlenken und Bulten wieder verschwinden und an anderer Stelle neu entstehen. Die Torfmoose verändern sich ihr selbst geschaffenes Landschaftsgebilde fortlaufend, weshalb auch die Evolution nie stillsteht. Torfmoose der Regenmoore haben sich durch ihre selbstständige Beeinflussung des Standortes untereinander Abhängigkeiten geschaffen. Es muss sich erst die eine Art ansiedeln, damit eine andere Art an diesem Platz mitsiedeln kann (Rydin, 1985; Rydin,

1993; Chirino et al., 2006). Dieses Phänomen trifft insbesondere für die Bulten und Schlenken zu, da sie kommen und gehen. So müssen erst spezifische Torfmoosarten eine Schlenke zugewachsen haben, bevor Bulten entstehen können. Dieses Wechselspiel funktioniert nur durch das urtümliche Verbreiten der Sporen durch den Wind, denn die plötzlich an irgendeinem Standort im Regenmoor entstandenen trockeneren Lagen müssen durch Sporen von trockenheitsliebenden Torfmoosen aus wieder anderen Lagen erst einmal beimpft werden. In Wirklichkeit wird nahezu die gesamte Regenmoorfläche stets von jeglichen in der Region vorkommenden Torfmoosarten durch ihre Sporen beimpft. Keimen werden sie, wenn die entsprechenden Standortbedingungen vorherrschen; andernfalls bleiben sie konserviert im Torf liegen.

Das Verbreiten durch den Wind hat aber auch eine relativ hohe ökologische Plastizität bei fast allen Torfmoosarten erhalten, weshalb man wiederum bei allen Arten eine hohe morphologische Veränderlichkeit vorfindet. Je nach Standort und dessen prägenden Standortfaktoren kann dieselbe taxonomische Art völlig unterschiedlich aussehen, was das Bestimmen von Torfmoosen extrem erschwert (Nebel & Philippi, 2005). Torfmoose sind bislang nur wenig ausdifferenziert, weshalb ihre Evolution als noch sehr jung eingestuft wird (Johnson et al., 2014). Das verwundert nicht, denn die Regenmoore, die wir heute auf Süd- und Nordhalbkugel sehen, sind im Verhältnis zur geologischen Zeit der gesamten Erdgeschichte ebenfalls sehr jung. Würde man das Entstehen der Regenmoore ins Verhältnis zur Erdgeschichte stellen und dieses mit dem Entstehen eines großen Apfels vergleichen, würden Regenmoore nicht einmal den Stiel des Apfels ausmachen, sondern selbst davon nur einen winzigen Anteil einnehmen. Die meisten Regenmoore sind nicht älter als 8.000 oder gar nur 5.000 Jahre. Also können die Torfmoose, die in Regenmooren vorkommen, gar nicht alt sein, wenn sie nicht alle in irgendwelchen Refugien der regenmoorähnlichen Tundren die Jahrtausende der Eiszeiten überlebt haben und von da re-kolonisierten.

Ausschließlich auf Regenmoore begrenzt ist tatsächlich kein Torfmoos. Selbst die häufig in Regenmooren zu findenden Torfmoose leben auch in Zwischenmooren. Als Zwischenmoor bezeichnet man ein Moor, das noch kein Regenmoor ist, aber kurz davor steht, zu einem zu werden, oder aber das durch fehlende ausreichende atmosphärische Wasserlieferung nie eines wird. Weil die einzelnen Torfmoose noch so unterschiedliche Standorte besiedeln und eine relativ hohe morphologische Veränderlichkeit aufweisen, spricht man von schwer zu deutenden phylogenetischen Signalen (Johnson et al., 2014). Der genaue Ursprung und der zukünftige Verlauf der Evolution der Torfmoose sind also schwer zu deuten. Solche Phänomene gibt es viele in der biologischen Welt. Genau aus diesen Gründen wird viel über Artkonzept und Arttaxon diskutiert (Wheeler & Meier, 2000). Manche Biologen würden solche morphologisch stark variierenden Torfmoose als neue Arten klassifizieren, andere würden sie als eine Unterart einordnen und wieder andere würden sagen, dies seien normale Variationen in der Natur. Wieder andere Biologen fordern gar die rein genetische Taxonomie; sie wollen die Arten anhand ihres genetischen Codes definieren (Tautz et al., 2003).

Die morphologische Variabilität der Torfmoose macht es den Torfmooskundlern zweifellos schwer, die einzelnen Arten mit Bestimmungsschlüsseln für andere Menschen bestimmbar zu machen. Denn wir sind (noch) nicht im absoluten Zeitalter der Genetik angekommen, wo jeder Mensch ein spezifisches Individuum nur in einen Mixer zu schmeißen braucht, um die DNA herauszufiltern und dann mit einem Tafelwerk die Art zu bestimmen. Jeder Landschaftsforscher benötigt aber die Kenntnis, um welche Art es sich wo handelt. Deshalb braucht man Taxonomen. Um die Schwierigkeiten beim Bestimmen mancher Torfmoosindividuen ohne die Hilfsmittel der Genetik zu umschiffen, bedienen sich die Mooskundler eines Kunstgriffs der Taxonomie und gruppieren ähnlich aussehende Arten in Sektionen. Sektionen sind Obergruppen von Arten – in diesem Punkt sind sich die Wissenschaftler zumindest einig. So kann man aber in ein- und derselben Sektion Arten antreffen, die meistens nur am Entstehen eines Regenmoores bzw. am Regenerieren eines wiedervernässten ehemaligen Regenmoores beteiligt sind, und Arten, die fast überall auf der Welt nur in Regenmooren zu finden sind. Als Beispiel seien aus der Sektion *Sphagnum* die Art *Sphagnum palustre* genannt, die vorrangig außerhalb von Regenmooren lebt, und *Sphagnum magellanicum*, die nahezu ausschließlich innerhalb von Regenmooren existiert. *Sphagnum palustre* braucht nährstoffreiches Wasser, wohingegen *Sphagnum magellanicum* an solchen Standorten langfristig von anderen Arten verdrängt würde (Clymo & Hayward, 1982; Thönes & Rudolph, 1983; Rochefort et al., 2007). Wir sehen also, dass sich von der Einordnung in ein taxonomisches System nicht

zwangsläufig Rückschlüsse auf die Phylogenese - die evolutionäre Geschichte einer Art - ziehen lassen (Gould, 1972).
Im Prinzip verweist die phänotypische und ökologische Plastizität der Torfmoose, die ein klares Abgrenzen von Arten so schwierig macht, auf ein von Mikrobiologen aufmerksam gemachtes evolutionäres Phänomen hin, wonach Lebewesen nicht so sehr in sich geschlossene, selbstständige Individuen sind, sondern eher Gemeinschaften von Organismen, die Nährstoffe, Energie und Informationen mit anderen Organismen austauschen (Doolittle, 1995; Margulis & Sagan, 1995; Yang et al., 2005). Der Lebensraum Regenmoor kommt dieser Betrachtung sehr nahe, denn die Torfmoose können nicht ohne die Cyanobakterien, die einzelnen Torfmoose nicht ohne die anderen Torfmoose bestehen, und schließlich entstand und funktioniert dieser sich selbst erhaltende Lebensraum nur mit Torfmoosen. Was liegt da näher als die Annahme von nicht selbstständigen Einzelindividuen, sondern einer funktionierenden Gemeinschaft. Ein geschlossenes System ist es jedenfalls nicht, das Regenmoor. Deshalb ist der Begriff Ökosystem, der von vielen Ökologen gebraucht wird, eigentlich verwirrend. Geschlossene Systeme und Kreisläufe gibt es in der Chemie und Physik. In der biologischen Welt ist nichts in sich geschlossen oder gar abgeschlossen. Regenmoore sind Gebilde von gemeinschaftlich agierenden Organismen, die sich selbst ständig verändern. Das ist die Erkenntnis, die wir aus der Evolution der Torfmoose mitnehmen sollten, um alles Weitere zu verstehen.

Regenmoore entwickeln sich konzentrisch und bringen nicht zuletzt dadurch die erstaunlichsten Formen hervor .

Das Entstehen der Regenmoore und ihre Formen

Typische Prozesse auf dem Weg zu einem Regenmoor

Die Voraussetzungen zum Entstehen von Regenmooren sind erklärt, jetzt ist es Zeit darzustellen, wie es zur Bildung von Regenmooren kommt. Prinzipiell ist ein Regenmoor nichts anderes als das Ergebnis von zeitlichen und räumlichen Abfolgen verschiedener pflanzlicher Ablagerungsprozesse. Die Mehrzahl solcher Prozesse enden in einem Niedermoor, nur in den Regionen mit eindeutigem Regenwasserüberschuss satteln regenmoortypische Prozesse auf diese Ablagerungen (Ruppel et al., 2013). Manchmal entstehen auch sofort Regenmoore, die man in der Fachsprache *wurzelechte Regenmoore* nennt. Ausgangszustand eines jeden Moores ist stets eine Geländesenke, in der Grundwasser und/oder oberflächennahes Wasser aus dem Einzugsgebiet das Vermooren einleiten. Ist die Senke mit Niedermoortorf aufgefüllt und es besteht immer noch ein Wasserüberschuss durch Niederschlag und nicht nur durch das zusätzliche Grundwasser oder Oberflächenwasser, entsteht ein aufgesetztes Regenmoor. In abflusslosen Senken, die aus extrem nährstoffarmem Ausgangssubstrat bestehen und die kein Zufluss von Oberflächenwasser oder Grundwasser haben, sondern von Beginn an durch Niederschlagswasser aufgefüllt werden, entstehen die wurzelechten Regenmoore.

In Senken, in denen ausschließlich durch den Zufluss von Oberflächenwasser ein Wasserüberschuss entsteht, können sich keine Regenmoore bilden, sondern es bleibt bei einem Niedermoor, das aus Regenwasser und zufließendem Wasser gespeist wird. Grundwasser, Oberflächenwasser oder oberflächennahes Wasser haben allesamt ihren Ursprung im Regenwasser, aber dieses Wasser hat zuvor einen terrestrischen Raum durchflossen und ist nicht mehr rein atmosphärischer Natur. Während des Fließens durch das jeweilige Einzugsgebiet einer Senke nimmt dieses Wasser Mineralien auf, weshalb man es mineralisches Wasser nennt. Es ist dadurch nährstoffreicher als das vertikal ins Moor fallende Niederschlagswasser.

Der einfachste Regelfall des Beginns eines Vermoorungsprozesses bis hin zum aufgesetzten Regenmoor ist eine flache Senke. Ich betone dabei: es ist der vereinfachte Regelfall, aber keinesfalls die Regel. Regenmoore können auf verschiedenste Weise entstehen, teilweise an für Moorbildung ungünstigsten

Standorten wie Hanglagen. Vorerst möchte ich aber den einfachsten Regelfall beschreiben. Wie die Variationen von Regenmooren entstanden, wissen wir aus den vielen paläontologischen Untersuchungen, bei denen Bohrkerne vom ursprünglichen Senkengrund bis an die heutige Oberfläche des Moores auf ihre gespeicherten Pollen und unzersetzten Pflanzenreste hin untersucht wurden (Harnisch, 1929; Engmann, 1937; Overbeck, 1975; Succow & Jeschke, 1986; Ralska-Jasiewiczowa, 1987; Lang, 1994; Dieckmann, 1998; Gunnarsson & Rydin, 1998; Ruppel et al., 2013; Rydin & Jeglum, 2013). Als unterste beginnende Schicht einer Vermoorung findet man häufig Faulschlamm. Faulschlamm kann aus eingeschwemmten organischen sowie anorganischen Substraten, stetig hineinfallenden Substraten und absterbenden ersten Lebewesen, die in diesen Senken leben – wie Algen und Bakterien –, entstehen. Diesen Prozess wird jeder Gartenfreund kennen: Im Herbst fallen Blätter in den Gartenteich. Holt man diese Blätter nicht heraus, wird der Wasserkörper von

Aufgesetzte Regenmoore entstehen immer auf Niedermoortypen. Hier sieht man ein Verlandungsmoor mit Fieberklee. Ist der See verlandet, könnte sich bei genügend Niederschlag in der Region ein Regenmoor draufsetzen.

Jahr zu Jahr flacher. Diese erste Schicht ist stets der Beginn einer Verlandung. Die Wissenschaftler nennen diese Substratschicht Muddeschicht. Je nach organischer und anorganischer Zusammensetzung dieser Mudden klassifizieren die Wissenschaftler in Lebermudde, Kalkmudde und andere. Diese Schicht beginnt die Senke aufzufüllen, wodurch der Wasserkörper flacher wird und sich torfbildende Pflanzen ansiedeln können. Die meisten torfbildenden Pflanzen, wie Seggen, Schilf oder Wollgräser, gedeihen in relativ flachem Wasser. Die Keime dieser Pflanzen werden wie die der Torfmoose hauptsächlich über den Wind verbreitet. Macht ein Gartenteichbesitzer seinen Teich nicht jährlich sauber, hat er genau deshalb früher oder später diese torfbildenden Pflanzen rund um seinen Teich stehen, obwohl er sie nicht dorthin gepflanzt hat.

Leben erst einmal typische torfbildende Pflanzen in einer spezifischen Geländesenke, beginnt das eigentliche Auffüllen durch Torf. Torf wiederum entsteht nur, wenn die Produktion an absterbendem Pflanzenmaterial die Zersetzung dieses Materials übersteigt. Wie diese Voraussetzung im Regenmoor funktioniert, wurde bereits beschrieben: durch Sauerstoffarmut und stetiges Nachdrücken von sukzessive absterbenden Torfmoosen. Während des Auffüllens einer jedweden Senke ist aber keinesfalls sofort eine absolute Sauerstoffarmut im Wasserkörper gegeben. Ist die Ausgangssenke tief mit Wasser gefüllt, findet jährlich eine Wasserumschichtung statt, die Sauerstoff in nahezu alle Bereiche des Gewässerkörpers befördert, was eine gewisse Zersetzung der randlich abgelagerten Torfe verursacht. Die Geschwindigkeit eines Verlandungsprozesses hängt also von der Tiefe einer Senke ab. Neben der Tiefe der Senke bestimmen die beteiligten Pflanzen, die abgestorbenes Material für Torf liefern, die Geschwindigkeit der Vertorfung. Nicht jede Pflanze ist für Torfbildung geeignet. Die Stängel der Pflanzen haben unterschiedliche Zellgrößen und damit unterschiedliche Kapazitäten für Wasser und vor allem für Sauerstoff, der wiederum die Zersetzung von abgestorbenem Material befördert. Zudem sind das Umgebungsrelief der Senke und der Bewuchs um eine solche Senke zum Zeitpunkt des Verlandens von Bedeutung, denn von diesen Aspekten hängt ab, wie stark das Wasser aus dem Einzugsgebiet in die Senke fließt und wie viel Sauerstoff es dabei mitbringt. Viele Faktoren bestimmen, ob eine Senke überhaupt verlandet und wie schnell sie verlandet (Heathwaite, 1993). Wäre es nicht so, dann wären längst sämtliche Senken verlandet und

vermoort, denn die letzte Eiszeit ist mittlerweile schon mehr als 11.000 Jahre Vergangenheit.
Beste Torfbildner sind Seggen sowie verschiedene Moosarten, und dabei sind keinesfalls nur die Torfmoosarten gemeint. Beim Verlanden von Senken sind fast immer auch Braunmoose beteiligt. Pflanzen, die auf der Wasserfläche leben und die nicht nur vom Rand her die Verlandung erzeugen, können gleichfalls beim Verfüllen einer Senke helfen, wie der Fieberklee (*Menyanthes trifoliata*), die See- und Teichrosen (*Nymphaeaceae*) oder die Drachenwurz (*Calla palustris*). Deren Vorkommen hängen wiederum davon ab, ob das Einzugsgebiet einer Ausgangssenke sehr nährstoffreiches oder eher mesotrophes – also mittel nährstoffreiches – Wasser herantransportiert. Waren die Voraussetzungen für torfbildende Pflanzen sowohl am Rand als auch auf der Wasserfläche günstig, kann die vollständige Auffüllung einer Wassersenke so rasch vorangeschritten sein, dass zwischen den einzelnen Torfschichten buchstäblich Wasserkissen zum Liegen kamen, die später, beim Aufsetzen eines Regenmoores, durch den Druck von weiterem Torf nahezu wieder zerdrückt wurden und im weiteren Verlauf nur noch schematisch zu erahnen sind (Harnisch, 1929; Jeschke, 1990).

Ist eine Senke einmal mit mehr oder weniger zersetztem Torf aufgefüllt, spricht man von einem Niedermoor, welches je nach genauer Entstehungsweise und Hydrologie des Moores in unterschiedliche Typen klassifiziert werden kann (Göttlich, 1980; Rydin & Jeglum, 2013). Von der atmosphärischen Wassernachlieferung hängt dann ab, ob ein Regenmoor auf einem solchen Niedermoor entstehen kann. Viele Niedermoore bleiben immer Niedermoore, weil der Wasserüberschuss, der zu ihrem Entstehen führte, nur durch das zugeführte Wasser aus dem Einzugsgebiet zustande kam. Diese Wasserzufuhr schwankt naturgemäß, weshalb der Torf von Niedermooren viel stärker zersetzt ist als der von Regenmooren.
In jedem Moor verdichten die Torfauflagen den darunterliegenden Torf. Durch das Verdichten wird der Torf kleinporig, die Wasserleitung in vertikaler Richtung wird geringfügiger. Über dem tiefsten Punkt einer damaligen Senke liegt die mächtigste Torfauflage. Der Druck ist an dieser Stelle am höchsten und damit sind die dortigen Poren am kleinsten. Weggewandt von diesem ehemaligen Tiefpunkt nimmt der Torfdruck ab, weil die Torfschicht geringer wird; die Poren sind größer. Deshalb ist der vertikale und laterale Wasserfluss an den mächtigs-

Sphagnum magellanicum, das man an seinen wunderschönen Rosenköpfchen und den wulstigen Blattästchen relativ gut erkennen kann, ist in Mitteleuropa häufig an der Bildung von Bulten beteiligt.

ten Torflagen eines Moores – im Normalfall ist dies im Zentrum der Fall – am geringsten und nimmt von dort abgewandt wieder zu (Ingram, 1978). Sind die Torflagen eines Niedermoores so mächtig, dass die obersten Schichten nicht mehr mit dem Grundwasser in Kontakt stehen und erreicht der laterale Oberflächenzufluss nicht mehr das Zentrum, beginnt ein Mineralisieren der zentralen Torflagen. Mineralisieren heißt in diesem Falle der Abbau von Torf, weil die oberflächennahen, zentralen Torfschichten trockenfallen und plötzlich aerobe (sauerstoffreiche) Verhältnisse bestehen. In diesem sich zersetzenden und zerkrümelnden Torf siedeln sich Gräser an, zum Beispiel das Blaue Pfeifengras (*Molinia caerulea*). Das Pfeifengras bewirkt mit seinen Wurzeln eine sich verstärkende, mechanische Zerstörung des oberflächennahen Torfes (Harnisch, 1929). Das wiederum sorgt für ein gutes Durchlüften der oberen Torfschichten und ermöglicht ein Ansiedeln von Kräutern, Sträuchern und Bäumen. Es bildet sich auf dem toten, zentralen und flachen Niedermoor ein lockerer Wald aus. Die Kräuter auf solchen Standorten sind meistens aus der Familie der Heidekrautgewächse.

In derart entstandenen lockeren Wäldern bestehen im Verhältnis zu sonstigen Waldstandorten ganz besondere Standortbedingungen. Der anstehende Torf, wenngleich zerkrümelt und verhältnismäßig trocken, ist nicht gerade günstig für die Ansiedlung einer reichen Mikroflora und Mikrofauna, wie sie für gewöhnlich in Waldböden vorherrscht. Absterbende und zu Boden fallende Pflanzenteile werden daher langsam – viel langsamer als sonst im Wald üblich – zersetzt und es bildet sich eine Rohhumusschicht. Diese Rohhumusschicht und die darunterliegende zerkrümelte Torfschicht verkleben miteinander. Und nun kommt der Regen für die Bildung eines Regenmoores ins Spiel. Die verklebte Schicht aus Rohhumus und Torf ist wasserstauend. Bei überschüssigem atmosphärischem Wasser beginnt der entstandene Wald zu versumpfen. Unzersetzter Rohhumus und leicht zersetzter Torf bilden ein mäßig mit Nährstoffen versorgtes Milieu, welches von Regenwasser gespeist wird und überwiegend beschattet ist. Ein idealer Standort für Schatten ertragende Torfmoose ist entstanden. In einem solchen sumpfigen Wald siedeln die Torfmoose mit den höchsten ökologischen Amplituden, also der am wenigsten ausdifferenzierten Evolution. Dank ihres vertikalen und horizontalen raschen Wachstums bilden diese Torfmoose bald mächtige Moospolster. Die Bäume sterben ab, weil ihre Umwelt übersäuert und den Wurzeln durch den Druck des sich bildenden Torfes der Sauerstoff entzogen wird. Die Bäume stürzen um und werden in die Torfschichten miteingelagert. Deshalb findet man in den untersten Torfschichten von Regenmooren, die auf Niedermooren aufsatteln, stets zahlreiche Holzreste.

Ausgelöst durch diesen Prozess beginnt das Aufwölben der Regenmoore. Häufig bestehen im Zentrum des ehemaligen Niedermoores die günstigsten Bedingungen für die ersten Torfmoose. Deshalb breiten sich diese Moose der Mitte in die Fläche aus. Das Zentrum des Moores wird baumfrei und es wachsen neue Torfmoosarten, die lichtliebend sind und nicht im Schatten gedeihen. Diese neuen Arten schaffen im Zentrum neue Torflagen, wodurch sich der Moorkörper zentral erhebt. Peripher wachsen die anderen Torfmoose weiter. Denen folgen die neuen Arten, womit das Regenmoor an Fläche gewinnt. Manche Moorforscher nennen diese Moore aufgrund des Sich-Hochwölbens auch Hochmoore. Ich bleibe beim Begriff Regenmoor, weil dieser mehr das Entstehen, das Funktionieren und die Lebensbedingungen in dieser Art von Moor widerspiegelt.

Ist ein Regenmoor entstanden, bilden Schlenken und Bulten ein konzentrisches Mosaik (Couwenberg & Joosten, 2005). Die Bulten sind die Bereiche, auf denen die Torfmoose wachsen, die nicht so gerne direkt im Wasser stehen, wohingegen sich in den Schlenken die nass stehenden Moose ansiedeln. Die früheren Moorkundler gingen ursprünglich davon aus, dass die Bulten beim Höhenwachstum immer trockener werden und ihr Wachstum irgendwann einstellen, während die nassen Schlenken weiterwachsen, über das Niveau der Bulten hinaus, damit selbst zu einer Bulte werden, während sich die ursprünglichen Bulten zu Schlenken umwandeln. Die Mooroberfläche befände sich damit in fortlaufender Regeneration, so die frühere Annahme (Osvald, 1923). Andere Moorforscher meinten, ein Ende des Höhenwachstums beobachtet zu haben, wonach auf eine gewisse Zeit des Wachstums eine Stillstandsphase folgt, womit die vermeintlich wiederkehrenden Waldphasen erklärt wurden (Harnisch, 1929).

Tatsächlich gibt es Regenmoore, in denen mehr Waldbäume aufwachsen als in anderen. Der Grund ist aber nicht die einst angenommene Stillstandsphase, sondern man geht als Ursache heutzutage entweder von einer Veränderung der jährlichen Niederschlagsmengen oder einem anders gearteten, stark schwankenden Moorwasserspiegel, den die Torfmoose nicht mehr kompensieren können, aus (Damman, 1977). In solchen Fällen hat meist der Mensch direkt oder indirekt in den Moorwasserhaushalt eingegriffen (Lachance & Lavoie, 2004). Außerdem stellen ein paar Bäume nicht gleich eine Waldphase dar, denn Bäumchen können selbstverständlich auf den höheren Bulten entspringen, wachsen aber nicht zu majestätischen Waldbäumen empor. Irische, schottische, nordamerikanische, skandinavische und auch mitteleuropäische Moorforscher haben durch paläontologische Untersuchungen belegt, dass die Bulten und Schlenken der Regenmoore über Jahrhunderte und Jahrtausende erhalten bleiben (zusammengefasst bei Svensson, 1988). Denn: Haben die Torfmoose genug Wasser und bleibt die Umgebung durch den Kationenaustausch sauer, da wird das Aufwachsen der Bäume zur Qual. In einem einmal aufgewachsenen Regenmoor wächst ohne Wassermangel kein geschlossener Wald mehr auf, höchstens ein paar Bäumchen auf den Bulten bis zu einer gewissen Masse. Werden sie zu schwer, sinken sie durch die Bulten hindurch in den Moorwasserspiegel hinein und sterben aufgrund von Sauerstoffarmut und dem sauren Milieu an den Wurzeln wieder ab.

Regenmoore sind also sehr konstante Gebilde, die nur durch

äußere Faktoren wieder zerstört werden können. Beständigkeit heißt dabei aber nicht gleich Stillstand. Ich wiederhole mich: Einen solchen Zustand gibt es in der biologischen Welt nicht. So wachsen Regenmoore bei gleichbleibenden klimatischen Bedingungen auch immer weiter – sowohl in die Höhe, aber vor allem in die Fläche. Natürlich entstehen durch das Höhenwachstum keine neuen Berge in einer ansonsten flachen Landschaft. Durch den Druck der Masse schiebt sich der Torfkörper unter den Torfmoosen in die Fläche, weshalb die Regenmoore nur ganz allmählich in die Höhe aufwachsen, sich dafür aber teils relativ rasch in die Fläche ausbreiten. Durch das andauernde Höherwachsen der Torfmoose und den Druck des Torfes schiebt sich das Regenmoor zu seinen Seiten heraus. Nach und nach entstehen dort peripher immer wieder neue Bulten und Schlenken, weshalb Regenmoore aus der Luft betrachtet eine regelrecht konzentrische Symmetrie ergeben.

Nahezu jedes Regenmoor besitzt zudem ein sogenanntes Lagg, womit der Randbereich bezeichnet wird, in dem sich das überschüssige Wasser aus dem Moor mit dem der Umgebung vermischt. In niederschlagsreichen Zeiten können Torfmoose, seien sie noch so zahlreich, nicht das

Nach einer Reihe von Sukzessionsstadien kann ein Regenmoor entstanden sein, welches dann eingebettet in die übrige Landschaft ganz eigene Prozesse und damit wunderschöne vegetative Muster hervorbringt.

gesamte Niederschlagswasser aufnehmen, weshalb aus jedem Regenmoor auch immer eine gewisse Menge an Wasser abfließt (Walker & Walker, 1961; Succow & Jeschke, 1986). Das Wasser läuft zwangsläufig zum Rand hin ab. Besteht der Laggbereich noch über der ehemaligen Senke mit Niedermoortorf, steht relativ lange und häufig im Jahr dort Wasser, denn der Niedermoortorf hält über eine gewisse Zeit das Wasser. Hat sich das Regenmoor über den Raum der ehemaligen Niedermoorsenke hinausgeschoben, kann es vorkommen, dass der Untergrund nicht mehr so gut das Wasser hält und es dort eher versickert. Dann bekommt man den Eindruck, es gäbe gar kein Lagg. Dazu sei gesagt: Ein Lagg muss auch nicht zwangsläufig das gesamte Regenmoor umgeben. Die Lage eines entstandenen Regenmoores, das Relief der Umgebung, die Lage des ehemaligen Tiefpunktes der Ausgangssenke und/oder die Vegetation der Umgebung, die sich mittlerweile parallel zur Entstehung eines Regenmoores um dieses Moor gebildet beziehungsweise weiterentwickelt hat, können dafür sorgen, dass sich ein sichtbares Lagg nur räumlich begrenzt ausbildet und manchmal sogar überhaupt nicht zu sehen ist.

Zusammenfassend kann man sagen: Der allgemeine Prozess zum Regenmoor verläuft über eine Schlammbildung einer Geländesenke, wonach diese Senke flacher wird und ein Verlandungsstadium zur Folge hat. Nach Abschluss dieses Prozesses zum Niedermoor kann sich ein Regenmoor auf das Niedermoor aufsatteln. Das aufgesattelte Moor kann nur noch von Regenwasser gespeist werden, wird nährstoffarm und unterliegt dann den sich selbst organisierenden Prozessen eines Regenmoores. Dieser Vorgang war zumindest auf der nördlichen Halbkugel der Erde die häufigste Form zur Bildung eines Regenmoores (Ruppel et al., 2013). Die beschriebenen Vorgänge machen aber auch deutlich, wie viele Zufälle zusammenspielen müssen, damit ein Regenmoor entsteht. Deshalb kann man Regenmoore fast nirgendwo auf der Welt in riesigen geschlossenen Lebensräumen finden, sondern sie sind schon immer eher verinselt aufgetreten. Nur waren und sind diese Inseln räumlich mal näher beisammen, mal weniger nahe. Einige Inseln sind riesig groß, andere hingegen winzige Gebilde. Wie Ratzel (1901) so schön schrieb: *„Sie sind Verstärker des großen, stillen Zuges einer Landschaft, die eigentümliche Gebilde hervorbringen."* Es gibt jedoch hier und da einige Abweichungen im Gesamtprozess, die zu einem Regenmoor führen können. Dies beleuchtet der nächste Abschnitt genauer.

Das Relief, die Witterung und das Ausgangssubstrat formen die Regenmoore

Im Großen und Ganzen haben wir verstanden, wie ein Regenmoor entsteht. Doch in der Realität gibt es die unterschiedlichsten Variationen von Regenmoorgebilden, wofür neben Jahresniederschlag und Jahrestemperatur noch das Relief, die Witterungseinflüsse und/oder das Ausgangssubstrat verantwortlich sein können. Wahrscheinlich entstehen die meisten Regenmoore sukzedan in der Folge von verschiedenen Ablagerungen der unterschiedlichsten Pflanzenformationen. Und nur unter sehr günstigen Voraussetzungen bilden sich Regenmoore sofort. Die jährliche Niederschlagssumme und die jährliche Verteilung des Niederschlages in Verbindung mit der gleichzeitigen Temperaturkurve im Jahr sind Grundvoraussetzungen für das Entstehen von Regenmooren und bestimmen zudem die Wachstumsintensität und, wenn man so will, den Grad des Aufwölbens.

Im nördlichsten Teil der Erde gibt es einige Landschaftsgebilde, die nach den oberflächlichen Pflanzenformationen zu urteilen Regenmoore sein könnten. Sie sind

Am Ende eines Winters, wenn die Vegetation noch nicht sattgrün ist, kann man die Stränge in winterlich sehr kalten Regenmooren schön erkennen, die durch die Wirkung von Frost und dessen Schubkraft entstanden sind. Hier spricht man häufig von „Strangmooren“.

ihnen sehr ähnlich – und sind doch keine Regenmoore, sondern regenmoorähnliche Tundralandschaften. Viele Schlenken bleiben dort das ganze Jahr vegetationslos, aber auf Bulten leben schon einzelne Torfmoose. Meist dominieren dort noch die Braunmoose zwischen ein paar Torfmoosen. Die Jahrestemperatur, selbst die Sommertemperatur, reicht in diesen Breiten nicht aus, um ein echtes, durch Torf aufgewölbtes Regenmoor entstehen zu lassen. Die Schlenken in diesen arktischen Mooren füllen sich durch Schmelzwasser, das aus den nebenliegenden Bulten im Sommer herausfließt. Die Bulten sind nämlich nicht rein aus Torf und lebenden Torfmoosen aufgebaut, sondern aus Permafrost und Torf. Jeder, der eine Regentonne an seinem Haus hat und diese nicht vor dem winterlichen Frost ausgeleert hat, kennt das Phänomen, dass sich das gefrierende Wasser ausdehnt, die Tonne entweder sprengt oder sich ein Eisberg über der ursprünglichen Wasserkante erhebt. Genau das gleiche Phänomen erhebt die Bulten in diesen arktischen Mooren. Nach Höhe dieser Bulten, nach Ausrichtung der Schlenken und natürlich je nach landeseigenen

Decken-(Regen-)Moore sind häufig durch deutliche Erosionsrinnen gekennzeichnet, weil die Torfmoose die enormen Niederschlagsmengen nicht komplett aufnehmen können. Das Überschusswasser fließt in diesen Rinnen ab.

moorkundlichen Gepflogenheiten klassifizieren Moorforscher diese arktischen Moore (Paasio, 1933). Diese Moore werden aber nicht von regelmäßigen, flüssigen Niederschlägen gespeist, sondern in den sehr kurzen Sommermonaten eher vom Schmelzwasser des Permafrostbodens und dem schmelzenden Schnee.
Im südlichsten Teil der Erde gibt es solche arktischen Moore nur in den Höhenlagen der Gebirge. Die Antarktis ist immer noch vollständig vereist, kann also keine Moore hervorbringen. Auf den anderen südlichen Kontinentalplatten von Neuseeland, Tasmanien oder im südlichen Argentinien sind die Temperaturen teils schon hoch genug, um echte Regenmoore entstehen zu lassen.

Weiterhin gibt es sowohl im Süden als auch im Norden Regenmoore, die durch eisige winterliche Witterungseinflüsse ihre Formen bekamen. Bekanntlich ändert sich das Klima im Laufe der Erdgeschichte. Wo das Klima vor tausenden von Jahren noch eher arktisch war, ist es heute möglicherweise schon gemäßigt oder zumindest boreal (kaltgemäßigt). So zogen sich sowohl auf der Süd- als auch auf der Nordhalbkugel die Gletscher zurück, was ein Verschieben der Klimazonen auslöste (Daly, 1934; Behre, 1978). Wo damals arktische Moore bestanden, können diese mittlerweile von echten Regenmooren überwachsen worden sein. Am Übergang von arktischer Kälte zu borealer Kälte zeigen die Formen von Schlenken und Bulten immer noch die Wirkungen von Frost. So sind in den sehr winterkalten Regenmooren die Schlenken und Bulten nicht rundlich konzentrisch angeordnet, sondern langgestreckt. Der Frost schiebt dort das gefrorene Wasser nicht nur in die Höhe, sondern gleichsam zu den Seiten. Diese Schubkräfte sorgen für ekkige Formen. Die Schlenken ziehen sich zu langgestreckten Rinnen auseinander und die Bulten werden zu parallel aufgewölbten Strängen. Den Namen „Strangmoor“ kann man genau deshalb auf verschiedenen historischen wie auch auf aktuellen topografischen Karten finden. Damit verweist die Karte auf die Ursache der Form eines Regenmoores.
In Hanglagen stößt man wieder auf ganz andere Formen von Regenmooren. Entstand ein Regenmoor beispielsweise im Übergangsklima von arktisch-boreal zum gemäßigten und zudem am Hang, wird die eisige Schubwirkung verstärkt und es bildeten sich sogar regelrechte Terrassen aus, wodurch Regenmoore wie tropische Reisfelder wirken. Auf der Regenseite von Gebirgszügen fällt naturgemäß nicht nur viel Niederschlag, sondern das Relief ist viel abschüssiger als im Flach-

land. An Hanglagen hat das überschüssige Wasser, was sich im Lagg sammelt, deshalb nur einen Weg: den Berg hinunter. Es gibt demzufolge nur eine Seite mit Lagg oder häufig auch gar kein sichtbares Lagg, da das Überschusswasser nämlich außerhalb des Regenmoores nicht mehr aufgehalten wird. Die Torfmoose fehlen dort und das Wasser läuft deshalb ungebremst sofort den Berg hinunter. Aber nicht nur für das Wasser im Lagg bestehen am Berg gesonderte Bedingungen. Regenmoore bauen sich hier generell langsamer auf und bleiben flacher aufgewölbt. Die erste Stauwirkung erzeugt meist eine Geländekante am Hang, an der sich überhaupt erst einmal genügend Torf ablagern muss, um eine hangaufwärts gerichtete Vermoorung einzuleiten. In vielen Regionen sind solche Hang-Regenmoore viel stärker von Baumwuchs charakterisiert als die Flachland-Regenmoore, weil das Wasser verstärkt abfließt. Die Schwerkraft des Wassers kann eben auch nicht von Torfmoosen aufgehalten werden. Die Oberfläche solcher Regenmoore trocknet schneller als die in Flachland-Regenmooren und bietet kleinen Bäumen damit eher als dort einen Mikrostandort.

Bei den Flachland-Regenmooren der gemäßigten Klimazonen ist für die unterschiedlichen Variationen dann nicht mehr das Ausgangsrelief entscheidend, sondern die Witterungsverläufe und das Ausgangssubstrat sind die treibenden Faktoren. In den ozeanisch geprägten Tieflandgebieten der Süd- und Nordhalbkugel, wo viele Niederschläge fallen, verläuft das Bilden eines Regenmoores beispielsweise nicht über ein Waldstadium, sondern dort mischen sich auf das noch flache Niedermoor sehr bald Torfmoose unter die Vegetation und bestimmen dann relativ rasch das zukünftige Geschehen (Tüxen, 1979; Succow & Joosten, 2001; Malmer, 2014). Auf undurchlässigem und von Natur aus extrem nährstoffarmem Ausgangssubstrat – wie Granitfelsen – können bei entsprechender Muldenlage und genügend atmosphärischem Wasser sogar sofort die wurzelechten Regenmoore entstehen. In Patagonien, Neuseeland, Norwegen, Nordamerika oder auf den Britischen Inseln kann man solche Regenmoore häufig finden. Das in einer flachen Mulde gesammelte nährstoffarme Wasser ermöglicht es, dass gleich Torfmoose und andere regenmoortypische Pflanzen siedeln, die das Vermooren zu einem Regenmoor einleiten. Ist die Bildungsform einmal in Gang gekommen, dann überwachsen die Torfmoose selbst Geländehügel. Es entstehen die sogenannten Deckenmoore. Der Name leitet sich davon ab, dass sie alles überdecken. Wurzelechte Regenmoore entstehen aber auch außerhalb von Gebieten mit steinigen und nährstoffarmen Ausgangssubstraten. So ließen in manchen Gegenden der Erde die abtauenden Gletscher muldenartige Sanderflächen zurück, wo sich knapp unter den Sanden wasserhaltende Schichten, z. B. Geschiebemergel oder sukzessiv entstandener Ortstein, befinden, und damit genauso nährstoffarme, flache Senken darstellen wie Granitfelsen, denn Sand ist ohne organische Zusätze genauso nährstoffarm wie Granit. Auf solchen sandigen Muldenlagen bilden sich dann bei entsprechendem atmosphärischem Wasserüberschuss genauso die wurzelechten Regenmoore.

Noch viel grundlegendere Unterschiede als bei wurzelecht oder sukzessiv entstandenen Regenmooren ergeben sich zwischen Regenmooren in Küstennähe und denen im Inland. Hierbei sind nicht die fallenden Niederschlagsmengen allein, sondern die Evapotranspirationsraten entscheidend (Damman, 1977). Die Evapotranspiration eines Standortes ist die Summe der Verdunstung aus den Pflanzen und Tieren sowie aus dem Boden und der Wasseroberfläche. Diese Summe ist in Küs-

Je trockener die Regenmooroberflächen gerade im Sommer werden, desto mehr andere Pflanzen können sich im Regenmoor neben den Torfmoosen einstellen. Zwischen den Torfmoosen siedeln dann Kräuter und weitere Moose – wie das Frauenhaarmoos (Polytrichum strictum).

tennähe in der Regel niedriger als im Binnenland. Niedrigere Jahrestemperatursummen und generell mehr Luftfeuchtigkeit, die sich auch in Nebel niederschlagen kann, vermindern in den Küstenregionen die Evapotranspirationsraten. Vor allem in den Sommermonaten ist die Evapotranspiration hier geringer als im Inland bei gleichzeitig häufigeren Niederschlägen, was einen ganzjährigen Feuchtigkeitsüberschuss erzeugt. Die Torfmoose können in diesen Gegenden über die gesamte Vegetationszeit hinweg wachsen und schaffen große bis riesige, flach aufgewölbte Plateaus, auf denen fast nie Bäume wachsen. Der Moorwasserstand ist hoch und schwankt kaum, was sehr baumfeindlich ist. Dennoch ist das Wachstum der Torfmoose nicht exponentiell höher. Die zwar relativ konstanten, aber niedrigen Sommertemperaturen, die durch Wind und Bewölkung im unteren Bereich gehalten werden, begrenzen das Wachstum (Damman, 1977). Wir erinnern uns an die Van-'t-Hoffsche Regel. Aus diesem Grund ist stetiger Nieselregen keinesfalls unbedingt „Regenmoor-Segen“.

Die Temperaturentwicklung über ein gesamtes Jahr, die häufig mit der Nähe zur Küste korreliert, bestimmt demnach, wie hoch sich die Regenmoore aufwölben, da die Wachstumsrate bei fast allen

Flechtenteppiche setzen sich auf Torfmoosbulten, schaffen neue Mikrostandorte für Zwergsträucher und damit mehr Vielfalt in Regenmooren.

Torfmoosen stark von der Temperatur abhängt (Clymo, 1978; Clymo & Hayward, 1982). Je weiter weg gelegen von der Küste, aber noch mit deutlichem Einfluss der Feuchtigkeit, die von der Küste kommt, desto mehr nimmt die Wölbung der Regenmoore zu (Damman, 1977; Clymo, 1978). Die dementsprechend größten Moormächtigkeiten lassen sich im Binnenland von Nordamerika, Südamerika und Europa finden, und zwar genau dort, wo noch ein außergewöhnlich hoher Einfluss der küstennahen Niederschläge wirkt. Leider muss man auch sagen: Genau dort sind bis heute die größten Torfabbaugebiete.

In Küstennähe findet man noch weitere eigenartige Phänomene inmitten von Regenmooren, nämlich teils gewaltige Erosionsrinnen, die sich mitten durch die dortigen Deckenmoore ziehen. Hier wird überschüssiges Wasser abtransportiert. Es handelt sich um echte Erosionsrinnen. Durch die niedrigen Temperaturen wachsen die Torfmoose nicht schnell genug, um das stetig anfallende Wasser in immer neu nachwachsenden Torfmoosblättchen und Stämmchen aufnehmen zu können. Küstennahe Regenmoore haben deshalb auch kaum wasserüberspannte Schlenken oder Kolke. Die Schlenken-Bulten-Bildung ist kaum zu erkennen. Alles ist grün mit Torfmoosen überwuchert.

In Binnenland-Regenmooren entstehen solche Erosionsrinnen, in denen überschüssiges Wasser sichtbar abfließt, nicht. Was dort als Überschusswasser im Lagg landet, fließt viel langsamer und nicht sichtbar lateral unterhalb der Torfmoosköpfchen ab. Der Moorwasserspiegel fällt im Binnenland vielmehr mindestens einmal im Jahr ab, und zwar meist im Sommer, da in dieser Zeit häufig Niederschlagsdefizite gegenüber der Evapotranspiration auftreten. Die Mooroberfläche sackt zusammen, wodurch kleinere oder mittelgroße Mulden entstehen, die später wieder mit Wasser aufgefüllt werden. Diese mit Wasser überspannten Bereiche nennt man je nach Tiefe und Größe Moorkolke oder Moorschlenken. Regenmoore mit solchen unregelmäßigen Schwankungen des Moorwassers wachsen ungleichmäßiger auf und weisen dadurch ein viel bewegteres Mikrorelief auf als die plateauartigen Deckenmoore. Schließlich sind solche Binnenland-Regenmoore gerade durch diese Reliefierung artenreicher als die Küsten-Regenmoore. Je nachdem, wie weit die Binnenland-Regenmoore von den Küsten und damit von den regelmäßigen Niederschlägen entfernt liegen, schwankt der Moorwasserspiegel. Fällt der Moorwasserspiegel dauerhaft erheblich, können sich Baum- und/oder Krautsämlinge ansiedeln. Siedeln Baumsämlinge auf vorhandenen Bulten, wo es selbst nach Niederschlägen trockener bleibt, können sie zu kleinen Bäumchen emporwachsen. Kräuter gedeihen auf Bulten mit und ohne Bäumchen.

Werden die Bulten so trocken, dass eine mittlere Mineralisationsrate des Bulten-Torfes einsetzt, werden plötzlich Nährstoffe freigesetzt, die anderen Moosen einen Mikrostandort eröffnen – wie dem Frauenhaarmoos (*Polytrichum strictum*). An wieder anderer Stelle legen sich Flechtenteppiche über die entstandenen Bulten und schaffen weitere neue Mikrostandorte, an denen sich beispielsweise auch Zwergsträucher ansiedeln. Von den Beeren der Zwergssträucher leben wiederum Tiere, die Exkremente in die Moore fallen lassen und damit neue Nährstoffquellen schaffen, die ganz spezielle Moose nutzen – beispielsweise die Schirmmoose (*Splachnum*-Arten). Aber bevor wir uns mit den Pflanzen der Regenmoore befassen, möchte ich noch zu einer ganz speziellen Entstehungsform von Regenmooren kommen.

Der Wind, der Wind, das himmlische Kind

Der Wind kann ganz besondere Mikroformen von Regenmooren hervorbringen oder selbst in großen Regenmooren für spezielle Mikrostandorte sorgen. So herrscht stetiger Wind in küstennahen Regionen, weil unterschiedliche Temperaturen zwischen Wasser und Land ausgeglichen werden. In Gebirgsregionen hingegen kann die Aufschüttung von Geröllmassen oder die Porigkeit des Gebirgsgesteins für spezielle Windeffekte sorgen. Man spricht vom sogenannten Windröhreneffekt. Dieser wiederum sorgt für ganz spezielle Mikroformen von Regenmooren.

Bleiben wir vorerst bei den windigen Küstenregionen. In sehr feuchten Regenmooren der Küstenregionen ist das Spieß-Torfmoos (*Sphagnum cuspidatum*) das produktivste Torfmoos, da es sich bei Dauerfeuchte und küstennaher Wintermilde durch eine extrem hohe Produktivität auszeichnet (Clymo & Hayward, 1982). Das Wachstumsoptimum erreicht die Art bei leichter Wasserüberspannung von wenigen Zentimetern (Rydin, 1986). In wintermilden Gebieten und bei besagten optimalen Wasserständen wächst dieses Torfmoos dann nahezu ununterbrochen. Spieß-Torfmoos lässt die meisten küstennahen Regenmoore (Deckenmoore) so durchweg grün erscheinen. Sämtliche Schlenken werden sofort von *Sphagnum cuspidatum* zugewachsen, weshalb kaum tiefere freie Wasserkörper vorzufinden sind.

Wo durch spezielle Geländeformationen doch noch einzelne Schlenken oder gar richtige Kolke vorhanden sind, da tritt durch das Spieß-Torfmoos ein weiteres Phänomen zutage. In den flutenden Schlenken und Kolken lebt potenziell dieses Torfmoos, weil es dort seine optimalen Standortbedingungen vorfinden würde. Der küstennahe Wind rüttelt allerdings an solchen Wasserkörpern erheblich. Durch kleinere Wellen schauen immer mal wieder Köpfchen des Spieß-Torfmooses aus dem Wasser heraus, werden dabei vom Wind erfasst und auf die Leeseite der Schlenken oder Kolke gedrückt. Dort sammeln sich die Pflänzchen an und sinken durch ihren Eigendruck ab. Die Leeseite füllt sich dann rasch mit Torfmoospflänzchen. Andere Torfmoosarten können somit vom Rand her die *S.-cuspidatum*-Pflänzchen überwachsen. Hält diese Bedeckung der anderen Torfmoospflanzen über einige Monate an, sterben die *S.-cuspidatum*-Pflänzchen darunter ab. Schon wenn zirka zehn Prozent dieses Torfmooses absterben, reicht die jährliche Eigenproduktion nicht mehr aus, um die lokale Population dieses Mooses in der Schlenke aufrechtzuerhalten (Boatman, 1977). Die offenen Wasserbereiche solcher Schlenken und Kolke bleiben dann zumeist über längere Zeit torfmoosfrei, bis sich neue Sporen von *Sphagnum cuspidatum* ansiedeln und das Spiel von neuem beginnt. Hat sich luvseitig an solchen Schlenken und Kolken nicht irgendwann ein Hindernis für den Wind gebildet, wie ein Bultenwall aus anderen Torfmoosen, dann bleibt der Wasserkörper dieser Schlenken oder Kolke strukturfrei. Diese Strukturfreiheit hat Auswirkungen auf die tierische Besiedlung. Man kennt solche strukturfreien vegetationslosen Kolke aus den küstennahen Regenmooren der Britischen Inseln, aus Norwegen oder aus den östlichen und westlichen Küstenregionen Nordamerikas. Dieses Phänomen erklärt, warum manche Wasserinsekten nur in Binnenland-Regenmooren vorkommen und in den küstennahen fast durchweg fehlen: es ist dort schlichtweg keine Struktur für diese Tiere vorhanden. Wir werden später, bei der Hochmoor-Mosaikjungfer – einer typischen Regenmoor-Libelle –, darauf zurückkommen.

Mindestens genauso spannend wird die Geschichte mit dem Wind in felsigem Terrain, immer dort, wo ein Windröhreneffekt auftreten kann. Ein Windröhreneffekt entsteht dort, wo mehr oder weniger feste Massen wie Gestein durchlässige Röhren bilden, die nach oben und zur Seite so mächtig sind, dass sie im Inneren niemals die äußere Lufttemperatur erreichen. Man kennt dieses Phänomen von Bergwerksstol-

Kondenswasser-Regenmoore bilden sich, wo es im Sommer Kaltluftströme am unteren Ende von kleinporigen Felsformationen gibt, da so Kondenswasser in warmer Außenluft entsteht. Von dieser Luftfeuchtigkeit leben einige Torfmoose. Dieses Phänomen, wie hier am Lattensteig zu den Schrammsteinen im Elbsandsteingebirge, wird Windröhreneffekt genannt.

len, die oben und unten eine Öffnung haben und wo fast stetig ein Luftzug weht. Verstärkt wird die fehlende Erwärmung der Röhren, wenn deren Lage sonnenabgewandt ist. Dann reicht schon eine geringere Mächtigkeit der Röhren, um einen Windröhreneffekt auftreten zu lassen. In solchen Röhren kehrt sich nämlich die Temperaturschichtung der Außenluft um. Im Sommer fließt stark ausgekühlte Luft an der unteren Öffnung der Röhre heraus, während im Winter dort die kalte Außenluft einzieht und wesentlich erwärmter aus der oberen Öffnung entweicht. Denn schon wenige Meter innerhalb einer entsprechend mächtigen Röhre ist kaum noch eine jahreszeitliche Schwankung der Außentemperatur vorhanden. Im Innersten der Röhre bleibt die Temperatur über das Jahr gleich. Von den Enden der Röhre her findet eine allmähliche Angleichung der einströmenden Außentemperatur an die des Hohlraumes statt.

So strömt bei warmem Sommerwetter die Außenluft oben in eine Röhre ein, weil warme Luft stets zu kalter Luft fließt, um diesen Unterschied auszugleichen. Die einströmende Luft wird runtergekühlt, weil sie Wärme an die kalten Innenwände der Röhre abgibt. Von oben wird warme Luft stetig nachgesaugt, die abgekühlte Luft in der Röhre nach unten gedrückt, bis ein Luftzug die ganze Röhre durchzieht und unterhalb ein kalter Luftstrom heraustritt. Im Winter ist das Spiel umgekehrt. Die wärmere Luft im Inneren der Röhre muss nach oben, um den Temperaturunterschied zwischen innen und außen auszugleichen, und dadurch wird an der unteren Öffnung stetig kalte Außenluft angesaugt.

Für das Entstehen eines Mini-Regenmoores ist die Temperaturumkehr im Frühling und Sommer entscheidend, ebenso wie der Faktor, dass genügend Wasser in diesen Röhren angesammelt wird, welches ab dem Frühjahr, mit Beginn der Vegetationsperiode der Torfmoose, herauströpfelt. Im Frühling und Sommer kondensiert stetig ein gewisser Anteil von Wasser aus der warmen, oben einströmenden Luft an den Innenwänden der Röhren. Der stetige Luftzug verdunstet aber auch gleichzeitig wieder einen Anteil dieses kondensierten Wassers. Die entstehende Verdunstungskälte fördert die weitere Abkühlung des Luftzuges. Genau diese Abkühlung des Luftzuges führt dazu, dass in warmen Monaten auch stetig Wasser aus dem unteren Ende der Röhren herauskommt. Denn durch das Abkühlen wird das Verdunsten irgendwann gestoppt, und da Wassertropfen schwerer als Luft sind, fließt der verbliebene Wasseranteil aus der Kondensation immer die Röhre herunter, bis er mit dem kalten Luftstrom am unteren Ende der Röhre wieder heraustransportiert wird (Itow & Weber, 1974).

Am unteren Ende der Röhre angekommen, trifft die kalte Luftströmung mit dem transportierten Wasseranteil auf die warme Außentemperatur des Frühjahrs bzw. Sommers, wodurch wieder Wasser kondensiert. Dieses Phänomen kennt jeder vom noch kalten Topfdeckel, der rasch nass wird, sobald das Wasser im Topf anfängt zu kochen. Hebt man den Deckel an, fallen die Tropfen ab. Als Deckel fungieren in der Luft verschiedene Luftpartikel wie Staub, die Kondensationskerne genannt werden. Da Wassertropfen schwerer sind als Luft, fallen die kondensierten Tropfen rasch wieder ab von diesen Kondensationskernen. Meist gelangen sie unmittelbar an der unteren Öffnung einer Windröhre auf die dortige Erdoberfläche. Weit weg von der unteren Windröhrenöffnung kommt die kalte ausströmende Luft ohnehin nicht. Einmal ausgetreten, hat sie sich rasch an die Außentemperatur angeglichen. Diese sich erwärmende kalte Luft steigt schräg nach oben auf, weshalb zumindest noch wenige Meter hinter der Röhrenöffnung Kondenswasser zu Boden fallen kann. Da Kondenswasser der Wasserlieferant für diese Mini-Regenmoore ist, werden diese entstandenen Gebiete Kondenswasser-Regenmoore genannt.

Für diese meist noch schattigen Bereiche ist das Girgensohnsche Torfmoos (*Sphagnum girgensohnii*) prädestiniert und deshalb gerade in diesen Mini-Regenmooren häufig zu finden (Schaeftlein, 1959). Es hat weit aufgefächerte Ästchen an den aufrecht stehenden Stämmchen, um möglichst jeden herunterfallenden kondensierten Wassertropfen mit seinen Hyalinzellen aufzusaugen. Der Schatten macht dieses Torfmoos graugrün. Es schafft trotz widriger Bedingungen Torfmooshügel von bis zu 1,50 Metern Höhe. Sind die Sommer nicht so heiß, was weniger Tage mit Kaltluftstrom am Röhrenausgang hervorbringt und damit seltener anfallenden Kondenswasser-Niederschlag, dann zeigt dieses Torfmoos eine gute Trockenresistenz.

Ein paar weitere Torfmoose mit ähnlichen ökologischen Amplituden gibt es noch, die ebenfalls an der Bildung solcher Mini-Regenmoore beteiligt sein können (Ellmauer & Steiner, 1992; Hafellner & Magnes, 2002), je nachdem, welche Spore an der richtigen Stelle landete. Auf den kleinen Hügeln, die die Torfmoose gebildet haben, siedeln dann die Arten, die man von den größeren Regenmooren auf Bulten kennt. Es sind jedoch wieder nur mickrige Formen von anderen Pflänzchen, denn auch diese kleinen Hügel der Kondenswasser-Regenmoore sind durch den Kationenaustausch der Torfmoose sauer und nährstoffarm. Damit kommen nur wenige Pflanzenarten zurecht, die anderen Pflanzen werden unterdessen unterdrückt.

Sie sehen aus wie Regenmoore, sind aber (noch) keine oder werden nie welche

In Kessellagen mit stauendem Untergrund und winzigen Einzugsgebieten können Kesselmoore entstehen, die von der Vegetationsgestaltung manchmal fast aussehen wie Regenmoore, aber noch keine sind oder nie welche werden (Succow, 1983). Die Vegetation schafft hier eine ähnliche Gestalt. Ein Phänomen, was wir von arktischen Mooren kennen, doch sind Kesselmoore etwas völlig anderes.

Kesselmoore gehen auf die Verlandung von Kleinstgewässern zurück, meist als Folge der Toteislöcher aus der letzten Eiszeit. Toteislöcher entstanden durch Eisbrocken. Die abschmelzenden Gletscher haben teils riesige solcher Brocken zurückgelassen.

Ein typisches Kesselmoor: von Wald umgeben, mit einer noch kleinen offenen Wasserfläche und einem Verlandungsstadium am Rand. Bei günstigen atmosphärischen Niederschlagsbedingungen kann ein Regenmoor entstehen. Ohne günstige Niederschlagsverhältnisse und abgeschirmt von Wald stagniert das Moor in diesem Zustand.

Das Eigengewicht drückte sie in den Untergrund. Über die Jahre schmolzen sie ab und es entstanden typische Kleinstgewässer an der Stelle, wo die ehemaligen Eisbrocken eine Mulde hinterließen. Deshalb sind solche Moore typischerweise in den Jungmoränengebieten der Erde zu finden. Die Verlandung des Kleinstgewässers vollzog sich genauso wie in unserem Modell-Beispiel für Regenmoore. Es stellten sich Mudden ein, denen weitere Gewässerablagerungen folgten. Vom Rand begann die Füllung mit Torf, woran meistens Braunmoose und Seggen beteiligt waren (Timmermann, 1999). Je nachdem, wie groß die Toteislöcher waren, sind sie rasch verlandet oder haben bis heute ein Moorauge behalten. Da aus dem Einzugsgebiet dieser Kessel nährstoffreiches Wasser zufließt, bilden meist Braunmoose den Torf. Torfmoose sind hier mehr oder weniger dazugemischt, doch durch das nährstoffreiche Wasser sind die Braunmoose im Vorteil. Auf den Bulten der

Kesselmoore siedelt häufig das Scheidige Wollgras (*Eriophorum vaginatum*). Solche Bulten erinnern stark an die Erhebungen in Binnen-Regenmooren mit relativ stark schwankenden Moorwasserspiegeln, weil sehr ähnliche Standortfaktoren bestehen. Auf diesen Bulten mineralisiert der Torf und setzt geringe Mengen an Nährstoffen frei, die insbesondere das Scheidige Wollgras nutzt.

Warum sind diese Kesselmoore aber keine Regenmoore und werden meistens auch nicht zu Regenmooren? Die meisten Kesselmoore liegen außerhalb der günstigen atmosphärischen Niederschlagsverteilung. Die Niederschläge in den meisten Gebieten der Kesselmoore übersteigen nicht eindeutig die Verdunstungsrate, weshalb die Torfmoose nicht die Oberhand gewinnen können. In manchen Gegenden fallen reichlicher Niederschläge, dann mischen sich mehr und mehr Torfmoose unter die Braunmoose. Diese Kesselmoore erinnern dann schon sehr an Regenmoore. Und bestehen Kesselmoore im Klimagebiet mit hoher atmosphärischer Wasserversorgung, können auf den Kesselmooren langfristig tatsächlich kleine Regenmoore entstehen (Succow & Jeschke, 1986).

Es gibt aber auch Fälle, bei denen die historische jährliche Niederschlagsrate anders war als aktuell, was Klimaveränderungen nun einmal hervorrufen. So wurde in den Zeiten mit hohen Niederschlagsraten das Verlanden der Kesselmoore durch das Wachstum der Torfmoose beschleunigt, bis es bei veränderten Niederschlägen abrupt regressiv wurde (Hueck, 1925; Timmermann, 1999). In manchen Gegenden wurde das Wasser regelrecht aufgebraucht und keines mehr nachgeliefert, wodurch das Vermooren vollständig stoppte und ein Bewalden einsetzte (Timmermann, 1999).

Generell ist der Oberflächenzustrom von Wasser in diesen Mooren meist extrem gering, da die winzigen Kessel nur sehr kleine Einzugsgebiete haben. Der Wasserzustrom von unten ist häufig gar nicht gegeben, da die Kessel nicht tief genug in die Oberflächenstruktur einer Landschaft hineinreichen, um bis an den eigentlichen Grundwasserspiegel der jeweiligen Gegend zu gelangen. In Kesselmooren ist das Wasser also sehr knapp. Zahlreiche dieser Moore sind heute (schon) bewaldet, weil der Wasserzustrom in historischer Zeit versiegte. Bleibt ein gewisser Zustrom von oberflächennahem Wasser erhalten und das jeweilige Kesselmoor ist durch umgebenden Wald etwas von der Verdunstung abgeschirmt, dann kann sich das Moor über die Zeit retten. Die Torfbildung ist in der Regel aber abgeschlossen, da sich Nachwachsen von organischer Masse und Aufzehren dieser Masse in den meisten Kesselmooren unserer Zeit die Waage halten (Rowinsky, 1993).

Unter wieder anderen Konstellationen sind Kesselmoore regelrecht ertrunken. Dies geschah in Rodungsphasen, wobei der Wald, der um die Kesselmoore gewachsen war, im gesamten Einzugsgebiet durch den Menschen abgeholzt wurde. Der fehlende Wald nahm kein Wasser mehr auf, oberflächig floss so viel Wasser in den Kessel, dass das Moor überflutet wurde. Hielt ein solcher Zustand lange genug an, ertrank das einstige Kesselmoor und ein neuer Verlandungsprozess musste einsetzen (Hueck, 1929; Jeschke, 1990). Das alte Kesselmoor bildete dann die erste Schicht des Verlandens.

Bleibt Wald hingegen um die Kesselmoore bestehen, stagnieren diese Moore in ihrem Zustand. Die Nährstoffe des wenigen zuströmenden Wassers werden von den Waldbäumen größtenteils abgefangen. Nur vereinzelt fällt Regenwasser in den Kessel, und dann gedeihen dort neben Braunmoosen auch Torfmoose, da in solchen Fällen eine Nährstoffarmut, fast wie in einem Regenmoor, besteht. Abhängig von der jährlichen Niederschlagsmenge und damit vom Zersetzungsgrad des Torfes siedeln sukzessive bultenbildende Wollgräser, Moosbeeren oder bei sehr geringer Feuchte sogar größere Kräuter und Bäumchen (Rowinsky & Kobel, 2011). Meist stagnieren solche Kesselmoore über sehr lange Zeiträume in ein- und demselben Zustand. Bestehen Kesselmoore plötzlich in landwirtschaftlich geprägten Gebieten, gibt es rasch kaum noch eine Regenmoorähnlichkeit. Das einströmende Wasser ist dann in der Regel mit extrem vielen Nährstoffen angereichert, was eine Umstellung zu völlig anderen Pflanzengesellschaften in diesen Kesseln zur Folge hat (Rowinsky, 1993). Der Grund, warum die meisten Kesselmoore aber keine Regenmoore sind und keine werden, ist der stetige Zustrom von mineralischem Wasser aus dem Einzugsgebiet und der fehlende oder zu geringe atmosphärische Niederschlagsüberschuss.

Die Verbreitung des faszinierenden Lebensraumes Regenmoor

Es gab wohl kaum jemanden, der wortgewaltiger und wohlklingender eine Landschaft beschrieb wie Friedrich Ratzel. Die großräumigen Zusammenhänge und räumlich bedingten Entwicklungen in der nordhemisphärischen Landschaft bis hin zu den Mooren umschrieb er beispielsweise wie folgt: *„Das norddeutsche Tiefland ist ein Teil des vom Jenissei bis zur Nordsee gleichartigen* *asiatisch-europäischen Tieflands: weites Land, weiter Horizont, über weite Strecken armer Boden. Es ist als Tiefland meerverwandt nach Lage wie Geschichte: überall sinkt es langsam zum Meeresspiegel hinab, und die Einflüsse des Meeres machen sich bis in die letzten Tieflandbuchten der Gebirgsränder geltend. Aber es ist keine einförmige schiefe Ebene. Langsam taucht es in die Nordsee; in die Ostsee aber in flachen Hügelwellen. Gerade die Natur dieses Tieflandes lässt sich nicht aus den gewöhnlichen Karten erkennen, die solche feinen Höhenunterschiede mit ein paar dünnen Gebirgsraupen oder im besten Fall mit einem Farbton gerecht werden wollen. Die Höhenunterschiede dieses Tieflandes sind nur am Menschen selbst zu messen. Die Seen sind Ruhepunkte in einer Entwicklung, die vom Eis und Fluss zum Sumpf, zum Moor und schließlich zur Torfwiese führt. In der gesamten baltischen Seenregion gibt es besonders viele Abstufungen von dem trocknen Moor bis zu der schwimmenden Moosdecke, die eine Wasserblänke in der Mitte lässt. Wie der letzte Rest eines zuwachsenden Sees ist das auf der Höhe der Hochmoorwölbung in trichterförmigem Becken stehende kreisrunde tiefe Wasserauge. Den Mittelgebirgen wie Erz- und Fichtelgebirge, Harz und Thüringer Wald fehlt heute meist die Zierde der Seen, haben nur noch Torfmoore oder letzte Reste als Teiche an ihrer Stelle.“* (Ratzel, 1898)

An dieser wundervoll umschriebenen Reliefform unserer Landschaft mit seinen eingestreuten Mooren hat sich bis in die Gegenwart vom pazifisch-asiatischen Raum über Sibirien bis nach Europa prinzipiell nichts geändert. Nur sehen eine Vielzahl von Mooren durch die Einflüsse des Menschen anders aus als zu Lebzeiten von Friedrich Ratzel (1844–1904). Neueste wissenschaftliche Erkenntnisse offerieren, dass sich die Moorgeschichte von Nordamerika über Nordasien bis Nordeuropa extrem ähnelt (Ruppel et al., 2013). Demnach passt die Umschreibung von Ratzel auch zur Genese der Landschaften. Die einzigen Unterschiede, die es gibt, bestehen in der Geschwindigkeit der Vermoorungsprozesse, die aber nichts an der oberflächlichen Gestalt der Moore ändern. In manchen Gegenden gab es zwischenzeitliche Trockenphasen, die die Prozesse der Vermoorung verlangsamten oder sogar stoppten. So erklären sich die teils unterschiedlichen Mächtigkeiten der Torflagen in den einzelnen Binnenland-Regenmooren (Ruppel et al., 2013; Malmer, 2014).

Überall wo Moore entstanden oder entstehen, waren oder sind Wasserüberschussgebiete die Grundvoraussetzung. Speziell an diesen Wasserüberschuss angepasste Pflanzen besiedelten diese Gebiete. Unter wassergesättigten, sauerstoffarmen Verhältnissen konnte sich abgestorbene Vegetation zu Torf akkumulieren, der sich über die Zeit durch sein Eigengewicht zu einem Torfkörper zusammenpresst. Je nach Herkunft des Wassers und damit einhergehender Nährstoffverfügbarkeit für Pflanzen wurden die entstandenen Moore in hydrologisch-ökologische Moortypen klassifiziert (Succow, 1988; Rydin & Jeglum, 2013). Bei kontinuierlicher Wasserversorgung durch Bodenwasser, was in der Moorkunde mineralisches Wasser genannt wird, bildeten sich Reichmoore (die Niedermoore), und bei atmosphärischem Wasserüberschuss entstanden wurzelechte oder sukzessiv entstandene Regenmoore.

Das Alter einer Landschaft bestimmt, wie viele Mineralien das Bodenwasser hat. Denn jede Landschaft unterliegt irgendwann einmal gewissen Ruhe- als auch Durchmischungsphasen, und je nachdem, wie alt die aktuell vorzufindende Landschaft ist, ergibt sich daraus der Mineraliengehalt der oberflächennahen Bodenschichten und dessen Wasser (Neef, 1967). Beispielsweise sind Gletscher typische Durchmischer von Landschaften. Sie transportieren Mineralien von einer Landschaft in die andere und durchmischen die Böden durch ihre Urgewalt. Es gibt auch Ruhephasen, in denen sie auf den Landschaften aufliegen und auf die nächste Abschmelzphase warten. Die Landschaft ist in dieser Zeit von einem Eispanzer umschlossen und schläft den Dornröschenschlaf. In Landschaften, wo diese Gletscherprozesse im Verhältnis zum Erdzeitalter noch jung sind, findet man (noch) mineralienreiche Böden. Diese Landschaften werden Jungmoränenlandschaften genannt. Ausgehend von den Jungmoränen werden dem Bodenwasser stetig Mineralien nachgeliefert, wodurch eine Versauerung der Landschaften abgepuffert wird. So bleiben die Moore in den Jungmoränenlandschaften lange Zeit basisch. Das ist auch ein Grund dafür, warum sich Regenmoore in solchen Landschaften auf Niedermoore aufsatteln, denn ansonsten würde die Versauerung durch die Torfmoose stetig wieder durch Bodenwasser gepuffert. In Skandinavien wiederum, wo die Gletscher die oberflächennahen Mineralien in andere Landschaften verfrachtet haben, fehlt die Pufferwirkung (Renberg et al., 1993; Küster, 2002), und Versauerungsprozessen wie das Bilden von Regenmooren stand kaum etwas entgegen, weshalb sich hier auch relativ häufig wurzelechte Regenmoore ausgeformt haben.

Aus solchen verschiedenen historischen oder aktuellen Konstellationen ergibt sich die Verteilung der Moortypen auf der Erde. Die meisten mineralischen Moore weltweit sind verlandete Seen und Durchströmungsmoore (Rydin & Jeglum, 2013). Jeder von Menschenhand ungestörte See bildet irgendwann eine Uferzone. Die Größe eines Sees, die Tiefe des Sees, das Relief des Sees, die Menge und Zeiträume der nachgelieferten Mineralien und schließlich das Großklima, in dem sich der See befindet, bestimmen den Zeitraum der Verlandung (Weber, 1907; Dierssen & Dierssen, 2001; Strack et al., 2008).

In alten Landschaften nimmt die mineralische Versorgung durch das Wasser ab, da die oberflächennahen Mineralien von den Pflanzen verbraucht sind. Hier laufen häufig kleine Kreisläufe ab, in denen sich die Pflanzen sofort von absterbenden Pflanzen versorgen, wie es in den Regenwäldern der Fall ist. In wieder anderen Landschaften bestimmen die sauren Ausgangsgesteine des Untergrundes die geringe Nährstoffversorgung und das mäßige Klima die geringen Nährstoffumsätze. In wieder anderen Erdteilen ist das warme Klima der Hauptverursacher für wenig vorrätige Nährstoffe, da Wärme für rasche Umsätze der Stoffe sorgt.

Welcher Faktor auch immer die abnehmende Nährstoffverfügbarkeit für Pflanzen auslöst: In den Fällen von genügend nachgeliefertem atmosphärischem Wasser entstehen in Regionen mit langen Kreisläufen erst die Niedermoore und dann die Regenmoore, oder es bilden sich sofort die wurzelechten Regenmoore. Wo weltweit wie viele Regenmoore vorhanden sind, lässt sich nicht genau benennen, dazu sind die verschiedenen relevanten Faktoren für die Bildung von Regenmooren weltweit nicht hinreichend genug bekannt (Rydin & Jeglum, 2013). Es lässt sich nur allgemein sagen, dass Moore insgesamt nur zirka drei Prozent der Landoberfläche der Erde bedecken. Darunter zählen bis dato ungefähr 80 Prozent intakte Moore, die übrigen Prozent weisen die unterschiedlichsten Zustandsformen auf: von total zerstört bis teilweise gestört bis hin zu neuzeitig revitalisiert (Joosten, 2012). Von den drei Prozent weltweiten Moorflächen befinden sich ungefähr 81 Prozent in den nördlichen gemäßigten bis borealen Klimazonen, 17 Prozent liegen in tropischen bis subtropischen Zonen und nur zwei Prozent haben sich in den südlichen gemäßigten bis borealen Klimazonen gebildet (Rydin & Jeglum, 2013). Von den drei Prozent der weltweit die Erde bedeckenden Moore nehmen die jungen Regenmoore vermutlich nicht einmal zehn Prozent ein.

Auf der südlichen Halbkugel sind durch die geringeren Kontinentalflächen die wenigsten Moore zu finden und dementsprechend die wenigsten Regenmoore. Regenmoorgebilde haben sich dort fast nur in Gebirgsgegenden aufgebaut (Kleinebecker et al., 2010). Die Diversität der Torfmoose nimmt auf der Südhalbkugel erheblich ab, besteht häufig nur aus ein bis maximal drei Torfmoosarten, was auf die erhöhte Nährsalzbelastung durch den Spray des salzigen Seewassers zurückgeführt wird (Kleinebecker et al., 2008). Der Niederschlagsgradient, der genügend Wasser für Regenmoore liefert, verläuft dort überall entlang der Küsten, was wiederum mit der Ausrichtung und der Höhe der Gebirge zusammenhängt (Goudie, 2002). Deshalb sind selbst der Regen und die gesamte Luftfeuchtigkeit dort salzhaltig.

Trotzdem kann man in allen südhemisphärischen Regenmooren Torfmoose finden. *Sphagnum magellanicum* findet man zum Beispiel von Neuseeland über Madagaskar bis Feuerland und natürlich auf der Nordhemisphäre. Möglicherweise ist es das weltweit am meisten verbreitete Torfmoos und weist gerade deshalb noch immer eine extrem veränderliche Morphologie auf, die gepaart ist mit einer hohen ökologischen Potenz, die es auf den unterschiedlichsten Standorten wachsen lässt. Taufpate für dieses Torfmoos war der Seefahrer Ferdinand Magellan. Seine Mannschaft segelte vorzugsweise um die Südhemisphäre. Entlang der Route und gerade im südlichsten Südamerika kann man häufig dieses Torfmoos als rasenartige Form finden, weshalb man es Magellan-Torfmoos nannte. Ob dieses Torfmoos sogar von Süden her den Norden besiedelte oder schon immer überall vorkam, wird eine offene Frage bleiben. Im Süden zeigt es jedenfalls immer noch eine enorme Variabilität, was das Besiedeln von Standorten angeht. Auf der Nordhalbkugel ist es fast nur in Bultenbereichen der Regenmoore zu finden, weshalb man annehmen könnte, dass es von Süden mit zunächst geringerer Ausdifferenziertheit in den Norden kam.

Auf Madagaskar kann man dieses Torfmoos selbst inmitten von Regenwäldern finden, und zwar auf kleinen Restdünen, wo noch bloßer Sand zwischen den sonst üppig gedeihenden Regenwaldpflanzen liegt. Der Sand stammt von Sandanwehungen aus den Küstenregionen. Entweder kam er von den Küsten, als noch keine Regenwälder dort existierten, oder erst später in der Phase, wo die Regenwälder abgeholzt worden und dann sukzessive wieder als Sekundär-Buschwald aufgewachsen sind. Madagaskar ist nicht ganz so nährstoffarm wie beispielsweise der südamerikanische Regenwald, deshalb kann hier Regenwald potenziell wieder aufwachsen. Unabhängig davon, wann der Sand dort hingekommen ist: auf dem sandigen Untergrund wurzeln vorerst keine Regenwaldpflanzen. *Sphagnum magellanicum* hingegen kann sich dort draufsetzen. Dieses Torfmoos verfügt nicht über Wurzeln, sondern es nimmt das atmosphärische Wasser einfach über die Hyalinzellen auf. Über diesen kleinen Sanddünen besteht vorerst kein geschlossenes Laubdach, welches das Wasser sonst vollständig abfangen würde. Mit der Zeit bilden die Torfmoose geringe Torfauflagen auf den Sandrücken. Durch das Gewicht des Torfes und der wassergefüllten Torfmoose wird der Sand auseinandergedrückt, die Aufwehungen werden flacher und flacher, bis Regenwaldpflanzen, die immer wieder versuchen, diese Dünen einzunehmen, richtig fest wurzeln können. Dann ist die Zeit für *Sphagnum magellanicum* wieder vorbei. Die Regenwaldpflanzen machen das Blätterdach über dem Torfmoos dicht und lassen kein Wasser mehr zu Boden fallen. Das Torfmoos verliert daraufhin seine Lebensgrundlage und stirbt ab. Diesen Prozess kann man auf Madagaskar überall beobachten, wo Torfmoose kleine Dünenkämme im Regenwald besiedeln. Solche regenmoorartigen Gebilde sind Torfmoosflächen auf Zeit, aber keine echten Regenmoore,

Die flachen Deckenmoore der Nordhemisphäre ähneln den Regenmooren der Südhemisphäre, die dort fast überall von plateauartiger Gestalt sind.

Die küstennahen Deckenmoore sind manchmal Brutplatz für Raubmöwen.

die sich selbst erhalten können. Von den Blütenpflanzen ist auf der Südhalbkugel die Pflanzengattung *Donatia* prägend. Es ist eine *Asteraceae* (Korbblütler) – also eine Asternart, von der es bislang lediglich zwei Arten gibt, die zudem auch nur in Neuseeland, Tasmanien und im südlichen Südamerika anzutreffen sind. Mit ein paar wenigen anderen höheren Pflanzen zusammen formen sie das Erscheinungsbild dieser Regenmoore, und zwar meist weniger reliefiert als auf der Nordhalbkugel, sondern eher einheitlich flach mit wenigen Strukturen (Kleinebecker et al., 2010). Am meisten ähneln diese südlichen Regenmoore den baumlosen plateauartigen Deckenregenmooren in den Küstenregionen der nördlichen Erdhalbkugel. Eines aber haben die Regenmoore sowohl im Norden als auch im Süden gemeinsam: Sie kommen relativ selten vor und bestehen meist isoliert, eingebettet in eine ansonsten ganz anders gestaltete Landschaft.

Pflanzliche Anpassungen an einen extremen Standort

Bewährtes setzt sich durch - und mit langjährigen Partnern sowieso

Sehen wir uns doch nun etwas detaillierter an, welche Blütenpflanzen in der Lage sind, unter den durch die absolute Dominanz der Torfmoose geprägten Bedingungen und der Isoliertheit der Regenmoore zu existieren. Wie die Torfmoose kamen auch die anderen Pflanzen, um die es in diesem Abschnitt gehen soll, schon lange vor und haben sich in verschiedensten Lebensräumen durchgesetzt, bevor sie die jungen Regenmoore besiedelten. Die meisten Blütenpflanzen der heutigen Regenmoore begannen ihr ursprüngliches Leben auf nackten, nährstoffarmen Ausgangssubstraten, wo sie ihre Partner, die Cyanobakterien und Pilze, kennenlernten und mit ihnen eine unermüdliche Partnerschaft eingingen. Als im Laufe der Erdgeschichte die Sumpf- und Moorlandschaften entstanden, konnten sie ihre gewachsenen Partnerschaften nutzen und in diese Lebensräume einziehen – genauso wie es die Torfmoose taten.

Da haben wir es wieder: Die Bakterien bestimmten und bestimmen den Lauf der Dinge, wie es Stephen Jay Gould schon an anderer Stelle ausführlich darlegte (Gould, 2002). Die Pilze, die für die Blütenpflanzen der Regenmoore von Relevanz sind, profitieren in aller Regel auch erst einmal von bestimmten Bakterien – meist stammen diese aus der Gruppe der Cyanobakterien (Varma & Hock, 2014). Diese Bakteriengruppe hilft den Torfmoosen, den Pilzen und selbst den Blütenpflanzen, auf extremen Standorten zu gedeihen. Bewährtes setzt sich eben durch. Das gilt umso mehr für langjährige Prozesse, die schon über Jahrmillionen ablaufen.

Es sei aber immer wieder betont, dass diese Partnerschaften keine gerichteten Zweckmäßigkeiten oder gar Fortschritte bestimmter Moose, Pilze oder Blütenpflanzen sind. Der Mensch leidet unter einer gewissen Manie, alles in eine Ordnungsecke drängen und für jedes eine gewisse Zweckmäßigkeit finden zu müssen. Wahrscheinlich machen wir das deshalb, weil wir viele unterschiedliche Reize gleichzeitig aufnehmen, die unser Gehirn zu verarbeiten versucht. Um dabei nicht wahnsinnig zu werden, versuchen wir, diese Reize zu ordnen. Andere Lebewesen haben diese kognitive Fähigkeit nicht, zumindest nicht in dieser ausgeprägten Form. Sie blenden viel einfacher etwas aus und beschäftigen sich kaum mit Chaos, das in der Natur zweifellos überall herrscht (Hassell et al., 1991; Richter & Rost, 2002; Trepl, 2007; Beninca et al., 2008). Ob zweckmäßig, chaotisch oder ganz anders – in der Natur überlebt vieles, nämlich so lange, wie es nicht zum Aussterben führt. *„In der Natur ist menschlich empfundene, tendenzielle Zweckmäßigkeit eine reine Abstraktion des Augenblicks, die Realität ist Variation und Chaos"*, so der Evolutionsbiologe Stephen Jay Gould (2002). Gould hat mit vielen Publikationen versucht, den Menschen von dem Irrglauben eines stetigen Fortschritts in der Natur zu befreien. Er betonte dabei gleichzeitig, dass es sehr wohl Anpassungsformen für die eine oder andere Art in der Natur gibt, um bestimmte Umweltbedingungen für sich besser zu nutzen als eine andere Art. Nur ist dieser jeweilige Vorteil eine zeitlich determinierte Abstraktion, die morgen schon nicht mehr wahr sein kann. Damit ist ein solcher zeitlich begrenzter Vorteil kein Fortschritt, sondern eine Abstraktion des Betrachters in dem jeweiligen Augenblick.

Die verschiedenen Anpassungsformen der Blütenpflanzen in den Regenmooren sind gegenwärtig und können es sicher in vielen Teilen der Erde noch einige Jahrhunderte oder gar Jahrtausende bleiben. Wahrscheinlich sind all diese Anpassungen nicht stark ausdifferenziert, ähnlich wie bei den Torfmoosen, weshalb diese Artengruppen schon so viele Jahre vor den Regenmooren bis heute existieren. Denn nach allem, was wir heute von ausgestorbenen und nicht ausgestorbenen Arten wissen, überlebt am längsten, was noch nicht zu komplex geworden ist, da bei Veränderung der Umweltbedingungen dann der Weg zu einer neuer Ausdifferenziertheit (noch) möglich ist (McShea, 1993; Gould, 1996; Carroll, 2001). Manche Evolutionsbiologen gehen sogar noch weiter und sagen, die evolutionären Modifikationen unterliegen gleichzeitig strukturellen Prozessen, die von Mineralien wie Calcium, Magnesium und vielen anderen abhängen und damit die Morphogenese beeinflussen. Sind bestimmte Mineralien nur wenig vorhanden, kommt es zu keiner komplexen Ausdifferenzierung der Organismen (Goodwin, 1990; Goodwin, 1994). Nehmen wir die Mineralienarmut, die für Regenmoorpflanzen in ihren ursprünglichen Ausgangsstandorten und in den Regenmooren bis heute definitiv vorliegt, kann man sich die geringen evolutionären Veränderungen und die geringe Ausdifferenziertheit dieser Pflanzen bestens vorstellen. In Regenmooren herrscht akuter Mangel an Calcium und Magnesium.

Diese Anpassungen trotz fehlender Ausdifferenzierung sollten nun konkreter an einzelnen Pflanzenarten beleuchtet werden. Nehmen wir beispielsweise das Wollgras, genauer gesagt das Scheidige Wollgras (*Eriophorum vaginatum*), das in fast jedem Regenmoor der nördlichen Halbkugel zu finden und das in der Fruchtungsphase weithin zu sehen ist. Das Wollgras ist neben den Torfmoosen ein wichtiger Torfbildner. Scheidiges Wollgras kann man im Regenmoortorf an seinen fast unveränderten, dichtgedrängt aneinander liegenden Halmen erkennen, wodurch der Nachweis erbracht ist, dass dieses Gras schon seit eh und je in Regenmooren vorkam (Göttlich, 1980; Ruppel et al., 2013). Dichtgedrängt wachsen die Halme dieses Grases über den Torfmoosen empor, nach den Seiten biegen sich schmale, drehrunde Blätter. Der Zusammenhalt der Blätter bietet die Möglichkeit, sich beim Höhenwachstum der Torfmoose mit nach oben zu schieben. Wenn die Sommertemperatur zu hoch wird, gerade in der exponierten Lage der Bulten, bieten die runden Blätter einen Transpirations-

Das Scheidige Wollgras (Eriophorum vaginatum) ist häufig auf Bulten der Regenmoore in Vergesellschaftung mit Torfmoosen zu finden, aber auch in Kesselmooren und sogar noch lange in entwässerten Regenmooren auf historischen Bulten, wie hier im Bild zu sehen, weil es von der Mineralisation des Bulten-Torfkörpers lebt.

schutz. Der reichliche Fruchtansatz mit Wollhaaren an den Samen ermöglicht eine gute Ausbreitung durch den Wind, was beispielsweise die Isoliertheit der Regenmoore überbrückt. Das Scheidige Wollgras fruchtet sehr früh im Jahr. Der Schnee ist gerade erst geschmolzen, da blüht dieses Wollgras schon und kann sich dementsprechend früh im Jahr ausbreiten, um potenziell neue Standorte zu besiedeln, bevor andere Blütenpflanzen überhaupt ihre Frucht gebildet haben und Fuß fassen können. Die wenigen Nährstoffe, die dem Wollgras ausreichen, liefern die Bakterien und Pilze, die in den oberen Schichten der lebenden Torfmoosmasse und vor allem in den leicht mineralisierten Bulten existieren.

Insbesondere in den Torfmooshügeln findet eine gewisse Mineralisation des Torfes statt, weil die Bulten im Gegensatz zu den flacheren Bereichen nicht vom Wasser umhüllt sind. Atmosphärischer Sauerstoff verbrennt einzelne Torfmoleküle. Der feine Kapillarstrom des Porenwassers liefert die von Zeit zu Zeit mineralisierten Nährstoffe bis an die Spitzen der Bulten, sorgt aber gleichzeitig dafür, dass die Torfmooshügel nicht in den Himmel wachsen, weil dem kapillaren Wasserstrom nach oben physikalische Grenzen gesetzt sind. Bricht der Kapillarstrom ganz zusammen, weil das Moor vielleicht entwässert wird, wird aus der regressiven Mineralisation sofort eine progressive Mineralisation. Die Torfmoose verschwinden, das Scheidige Wollgras gewinnt die Oberhand, bis der Torf verbraucht ist. Dann verschwindet auch das Wollgras. Dieses Wollgras lebt also stets am schmalen Übergang, wo abgestorbene, organische Masse akkumuliert und in wenigen Teilen sofort mineralisiert wird. Die Mineralien nehmen die vielen kleinen Haarwurzeln auf. Von dieser Mineralisation leben aber auch teilweise die Torfmoose der Bulten und weitere andere Blütenpflanzen. Die Nährstoffe, ob schon im Regenwasser gelöst oder neu hinzugeführt aus der Mineralisation von Torf, werden mit dem Kapillarstrom wie in einem Fahrstuhl nach oben geliefert (Brehm, 1975). Damit sind sie für alle Pflanzen, die in den einzelnen Etagen leben, nutzbar.
In einer solchen Fahrstuhlzone wurzeln alle Blütenpflanzen der Regenmoore und nutzen die wenigen Nährstoffe, die sauerstoffabhängige (aerobe Zone) oder sauerstoffunabhängige (anaerobe Zone) Bakterien und Pilze frei nutzbar machen, mit ihrem weit verzweigten Wurzelnetz. In den obersten, noch leicht mit Sauerstoff versorgten Torfzonen können die Blütenpflanzen mit den Torfmoosen um die paar Nährstoffe wetteifern, weil

sie wie die Torfmoose selbst mit sauerstoffabhängigen Cyanobakterien und Pilzen eine Symbiose eingegangen sind, die mit den sauren Verhältnissen, die die Torfmoose fortlaufend aufrechterhalten, auskommen. Die Symbionten leben in den Wurzelzellen der Blütenpflanzen und haben nur einzelne Fäden nach außen gestreckt, womit sie die Nährstoffe in die Pflanzen holen. Die Wurzeln der Blütenpflanzen bringen dafür den Sauerstoff und die Kohlenhydrate für die Bakterien und Pilze. Die Blütenpflanzen schaffen mit ihrem eigens produzierten Sauerstoff zudem eine oxidierende Zone um ihre Wurzeln, wodurch toxische Verbindungen wie der Schwefelwasserstoff (H_2S) entgiftet werden. Im anaeroben Bereich der tieferen Wurzelzonen entstehen auch Gärungsprozesse, wobei sauerstoffunabhängige Bakterien gewisse Mengen an organischen Verbindungen dekompostieren. Dabei entstehen Methangase und für die Blütenpflanzen nutzbare Nährstoffe. Die Wurzeln lösen demnach chemische Prozesse aus, um ihr eigenes Leben in dieser unwirtlichen Welt zu schützen, und sie bekommen selbst in dieser anaeroben Zone noch gewisse Nährstoffmengen über ihre Wurzeln.

Alle Blütenpflanzen der Regenmoore können – wie die Torfmoose – mit sehr wenigen Nährstoffen auskommen. Die Unterschiede bei ihren Anpassungen liegen darin, mit welcher Pilzart die eine oder die andere Blütenpflanzenart eine Partnerschaft (eine sogenannte Mykorrhiza) eingegangen ist oder wie tief die einzelne Art wurzelt, um von sauerstoffabhängigen oder sauerstoffunabhängigen Bakterien mit Nährstoffen versorgt zu werden. Weitere Unterschiede bestehen bei der Ausbreitung – oder besser – beim Umgang mit der Isoliertheit, beim Umgang mit Wasser, bei den Strategien, andere Blütenpflanzen zu bedrängen oder gar zu verdrängen und beim effektiven Ausnutzen der wenigen Nährstoffe.

So wachsen beispielsweise die Wollgräser der Regenmoore in unterschiedlichen Standortmilieus. Das Schmalblättrige Wollgras (*Eriophorum angustifolium*) wächst in Einzelhalmen und in viel nässeren Bereichen als das Scheidige Wollgras. Es hat schmale Blätter, wodurch es ebenfalls die Verdunstungsraten mindert, aber durch seine Standortbedingungen trotzdem noch höhere Verdunstungsraten aufweist als das Scheidige Wollgras. Das Schmalblättrige Wollgras steht im Wasser (z. B. in den Schlenken) und kann sich eine höhere Transpiration schlichtweg leisten. Im Wasser besteht ein anaerobes Milieu. Es lebt daher nicht von der leichten Mineralisation der Bulten und damit von sauerstoffabhängigen Bakterien und deren freigesetzten pflanzenverfügbaren Nährstoffen, sondern von den Nährstoffen, die dort die sauerstoffunabhängigen Bakterien produzieren. Das problemlose Verbreiten erfolgt hingegen genauso wie bei ihrer Schwesterart über die Wollhaare.

Die Seggenarten (*Carex*-Arten) der Regenmoore wachsen hingegen alle als Einzelhalme und breiten sich vorzugsweise vegetativ über lange Kriechsprosse aus, die sich unterirdisch zwischen den Torfmoosen durchziehen und im wahrsten Sinne des Wortes mit den Torfmoosen um die Wette in die Höhe wachsen. Die Seggenarten oder auch das Weiße Schnabelried (*Rhynchospora alba*) versuchen über etwas tiefere Wurzeln als beispielsweise die flachwurzelnden Moosbeeren an durch Bakterien und Pilzmycelien freigesetzte Nährstoffe zu gelangen. Dabei kommen sie ähnlich wie das Schmalblättrige Wollgras in sauerstoffärmere Bereiche, wo andere Pilze und Bakterien leben als weiter oben. Doch gerade die Seggen mit ihren vielen Hohlräumen in den Stängeln liefern Sauerstoff weit nach unten in den Torf und versorgen damit die dortigen Bakterien und Pilzmycelien – selbst wenn dieser Vorgang teilweise nur dazu dient, einen Gärungsprozess für die sauerstoffunabhängigen Bakterien einzuleiten.

Mehr als 80 % aller höheren Pflanzen auf der Erde existieren nur durch das partnerschaftliche Zusammenleben mit jeweils spezifischen Pilzarten. Die verschiedenen Pilze unterscheiden sich dabei wiederum in ihrer Lebensart und Lebensform. Bei den Regenmoorpflanzen sind es Endomykorrhizen, die bis in die Zellen der Wurzelrinde hineinwachsen und durch ein äußeres Pilzgeflecht mit dem Außenmilieu in Verbindung bleiben. Vor allem bekommen die Pilze in diesem Milieu ihren Sauerstoff über die Wurzeln der Pflanzen, denn Pilze können nicht wie verschiedene Bakterien gänzlich ohne Sauerstoff auskommen. Das Pilzgeflecht im anaeroben Außenmilieu saugt die Nährstoffe der sauerstoffunabhängigen Bakterien auf. Wie Pilzmycelien innerhalb der Wirtszellen verzweigt und geformt sind und wie sie mit den plasmatischen Strukturen der Zellen in einen Stoffaustausch treten, ist jedoch von Art zu Art unterschiedlich (Varma & Hock, 2014). Genau diese komplexe Variation machte es den verschiedenen Pflanzen möglich, von ihren ursprünglichen Standorten in die Regenmoore zu wechseln. Denn unterschiedliche Pflanzen wurzeln unterschiedlich tief. Und wie wir festgestellt haben, hat dies Auswirkungen auf die Möglichkeiten des Stoffaustausches, weshalb man unterschiedliche

Pilze mit unterschiedlichen Fähigkeiten benötigt. Wiederum abhängig sind all diese Variationen von den Bakterien.
Die Sauerstoffarmut in tieferen Wurzelbereichen kompensieren demnach einzelne Blütenpflanzen. Sie liefern den Pilzmycelien den Sauerstoff, um wiederum deren Prozesse für die Nährstoffgewinnung zu gewährleisten. Den Sauerstoff speichern die Blütenpflanzen in Hohlräumen ihrer Stängel, wie die Torfmoose das Wasser in ihren toten Zellen lagern. Osmotische Kräfte transportieren diesen Sauerstoff. So liefern die Gefäßpflanzen den Pilzmycelien den Sauerstoff in die sauerstoffarmen, tiefer liegenden Torfschichten und bekommen dafür die Nährstoffe, die sie in diesen Zonen der Torflager auf direktem Wege nicht mehr erreichen würden. Oben haben die Torfmoose alle im Regenwasser gelösten Stoffe aufgefangen und nur überschüssiges nährstoffarmes Wasser abgegeben. Demnach ist es leicht vorstellbar, dass es andere Bakterien und andere Pilze sein müssen, die in tieferen sauerstoffarmen Torfschichten leben als jene, die knapp unterhalb der Torfmoosköpfchen verbreitet sind und die nicht vom Sauerstoff der Blütenpflanzenwurzeln abhängen, sondern dort den atmosphärisch verfügbaren Sauerstoff atmen. Es sind in der Natur sehr häufig nur ganz geringe Nuancen, die große Wirkungen erzeugen.
So ermöglicht auch die starke Durchwurzelung der Torfmoosrasen durch die Blütenpflanzen einen ganz speziellen Nebeneffekt, der nur für Menschen große Wirkungen erzeugt, für die Pflanzen der Regenmoore aber einen ganz anderen Zweck erfüllt. Die Blütenpflanzen verfestigen nämlich mit ihren zahlreichen Wurzeln die Mooroberfläche erheblich, weshalb man in einem natürlich gewachsenen Regenmoor nie ins Unendliche versinken kann. Die Schauermärchen, die davon erzählen, dass Menschen für immer in Mooren verschwanden, gelten nur für gestörte Regenmoore. Menschen, die man später als Moorleichen gefunden hat, sind in Torfstiche geworfen worden, wo sie in dem tiefen, schlammigen Torfuntergrund versunken und konserviert wurden. Ketzerisch könnte man heute sagen: Wer anderen eine Grube gräbt, muss aufpassen, nicht selbst hineinzufallen. Der Mensch hob die Grube aus, in die er selbst hineinfiel, und dadurch ist der gesamte Lebensraum – das Moor – bis heute in Verruf geraten. In Wahrheit sind es die feinen Strukturen der intakten Regenmoore, die es uns Menschen ermöglichen, ohne Schaden durch die Moore zu streifen; so man es denn wolle. Diese feinen Strukturen beob-

Die Gewöhnliche Moosbeere (Oxycoccus palustris) wächst in den oberen Schichten der Torfmoose und füllt mit ihren unendlich vielen kleinen Haarwurzeln jeden Freiraum im Torfmoosteppich, um mit ihren Partnern, den Pilzen, an die wenigen Nährstoffe und an nicht ganz versauertes Wasser zu gelangen.

achtete schon mein Sohn Arthur und verwies mich gern darauf, wenn ich mal durch tiefere Senken patschte.

Scheinbare Trockenanpassung in einem regenüberfluteten Lebensraum

Die meisten Blütenpflanzen in den Regenmooren stammen aus der Gruppe der *Ericaceae* – der Heidekrautgewächse. Die Heidekräuter waren und sind immer noch weltweit verbreitet (Fukarek et al., 1995). Je nach taxonomischem Konzept sind mittlerweile ungefähr 4.000 Arten bekannt. All diese Arten sind Symbiosen mit Pilzen eingegangen (Pankow, 1991; Varma & Hock, 2014), was es ihnen ermöglichte, in nahezu alle Lebensräume der Erde vorzudringen (Fukarek, 1994). Jede Ericaceae hat ihre eigene Mykorrhiza (Symbiose zwischen Pilz und Pflanze). Wie die Wurzeln vom Gemeinen Heidekraut scheiden sie sogar Toxine (Gifte) aus, die andere Pilzarten im Wachstum hemmen (Burgeff, 1961). Was alle Mykorrhizen der Regenmoore eint, ist die Fixierung von NH_4^+-Ionen.

Die wunderschöne Blüte der Rosmarinheide bewegte den Botaniker und Systematiker Carl von Linné dazu, ihr einen klangvollen wissenschaftlichen Namen – nämlich den von Andromeda, einer Frauengestalt aus der griechischen Sagenwelt – zu geben.

Generell kommen unter den sauren Bedingungen mehr Ammonium-Ionen (NH_4^{+}) als Nitrat-Ionen (NO_3^{-}) vor. Deshalb reagieren alle Pflanzen in Regenmooren besser auf eine Ammonium- als auf eine Nitraternährung. Die Torfmoose nehmen diese positiv geladenen Ionen direkt über ihre Kationenaustauschbasis auf, die Blütenpflanzen über ihr Wurzelnetz.

Die Moosbeere überzieht mit zahlreichen Wurzeln die obersten Bereiche eines Regenmoores, wo sie nur mit den obersten Torfmoosblättchen um die Nährstoffe kämpfen muss. Die Torfmoose bleiben mit ihren offenen Poren der Hyalinzellen zwar trotzdem deutlich im Vorteil, was die Aufnahme von fallenden Niederschlägen und darin gelösten Nährstoffen angeht, aber die Wahrscheinlichkeit, etwas von den Nährstoffen abzubekommen, ist dort oben besser als in tieferen Lagen. Zudem kompensieren die Moosbeeren den bestehenden Nachteil gegenüber den Torfmoosen durch Kleinheit. Die Blätter der Moosbeeren bleiben winzig und an den Rändern etwas eingerollt, weshalb sie weniger Pflanzenzellen mit Nahrung

versorgen müssen. Außerdem bieten kleine Blätter weniger Transpirationsfläche an heißen Sommertagen.
Ähnlich macht es die Rosmarinheide (*Andromeda polifolia*). Sie ist aber schon etwas größer als die Moosbeere, wurzelt tiefer und ihre Blätter sind derber. Je mehr man sich umschaut, desto eher erinnert das Gesehene an Pflanzen aus trockenen Lebensräumen, in denen die dicken, derben Blätter als Schutz gegen zu hohe Transpirationsraten dienen. Diese wunderbar zartrosa blühende Rosmarinheide bekam ihren klangvollen wissenschaftlichen Namen vom schwedischen Botaniker Carl von Linné. Sicher war er dabei eher inspiriert von dieser zarten Blüte und nicht von deren derben Blättern. Er taufte sie auf den Namen Andromeda, eine Frauengestalt aus der griechischen Sagenwelt. Andromeda soll eine wunderschöne Frau gewesen sein, für die sich viele Männer bewarben und sie umkämpften. Mit Perseus bekam sie viele Kinder, unter ihnen Perses, der bekanntlich Stammvater der Perserkönige wurde. Sie gilt schließlich als Großmutter des größten griechischen Helden, des Herakles. Was für eine schöne Poesie um diese grazile Pflanze rankt, wo sie es doch so schwer hat zu überleben. Die Schwere des Überlebens ist so hart, dass sie davon regelrecht derbe Blätter bekommen hat und nur ihre Blüte grazil blieb.

Die kleinen derben Blattformen der Rosmarinheide mit einer mehr oder weniger starken Schutzschicht, den gerollten Blatträndern und einem engen Zellennetz sind nicht die Folge von Trockenheitsanpassung – denn Regenwasser gibt es genug im Regenmoor –, sondern es sind gewissermaßen Hungerformen dieser Pflanzen. Sie leiden alle Mangel an Stickstoff- und Phosphorverbindungen. Bei diesen Hunger leidenden Pflanzen führt der Nährstoffmangel sogar zu einer drastischen Hemmung der Proteinbiosynthese und einer Blockierung des Zellzyklus (Sitte et al., 1998). Man könnte sagen, dass die geringfügig größere Komplexität dieser höheren Pflanzen gegenüber den Torfmoosen ihnen schon zu schaffen macht. Goodwin (1990) hat also definitiv recht, wenn er behauptete, dass ein Mangel an Mineralien zu Modifikationen im Zellzyklus führen würden.
Tatsächlich verändert sich die Form und Derbheit der Blätter je nach genauem Standort der Einzelindividuen und je nach Wasserschwankungen im Moor. Auf den Bulten können die Individuen der gleichen Pflanzenart größere und feinere Blätter haben als in nasseren Bereichen, wo die Individuen Hunger leiden,

weil dort die Torfmoose absolut im Vorteil sind. Werden Regenmoore trockener, sei es durch klimatische Veränderungen, durch Menschenhand oder einfach nur durch einen sehr heißen, trockenen Sommer, dann steigt die Mineralisation des oberen Torfes, vor allem in den Bulten, und sämtliche Heidekrautgewächse gedeihen besser als zuvor. Beobachten lässt sich dieses Phänomen in den vielen gestörten, entwässerten Regenmooren, wo in weiten Teilen dieser Moore die Rauschbeeren (*Vaccinium uliginosum*), das Heidekraut (*Calluna vulgaris*), die Schwarze Krähenbeere (*Empetrum nigrum*) und/oder der Rhododendron der Moore, der Sumpfporst (*Rhododendron tomentosum*, synonym: *Ledum palustre*) das Aussehen gestalten.

Viele Heidekräuter, so auch die in den Regenmooren beheimateten, bleiben im Besitz der immer-(winter-)grünen Blätter, wenngleich sie im Winter manchmal etwas farbloser oder verfärbter aussehen als im Sommer, was auf Frostwirkungen zurückzuführen ist. Die Fähigkeit des Blattbehaltens verschafft ihnen im Regenmoor wiederum einen Vorteil, da sie ohne Abwurf der Blätter viel öko-

Heidekräuter – wie der Rhododendron der Moore, der Sumpfporst – haben kleine derbe Blätter, was den Mangel an Nährstoffen anzeigt, nicht eine Anpassung an Trockenheit. Fehlender Blattabwurf ist eine weitere Form der Anpassung an die Nährstoffarmut.

nomischer mit den knappen Ressourcen wirtschaften als die meisten anderen Blütenpflanzen der gemäßigten Zonen. Ähnlich ist dies bei den Pflanzen in den trockenen Zonen der Erde, und in diesem Fall ist es gleichermaßen die Anpassung an Nährstoffarmut. Schließlich ist es in Wüsten genauso nährstoffarm wie in einem Regenmoor. Pflanzen, die nicht jedes Jahr wieder ein neues Blattgrün produzieren müssen, sparen Nährstoffe ein.

Je nachdem, wo die Pflanzen genau im Moor stehen, welche Trocken- oder Nassphasen es im Moor gab, in welcher Tiefe sie wurzeln oder welchen Zustand ein Regenmoor aufweist, danach verhält sich die Proteinbiosynthese der jeweiligen Pflanzenindividuen. Wie wir gelernt haben, genießen die zwischen den Torfmoosköpfchen wurzelnden Moosbeeren im Verhältnis zu den anderen Blütenpflanzen der Regenmoore eine generell bessere Versorgung mit Nährstoffen, was ihnen grundsätzlich eine weniger gehemmte Proteinbiosynthese beschert als den anderen Blütenpflanzen. Die Moosbeeren stellen deshalb mehr Proteine her als andere Pflanzen der Regenmoore, und genau diese Tatsache nutzen wiederum ganz besondere Tierarten aus, worauf ich später noch zu sprechen komme. Dieses Phänomen kann jeder Mensch ganz einfach testen, indem er einmal Blätter von Moosbeeren oder die der Rosmarinheide oder die irgendeines anderen Heidekrauts zerkaut. Die Moosbeerenblätter schmecken lieblich säuerlich, die anderen Heidekräuter meistens bitter und kraftlos.

Fleisch fressen macht unabhängiger

Die Sonnentaugewächse (*Droseraceae*) haben im Laufe der Evolution einen ganz anderen Weg eingeschlagen, um in stickstoff- und phosphorarmen Lebensräumen diesen Mangel zu überstehen. Sie fressen Fleisch und holen sich aus dieser Ressource den benötigten Stickstoff und Phosphor. Fleisch fressen macht unabhängiger, weshalb es gerade die karnivoren Pflanzen geschafft haben, nahezu alle nährstoffarmen Extremstandorte dieser Erde zu besiedeln (Barthlott et al., 2004). Den Sonnentaugewächsen ist es dabei sogar egal, ob sie im Wasser, auf Gestein, auf Moosen oder zwischen Gestrüpp stehen. Was die anderen Pflanzen an Nährstoffen aus dem Wasser aufsaugen, holt sich der Sonnentau aus dem gefangenen Fleisch heraus. Sonnentauarten wie der Rundblättrige Sonnentau (*Drosera rotundifolia*) wanderten im Laufe der Zeit aus anderen Landschaftsräumen in die Regenmoore ein, nämlich nachdem die Torfmoose diese neuen Räume erschaffen hatten.

Die Sonnentauarten sind weiterhin nicht nur auf Regenmoore beschränkt, sondern kommen in den verschiedensten nährstoffarmen Standorten der Erde vor (Coritico & Fleischmann, 2016). Die rund 200 bekannten Sonnentauarten haben mittlerweile die bezauberndsten Formen hervorgebracht. Solche gar manchmal fabelhaften Formen sind Launen der Natur, die häufig keine Bewandtnis im Leben dieser Arten haben. Sie beeinflussen das Leben dieser Arten nicht und deshalb wirkt Selektion nicht auf diese Formen, sie können einfach existieren. Wir erinnern uns an Goodwin, der sagte, dass Mineralien das Ausdifferenzieren von Zellkomplexen ermöglichen. Genau dieses Phänomen könnte bei den bizarren Sonnentauarten eintreffen. Ihre Ausprägungen sind auf keine spezielle Anpassung an irgendeinen ökologischen Faktor zurückzuführen, sondern sie verliefen durch Zufall aufgrund der Mineralien, die sie aus dem Fleisch beziehen. Für Regenmoore ist aber nicht jede Laune der Natur geeignet. Nur ein paar Sonnentauarten, bei denen Morphologie und Physiologie geeignet waren, schafften den Sprung in diesen relativ neuen Lebensraum.

Der Rundblättrige Sonnentau ist eine solche Art, die ihren Weg in die Regenmoore gefunden hat. Grazil und schön ist er auch, aber längst nicht so wie viele andere Sonnentauarten, die sich inmitten von Regenwald zwischen die Sträucher gehängt haben und wirklich bizarr aussehen. Doch hat man einmal einen Rundblättrigen Sonnentau inmitten eines ansonsten grünen Regenmoores oder gar auf nacktem Torf entdeckt, wird man begeistert sein. Seine maximal sieben Zentimeter langen, leicht gestielten, runden Blätter bilden eine Rosette, die zwischen den Köpfchen der Torfmoose hervorragt. In abgetorften Regenmooren kann man ihn auch auf nacktem Torf finden, sobald zuvor Samen aus noch intakten grünen Regenmooren dort gelandet sind oder im Torf konserviert waren und bei einer Vernässung plötzlich loskeimen. Im echten, lebenden Regenmoor bringt ihm die leicht gestielte Rosettenform einen Vorteil. Diese Form ist nämlich extrem stabil. Die einzelnen Blätter der Rosette liegen schräg auf den Torfmoosen. Wachsen die Torfmoose in die Höhe, wird diese stabile Rosette einfach mit nach oben geschoben und die Stielblätter schauen über die Torfmoosköpfchen. Der Sonnentau hat keine verankernden Wurzeln, nur winzigste Würzelchen, und so lässt er sich ganz einfach von den Torfmoosen nach oben schieben. In aktiv noch wachsenden Regenmooren kann man diese physiologische Besonderheit ganz leicht überprüfen,

Der Rundblättrige Sonnentau (Drosera rotundifolia) kann die nährstoffarmen Regenmoore besiedeln, weil er sich durch Fleischfressen unabhängig gemacht hat.

wenn man ein Exemplar des Sonnentaus gefunden hat. Man hebe ein solches Sonnentaugewächs leicht an und wird sehen, dass es nicht mehr als diese leicht gestielten Rosettenblätter gibt. Setzt man ihn wieder ab, wächst der Sonnentau weiter.

Der Sonnentau überwintert zwischen den Torfmoosköpfchen in winzigen, schuppenförmigen, umeinander gelegten Nährblättern, der sogenannten Winterknospe (wissenschaftlich: *Hibernakel*). Aus dieser Knospe treiben im Frühjahr die gestielten Rosettenblätter hervor. Diese Blätter sind zu Fangblättern umgestaltet. Etwas Grün ist aber auch in den Blättern enthalten, denn bei sehr günstigen Bedingungen, wie auf abgetorften Moorflächen, wo Mineralisation Nährstoffe liefert und noch keine andere Pflanze dort gedeiht, wächst der Sonnentau wie jede andere grüne Pflanze, holt sich die Nährstoffe über die winzigen Würzelchen und betreibt ausgiebig Photosynthese. In grünen, mit Torfmoosen bedeckten Regenmooren hat der Sonnentau zwischen diesen Moosen und zwischen den Wurzeln der übrigen Blütenpflanzen mit seinen winzigen Würzelchen aber keine Chancen, an gelöste Nährstoffe zu gelangen. Allein Wasser bekommt er ab, da dieses Element im grünen Regenmoor ausrei-

chend vorhanden ist. Die Nährstoffe muss er sich daher aus den Fleischressourcen holen.
Uns Menschen erscheinen die Blätter des Sonnentaus in einem grünen Moor als deutlich rot. Früher dachte man, das Rot locke die Insekten an. Nach neuesten Untersuchungen erscheint diese Erklärung als unwahrscheinlich. Es wird sogar vermutet, dass das Rot verschiedene Insekten abschreckt, weshalb wohl eher ein für Insekten sichtbares Farbgemisch erzeugt wird, welches sie anlockt. Vermutlich spielen sich die Anlockwirkungen sogar im für uns Menschen unsichtbaren UV-Bereich ab (Foot et al., 2015).
Wie genau auch immer der Sonnentau seine Beute anlockt: Wenn sich erst einmal ein Insekt auf ihm niedergelassen hat, entkommt es ihm in der Regel nicht mehr, solange es klein genug ist und nicht wieder von größeren Insekten wie verschiedenen Moorameisen den Fangblättern entrissen wird (Thum, 1989).
Die Fangblätter des Sonnentaus sind mit Drüsenzotten durchsetzt, die klebrige Tropfen aussondern und bei Eiweißkontakt sofort eine weitere zähflüssige, klebrige Substanz nachliefern. Läuft man am Morgen durch ein Regenmoor, kann man beim Sonnentau gar nicht genau sagen, ob ihn Morgentau benetzt oder ob es sich dabei um Fangtröpfchen handelt. Daher leitet sich auch der wohlklingende Name Sonnentau ab. Ist ein Insekt an den Blättern verklebt und nach Stunden immer noch gefangen, beginnt die Verdauung. Die Blätter krümmen sich durch eine blitzartige Wachstumsphase und umschließen das gefangene Insekt. Dadurch treten die mittig auf den Blättern befindlichen Verdauungsdrüsen mit dem Insekt in Kontakt und scheiden Enzyme aus, die die Zersetzung einleiten. Je nach Größe des Insekts ist die Verdauung nach einigen Tagen abgeschlossen, die Blätter rollen sich wieder auf, um sich für den nächsten Fang bereit zu machen.
Das Fangglück der Pflanze entscheidet über die Verbreitungsstrategien. Bei wenig Glück müssen die fleischfressenden Gewächse es über die vegetative Schiene versuchen, bei mehr Glück werden Blütenstände ausgebildet (Thum, 1986; Thum, 1988). Hat der Sonnentau genügend Proteine aus Fleischressourcen gewinnen können, bildet er zierliche Blüten aus. Der Blütenstand erhebt sich deutlich über die Ebene der Fangblätter hinaus, damit sich die Blüten besuchenden Insekten nicht in den Fangblättern verkleben, sondern dann möglichst die Blüten bestäuben. Die Samen des Sonnentaus sind sehr leicht, wiegen maximal 0,02 Milligramm. Dadurch können sie vom Wind über weite Strecken transportiert

werden. Der Samen braucht, um keimen zu können, wie alle Blütenpflanzen in den Regenmooren einen Pilz als Starthilfe, denn dieser liefert die ersten Nährstoffe. Außerdem ist der Sonnentau ein Licht- und Frostkeimer, was ideal für Regenmoore ist. Licht ist auf den überwiegend baumfreien, grünen Regenmooren genügend vorhanden, Frost in einem an sich kalten Lebensraum im gemäßigten Winter meistens ebenfalls.

Die Pflanzenmorphologie, die Samenmorphologie und die Physiologie von Samen und Sonnentaupflanze machten den Sprung in die Regenmoore möglich und sichern der Pflanze dort eine langfristige Existenz. Ameisen und die sogenannte Sonnentau-Motte (*Buckleria paludum*) machen es ihm aber nicht zu leicht. Es gibt Studien, die belegen, dass an manchen Standorten allein die Ameisen innerhalb von 24 Stunden bis zu 70 Prozent der Beute des Sonnentaus wieder absammeln (Thum, 1989). Zu allem Unglück frisst die Raupe der Sonnentau-Motte zusätzlich auch noch die Blätter des Sonnentaus und nicht nur die gefangene Beute. Das Regenmoor ist eben kein Paradies, sondern ganz eigenartig und sonderbar, und nur die Anpassungskünstler können dort überleben.

Ein Moos, das auf stets wiederkehrendes Glück hofft

Die verrückteste Strategie zu überleben verfolgen wohl die Schirmmoose (*Splachnaceae*). Zwischen 70 und 74 dieser Moosarten existieren derzeit auf der Erde (Frahm & Frey, 2004; Marino et al., 2009). Ihren Namen erhielten sie, weil ihre Sporenkapseln häufig zu einem Schirm oder zumindest Zipfelmützchen geformt sind. Diese Moose besiedeln Humus, gelegentlich vermodernde Tierleichen, vor allem aber sind sie auf Dung, also auf den verrottenden Exkrementen verschiedener größerer Tierarten, zu finden. Deshalb werden diese Moosarten auch Dungmoose genannt. Wer Dunghaufen benötigt, um loskeimen zu können, der muss auf Zufälle hoffen und mit langen Wartezeiten rechnen, und genau daran haben sich diese Moose angepasst.

Die Nährstoffe, die Fleisch fressende Pflanzen aus ihrer Beute herausholen, nehmen die Dungmoose aus den Exkrementen der Tiere auf. Die Dungmoose benötigen wie die Fleischfresser Insekten, aber für einen anderen Zweck. Meist sind es Fliegen, die die schirmartigen Kapselköpfe anfliegen, darauf herumtasten und sich mit Sporen benetzen, bis sie den Irrtum erkannt haben, um dann weiter zu echten Dunghaufen zu fliegen und dort die anhaftenden Sporen unbewusst wieder absetzen. Dieser Trick der Natur funktioniert, weil die Schirme der Moose einen aas- und dungartigen Geruch ausströmen. Insekten, die sich von solchen Gerüchen angezogen fühlen, fliegen die Schirme an, sehen sich getäuscht und fliegen weiter, haben dann aber schon die Verbreitungsorgane der Schirmmoose, die Sporen, dabei. Nur muss ein fliegendes Insekt, das diese starken Gerüche mag, genau in dem Moment in der Nähe sein, in dem die Moosschirme aufgehen, und dann muss zwingend im Flugraumkorridor dieses Insektes ein neuer Dunghaufen auftauchen, auf dem sich dieses Insekt niederlässt, um die Spore dort zu verlieren. Jeder erkennt wohl sofort, wie viele *„Wenns"* hier eine Rolle spielen, weshalb ich diese Überlebensstrategie mit *„verrückt"* bezeichne, im Sinne von mit sehr viel Risiko verbunden. Eines zeigt diese Moosgruppe aber par excellence: Biologische Evolution lässt alles Mögliche zu. Die biologische Welt ist das Reich der Möglichkeiten.

So hat es auch diese Moosgruppe im Laufe der Evolution geschafft, sich auf spezifische Standorte, und zwar auf Dunghaufen, zu spezialisieren, aber jede Art für sich allein und unabhängig voneinander am jeweiligen Standort mit Dung (Goffinet et al., 2004). Diese Evolution ist also an verschiedenen Orten (nassen, wechselfeuchten, trockenen) unabhängig voneinander entstanden, aber mit dem gleichen Ziel: Mit dem Schirm selber zu stinken wie ein Dunghaufen, um sich von Insekten auf solche Haufen transportieren zu lassen. Die Schirmmoosarten haben sich ihre Evolution aber nicht wie die Torfmoose selber vorbereitet (Johnson et al., 2014), sondern sie sind zufällig an verschiedenen voneinander getrennten Standorten auf dieselbe Strategie gekommen (Goffinet et al., 2004; Marino et al., 2009). Die Evolution spielt überall und mit jedem, was zum Ergebnis haben kann, dass schon irgendwo Vorhandenes noch einmal neu entsteht oder sogar an einer Stelle Ausgestorbenes wieder an einer anderen Stelle neu auflebt. Dieses Prinzip der Evolution nennt die Wissenschaft konvergente Evolution. Die Schirmmoose leben dieses Prinzip vor. Funktionieren kann diese Strategie nur, wenn die Gruppen mit solchen Erscheinungen räumlich isoliert oder zeitlich voneinander getrennt lebten (Meyer & Wilson, 1990; Hoßfeld & Olsson, 2005; Mayr, 2005). Wenn man sich nicht gerade im Tierpark oder auf einer Viehweide befindet, kann man sich gut vorstellen, wie isoliert Dunghaufen sein können, vor allem wenn sie in Regenmoorlandschaften zum Liegen kommen und genau dort von Insekten besucht werden müssen. Doch damit nicht genug: Diese Insekten müssen zum Erhalt der Pflanzenart eine Spore dieses Schirmmooses tragen, welches sich wiederum auf genau diese Moorlandschaft spezialisiert hat. Aber solche Schirmmoose gibt es tatsächlich.

In Regenmooren oder regenmoorähnlichen arktischen Mooren gibt es ein bis vier Arten, die sich auf die vermodernden Dunghaufen eingegrenzt haben (Whitmire, 1965; Marino, 1988; Marino et al., 2009). Manche Art benötigt mittlerweile sogar explizit die Kälte dieser Lebensräume. Deren Sporen brauchen eine gekühlte Schlafphase (Dormanzphase), um keimfähig zu bleiben (Mallon et al., 2007). Verändert sich das Klima in der jeweiligen Region und es gibt keine deutliche Kühlphase mehr für die Sporen, dann wird diese Schirmmoosart in den regionalen Regenmooren in naher Zukunft auch nicht mehr existieren. Solche Tendenzen zeichnen sich beispielsweise gerade auf dem nordamerikanischen Kontinent ab.

Hatten die Sporen eine entsprechende Ruhephase und es ergeben sich plötzlich in der Vegetationszeit eines Moores günstige Nährstoffverhältnisse für die Schirmmoose, bilden sie schlagartig sogenannte Brutzellen, aus denen in relativ kurzer Zeit die Stängel mit teils wunderschönen, aber doch ekelhaft stinkenden Schirmen erscheinen (Mallon et al., 2006). Die gestielten Schirme oder Zipfelmützchen riechen dann nicht nur unangenehm, nein, sie sind zudem auffällig farbig, um zusätzlich auf sich aufmerksam zu machen (Koponen, 1990). Das Aufkeimen und dieses Sich-Darbieten muss bei den ersten günstigen Nährstoffgaben schnell erfolgen, denn in den ansonsten kalten Regenmooren fliegen nur in den warmen, sonnigen Monaten ausreichend Insekten, die potenziell diese Schirme besuchen können, um Sporen weiterzutragen. Zudem müssen die transportierten Sporen mitten in einen neuen Dunghaufen gelangen, bevor die umliegenden Torfmoose diesen Haufen mit ihrer Wuchskraft überwuchern. Denn wir erinnern uns an dieser Stelle: Die Torfmoose erreichen in den warmen Monaten ebenfalls ihre höchste Wuchskraft. Die Sporen der Schirmmoose müssen vom Dunghaufen regelrecht umhüllt sein, da sie die sauren Verhältnisse eines Regenmoores nicht ertragen. Im sauren Wasser würden sie sofort keimungsunfähig (Whitmire, 1965). Die Fliegen sorgen für dieses tiefe Eindringen in den Dunghaufen, denn ihre Eier müssen ebenfalls tief hinein, da sie die innere Wärme durch das Vermodern benötigen und selbst ebenfalls kein saures Milieu vertragen.

Bei den Schirmmoosarten der Regenmoore sowie der regenmoorähnlichen Tundrastandorte treiben aber nicht jährlich alle Individuen gleichzeitig ihre Schirme mit den darin eingeschlossenen Sporen aus, sondern sie tun dies gruppenweise nur alle paar Jahre. Damit erhöhen sie die Wahrscheinlichkeit, dass sie wirklich von Insekten gefunden werden und dass zudem dieses Insekt einen neuen Dunghaufen findet. In trockenen Regionen können sich alle Individuen der Schirmmoose ein jährliches Austreiben leisten, denn hier sind potenzielle Dunghaufen vom Frühjahr bis in den Herbst hinein zu finden, also über die gesamte Zeit, in der dort Insekten fliegen. Im Regenmoor sind Dunghaufen in den warmen Monaten, in denen Insekten fliegen, schon nach wenigen Wochen verschwunden. Sie sind in den Torfmoosrasen eingesunken und von den Torfmoosen überwachsen, und damit für Insekten vielleicht noch über den Geruchssinn wahrnehmbar, aber nicht mehr erreichbar. So paradox es klingt, müssen Schirmmoose in einem beständigen Lebensraum wie dem Regenmoor auf Glück und phasenhafte Schnelligkeit setzen, da die Beständigkeit in diesem Lebensraum aus gleichmäßigen, unaufhaltsamen Prozessen besteht, wo plötzlich auftauchende Nährstoffe aus potenziellen Dunghaufen oder Tierleichen genauso rasch, wie sie gekommen sind, wieder verschwinden.

Das Lagg, der Übergang von Arm zu Reich

Einen echten Arten-Gradienten von Arm zu Reich, der wie ein Straßengefälle mehr oder weniger abfällt oder ansteigt, gibt es im Regenmoor nicht. Die Arten nehmen nicht kontinuierlich vom Zentrum des Moores zum Rand hin zu oder umkehrt vom Rand zum Zentrum ab, sondern sie sind am Rand einfach artenreicher vertreten als im Rest des Regenmoores. Bilden sich Bulten im Regenmoor, können dort mehr Arten existieren als in den Schlenken oder den plateauartig aufgebauten Torfmoosrasenflächen. Wie bereits beschrieben hängt das Bilden von Schlenken, Bulten, Rüllen (den Erosionsrinnen) oder Kolken von verschiedensten Faktoren ab, und demnach verteilt sich die Artenzusammensetzung im Moor recht zufällig, keineswegs entlang eines Gradienten.
Dennoch sind an den Rändern nahezu aller Regenmoore mehr Arten zu finden als auf der übrigen Fläche. Ein Grund dafür ist, dass am Rand eines Regenmoores die Regenmoortorfauflage geringer wird und verschiedene Blütenpflanzenwurzeln dort noch oder wieder im Kontakt mit

Im Laggbereich der Regenmoore kann man häufig ein Artengemisch aus Arten der Niedermoore – wie das Sumpf-Blutauge (Potentilla palustris) – und Arten der Regenmoore finden

mineralischem Wasser stehen. Hat das aufgewachsene Regenmoor das unter ihm liegende Niedermoor noch nicht vollständig überwachsen, können am Rand noch Pflanzen des ursprünglichen Niedermoortyps gedeihen. Hat sich das Regenmoor über das gesamte ursprüngliche Niedermoor geschoben oder ist das Regenmoor direkt entstanden, dann sind auch am Rand eines Regenmoores nur die Arten zu finden, die man von trockeneren Lagen wie den Bulten kennt. Allerdings gedeihen diese Arten auf den Torfmooshügeln nicht wegen der erhöhten Mineralisation, sondern weil ihre Wurzeln die geringe Torfschicht der Regenmoorrandlage durchdringen und an mineralisches Wasser gelangen. Durch die Nährstoffe aus dem mineralischen Umfeld entfalten sich die Regenmoorblütenpflanzen hier also viel üppiger. Die im Regenmoor gehemmte Proteinsynthese wird an den Randbereichen wieder forciert, weshalb in dieser Zone des Moores plötzlich mehrere Tierarten an den Blättern verschiedener Blütenpflanzen knabbern, was sie im Inneren des Moores nicht tun.

Zum anderen befindet sich direkt am Rand der meisten Regenmoore ein Wassersaum, der an Nährstoffen weder richtig arm noch reich ist und dessen pH-Wert meistens ein Mittel aus dem des Regenmoores und dem eines Niedermoores darstellt, weil sich dort nährstoffreiches Wasser aus dem umliegenden Einzugsgebiet und überschüssiges saures und nährstoffarmes Wasser aus dem Regenmoor vermischen. Dieser Bereich wird Lagg genannt (Overbeck, 1975; Damman, 1977; Howie & Tromp-van Meerveld, 2011).

In dieser Zone des Regenmoores wachsen genau die Pflanzen, die mittelarme Nährstoffverhältnisse mögen, und das sind deutlich mehr Arten als die, die sich an nährstoffarme Verhältnisse angepasst haben. Hier übernimmt aber keine Art die Oberhand, denn sowohl die Nährstoffverfügbarkeit als auch der pH-Wert bleiben im mittleren Bereich. Immer wieder versuchen Arten, die Dominanz zu übernehmen. Es bleibt aber beim Versuch. Das Durchmischen der Faktoren ist hier nicht kontinuierlich, sondern hängt von Witterungseinflüssen ab, die für wenig überschüssiges oder viel überschüssiges Wasser aus dem sauren Regenmoor sorgen und damit die Standortfaktoren im Lagg stets neu verändern. Für keine Art bleiben die Faktoren in diesem Bereich des Regenmoores konstant, weshalb die Abundanz der Arten hin und her wechselt. Dieser Wechsel sorgt für eine vielfältige Struktur im Lagg-Bereich des Regenmoores, was wiederum deutlich mehr Tierarten einen Lebensraum eröffnet als im Regenmoor selbst beziehungsweise geradezu eine passende Ergänzung für den Gesamtlebensraum der jeweiligen Art darstellt. Das Ausgangsrelief, das Ausgangssubstrat, die geografische Lage und die Witterungseinflüsse entscheiden, wie sich der Laggbereich eines Regenmoores entwickelt, und danach, welche Durchmischung von welchem Standortfaktor vorliegt (Paasio, 1933; Damman, 1977). Auf jeden Fall ist dieser Randbereich des Regenmoores die strukturreichste Zone und hat deshalb die unterschiedlichsten Artenzusammensetzungen in Regenmooren hervorgebracht (Lachance & Lavoie, 2004; Howie & van Meerveld, 2016). In manchen Regenmooren existiert jedoch gar kein Laggbereich. Diese Form ist im Verhältnis zu allen Regenmooren aber eher selten (Damman, 1977). Am häufigsten gibt es Laggbereiche, die von Binsen, Seggen, Wollgras und von Bäumen sowie Sträuchern, die Wasserstandsschwankungen vertragen, geprägt sind (Howie & van Meerveld, 2016).

Der Gagelstrauch (*Myrica gale*) ist ein typischer Strauchvertreter dieser Übergangszone. Er verträgt ihn nicht nur, er braucht sogar diesen Wechsel von mal weniger sauer und mal mehr sauer, mal weniger Wasser und mal mehr Wasser (Schwintzer, 1985). Dieses Hin und Her macht das Leben für andere Pflanzen schwierig; der Gagelstrauch hingegen liebt dieses Wechselspiel und lebt in stark schwankenden Laggbereichen fast konkurrenzlos. Wird ein Regenmoor durch anthropogene Einflüsse oder klimatische Veränderungen trockener, breitet sich dieser Strauch besonders rasch in den ehemaligen Kern der Regenmoore aus, da er eben diese Wechsel von sauer zu weniger sauer, von feucht zu trocken bei trotzdem noch relativer Nährstoffarmut sehr gut verträgt. Diese extreme Anpassung im Schwankungsbereich vollzieht der Gagelstrauch aber nur mithilfe der Wurzelknöllchen-Bakterien (*Frankia*), die sich ebenfalls auf diese wechselnden Bedingungen bestens angepasst haben und dem Strauch den Stickstoff fixieren (Skene et al., 2000; Huguet et al., 2004). Die Nährstoffversorgung des Gagelstrauchs ist dadurch viel besser als die anderer Blütenpflanzen im Regenmoor. Aus diesem Grund ist auch seine Proteinbiosynthese produktiver und man kann genau deshalb zahlreiche Raupen von verschiedensten Schmetterlingsarten (Tag- und Nachtfalter) auf diesem Strauch beim Fressen beobachten (Koch, 1991).

Die Imagines dieser verschiedensten Schmetterlingsarten sieht man häufig inmitten der Moore fliegen. Die Metamorphose vom Ei bis zur fertigen Imago durchleben diese Arten aber an den Pflanzen, die in der Laggzone wachsen. Nur hier liefern die Pflanzen die wichtigen Proteine für die lange Reifungsphase. Manche Biologen haben gerade Schmetterlinge zu Indikatoren von Lebensräumen gemacht, wonach die jeweils gefundenen Arten einen Hinweis auf den Zustand dieser Gebiete geben sollen. So wird der Zustand von manchem Regenmoor als gut bis sehr gut eingestuft, weil man dort recht viele Schmetterlingsarten gefunden hat (Thiele & Berlin, 2002; Thiele et al., 2011). Hätten diese bewerteten Regenmoore allesamt ein wunderbar ausgeprägtes Lagg, dann stimmte diese Bewertung. Doch viele dieser bewerteten Regenmoore haben gar kein ausgeprägtes Lagg mehr, und trotzdem finden sich dort auch zahlreiche Schmetterlingsarten, die normalerweise an den Pflanzen des Laggs leben. Der Grund für diese Schmetterlingsvorkommen ist, dass diese Regenmoore gestört und vorentwässert sind, wodurch eine verstärkte Mineralisation der obersten Torfschichten stattfindet und die besagten Blütenpflanzen des ehemals intakten Regenmoores plötzlich eine erhöhte Proteinbiosynthese betreiben. Der Gagelstrauch und die

vielen Heidekräuter, vor allem die plötzlich vermehrt auftretende Rauschbeere (*Vaccinium uliginosum*), liefern den Schmetterlingsraupen Proteine. Davon lassen sich die Biologen in die Irre leiten und stufen solche Regenmoore als typisch strukturierte Lebensräume ein.
Viele in Regenmooren anzutreffende Schmetterlingsarten sind demnach positive Bioindikatoren für Regenmoore mit gut ausgeprägtem Laggbereich; aber dies gilt nicht ausschließlich. Fehlt ein pflanzenreicher Laggbereich, fehlen sofort sämtliche Insektenarten. Deshalb sind viele Nacht- und Tagfalter nicht automatisch gute Indikatoren für alle Regenmoore. Und nicht nur Schmetterlingsarten leben vom Gagelstrauch oder der Rauschbeere. Zahlreiche Insekten treten in dem ansonsten insektenarmen Regenmoor auf, wenn die Randzone durch eine entsprechende Pflanzenstruktur geprägt ist (Skene et al., 2000). Wieder andere größere Tiere, wie zum Beispiel das Birkhuhn, das man hier und da in Regenmooren entdecken kann, ernährt seine Küken genau von diesem Insektenreichtum des Randes oder der leicht gestörten Regenmoore, da die Jungtiere nur so ihren Proteinbedarf abdecken (Baines et al., 1994).
In Hanglagen weisen die Regenmoore in der Laggzone häufig sogar einen typischen Baumbestand mit Heidekrautschicht auf. Die Bäume stehen in den Hangbereichen nicht lange Zeit im kniehohen Wasser, wie es sonst in Flachland-Laggs der Fall ist. Das Wasser wird aus diesen Laggs sehr schnell abtransportiert. Ohne Stopper läuft das Wasser rasch den Berg hinab. Deshalb findet man in den Laggs der Hanglagen nicht nur Birken, sondern Erlen, Kiefern und selbst Fichten. Die Heidekrautgewächse profitieren dort von der Mineralisation des flach anstehenden Torfkörpers, der am Rand, und durch die Hanglage verstärkt, entwässert wird. Deshalb findet man in Hang-Regenmooren meist mehr Insektenarten und vor allem mehr Individuen der einen oder anderen Art als in Flachland-Regenmooren.
In Nordamerika kommt in den trockeneren Laggbereichen neben dem Gagelstrauch noch der Spierstrauch (*Spiraea douglasii*) hinzu (Howie & van Meerveld, 2016). Die Blütenpracht des Spierstrauchs lockt eine Vielzahl von Insekten an und erhöht in dortigen Regenmooren enorm die Artenvielfalt, die jedoch nur auf diese im Randbereich vorkommende Pflanze zurückzuführen ist.

Zusammengefasst lässt sich sagen: Das Lagg bereichert die biologische Welt der Regenmoore, und zwar sowohl die pflanzliche als auch die tierische. Ohne diese Randzonen blieben Regenmoore sehr artenarme Landschaftszonen. Manche Tierarten kommen durch ihr spezifisches Verhalten und das Ausnutzen der Ressourcen im Randbereich von Regenmooren genau in diesem Landschaftsraum vor und sind dadurch fast konkurrenzlos geworden (Ravkin & Kokorina, 2011). Bevor es zu den Tieren der Regenmoore geht, sollen anschließend an dieses Kapitel das eigentliche Funktionieren und die globalen Funktionen der Regenmoore erläutert werden.

Der Balz-(Kampf-)Platz des Birkhuhns (Tetrao tetrix) liegt im Regenmoor, weil es dort übersichtlich ist und die Hennen so alle Hähne gut beobachten können. Überleben können diese Hühnervögel aber nur durch die Randvegetation der Laggs oder generell durch die Vegetation der Umgebung, oder durch die Vegetation von leicht gestörten Regenmooren, weil es nur dort die überlebenswichtigen Proteine für die Küken aus Insektennahrung gibt.

Das Gebilde Regenmoor

Autarkes Leben in einem besonderen System

Nährstoffmangel ist selten und erklärt die relative Seltenheit von Regenmooren. Den dauerhaften Mangel schufen sich die Torfmoose selbst und damit ihren Lebensraum. Mangel an Nährstoffen liegt immer dort vor, wo entweder alles, was runterfällt, sofort umgesetzt wird – wie im Regenwald – oder in Biomasse akkumuliert wird, ohne zersetzt zu werden, um nicht sofort wieder von anderen Organismen als Nährstoff genutzt werden zu können. Regenwälder sind Umsetzer. Regenmoore sind Akkumulatoren. Akkumulation funktioniert aber nur, wenn man es schafft, sauerstoffarme Bedingungen zu erzeugen, die wiederum keinen oder nur einen sehr geringen Abbau von Biomasse durch Bakterien und Pilze ermöglichen. Grundvoraussetzung, um solche Bedingungen überhaupt zu schaffen, ist eine relativ niedrige Jahrestemperatur. Bei gleichbleibend hohen Temperaturen wie im Regenwald würden die Torfmoose gar nicht erst anfangen können, ihren Lebensraum selbst zu schaffen, denn unter diesen Bedingungen würden Bakterien und Pilze unentwegt Biomasse zersetzen und damit Nährstoffe für zahlreiche Pflanzen zur Verfügung stellen. Ein Zustand wie der Mangel an Nährstoffen hat also ganz unterschiedliche Ursachen.

In einem aufgewachsenen Regenmoor besteht ein Mangel an Nährstoffen, weil eben nicht alles umgesetzt, sondern in Biomasse akkumuliert wird. Die mooreigene Wassersäule sorgt für Sauerstoffarmut, weshalb selbst bei sommerlichen Temperaturen nicht alles vorher Akkumulierte umgesetzt wird. Der gewachsene Torfkörper drückt alle Sauerstoffmoleküle regelrecht heraus. Wichtig ist dabei, dass die Wassersättigung eines Regenmoores über das gesamte Jahr relativ konstant bleibt, um möglichst wenig Sauerstoff mit dem Torf in Kontakt zu bringen. Sauerstoff würde sofort mit der Mineralisation der akkumulierten Biomasse, dem Torf, beginnen und damit Nährstoffe freisetzen.

In beiden Landschaftsgebilden – dem Regenwald und dem Regenmoor – entscheidet die Jahrestemperatur, ob Biomasse stets umgesetzt oder eher akkumuliert wird. Für das Fortbestehen ist in beiden Gebilden der Niederschlag entscheidend. Denn kein Landschaftsgebilde, ob es stetig Nährstoffe im Kreislauf umsetzt oder ob es stetig potenzielle Nährstoffe akkumuliert, kann ohne Nachschub von Nährstoffen auskommen. Wie jedes biologische Gebilde mit Energie versorgt sein muss, muss es auch an Nährstoffe kommen. Diese Tatsache beschreibt das physikalische Grundgesetz der Entropie, wonach Verluste allein durch die verschiedenen Umwandlungen in einem System oder eben in Naturgebilden entstehen. Ist die Nachlieferung von atmosphärischem Wasser und den darin gelösten Staubteilchen über Jahrhunderte und Jahrtausende gegeben, können die konzentrisch aufgewachsenen Regenmoore über eine gefühlte Ewigkeit überleben.

Doch wie können Regenmoore die jährlich schwankenden Niederschläge, die es nahezu überall auf der Erde gibt, kompensieren? Wie erhalten sie eine konstante Wassersättigung, um nicht in trockenen Phasen, in denen kein Niederschlag fällt, von der Mineralisation sofort aufgefressen zu werden?

Die Antwort ist: Ein Regenmoor hat mehrere Mechanismen entwickelt, mit denen es eine hydrologische Selbstregulation vollführt. Es ist natürlich keine bewusst geführte Selbstregulation, sondern eine durch die Wuchsform der Torfmoose und durch die von ihnen erzeugten Standorteigenschaften hervorgerufene Regulation. Haben die Torfmoose einmal ein Niedermoor überwuchert oder sich direkt zu einem Regenmoor geformt, können sie den Lebensraum von der Mitte her bestimmen, was mit dem Begriff *„konzentrisch gewachsen"* ausgedrückt wird. Jede Art breitet sich von seinem Arealzentrum her aus (Birch & Ehrlich, 1967; Bock & Ricklefs, 1983; Kirkpatrick & Barton, 1997; Rosenzweig & Ziv, 1999), selbst unsere alles mitbestimmenden Bakterien (Fenchel, 2003). Dies gilt für die Torfmoose in Regenmooren ebenfalls. Damit schaffen sich die Torfmoose von der Mitte eines Moores her einen immer besser für sie geeigneten Lebensraum. Zum Rand hin bleibt der Lebensraum stets kritischer für die Torfmoose, was im Übrigen bei jeder Artausbreitung der Fall ist. Im Zentrum werden die Bedingungen für die Torfmoose immer günstiger. Deshalb wächst ein Regenmoor in der Mitte auf und fällt zum Rand hin ab.

Durch dieses mittige Aufwölben haben sich zwei ganz wichtige Bestandteile eines Regenmoores mit jeweils ganz eigenen Mechanismen für die Selbstregulation entwickelt: Ein lebender oberer Teil des Regenmoores, das sogenannte Akrotelm, und ein toter unterer Teil des Regenmoores, das Katotelm. Man könnte es auch anders ausdrücken und sagen: Unten liegt der Torf und obenauf gedeihen die Torfmoose. Die beiden wissenschaftlichen Ausdrücke stammen von russischen Wissenschaftlern Ivanov und Ingram, die sich als Erste wissenschaftlich mit der Frage beschäftigten, wie Regenmoore eigentlich ihre Wassersättigung relativ konstant halten, und die in diesem Zuge diese zwei Schichten so benannten (Ivanov, 1981; Ingram, 1982).

Das Akrotelm ist lebend, und in lebenden biologischen Umgebungen ist Stillstand kein biologischer Zustand. Hier steht auch nichts still. Die Torfmoose versuchen, permanent zu wachsen. Wachsen Torfmoose, speichern sie Wasser in ihren Hyalinzellen. Die Freiräume zwischen den einzelnen Torfmoosblättchen und Stämmchen sind mit Wasser gefüllt. In diesem Zustand wirkt keine Kapillarkraft, alle freien Räume sind mit Wasser bedeckt. Kapillarkräfte wirken jedoch nur in winzigen Porenräumen. Daher sind die Kapillarkräfte nicht die alleinigen Kräfte, die Wasser in einem Moor auf allen Ebenen konstant halten. Einen solchen Zustand darf es auch gar nicht geben. Denn absolut untergetaucht, würden die meisten Torfmoose eher absterben als wachsen. Unter den stetig aufwachsenden Torfmoosköpfen sterben die Torfmoose tatsächlich ab, weil sie ersticken, und bilden dort den Torf, der das Katotelm darstellt. Und damit nicht auch die obersten einzelnen Torfmoospflänzchen im wassergesättigten Zustand absterben, bilden sie große Zwischenräume zwischen den einzelnen Individuen, wodurch überschüssiges Wasser in dem lebenden Akrotelm ablaufen kann. Durch die lockere Wachstumsweise ohne Wurzeln können sich die Torfmoose bei sporadischen sehr großen Niederschlagsmengen sogar drehen, so dass alle Ästchen und Blättchen in eine Richtung zeigen, um einen noch schnelleren Abfluss zwischen den Pflanzen hindurch zu gewährleisten. Torfmoose sind keine reinen Wasserpflanzen, deshalb müssen sie den Abfluss von überschüssigem Niederschlag garantieren, um nicht zu ertrinken.

Eine horizontale Durchlässigkeit von überschüssigem Wasser ist demnach allein durch die Wuchsform der Torfmoose – durch das Fehlen von Wurzeln und damit einer Beweglichkeit in Form von Drehbarkeit – gegeben. Was aber machen die Torfmoose, wenn nicht genügend Wasser vorhanden ist? Sie fallen einfach in sich zusammen. Wo die Torfmoospflänzchen vorher noch große Zwischenräume lieferten, wird jetzt alles ganz eng. Diese plötzliche Engporigkeit bremst den horizontalen Abfluss. Die Poren im hochkomprimierten und wassergesättigten Torf, dem Katotelm, sind immer eng, wenn über ihm ein lebendes und sich veränderndes Akrotelm liegt, was die Wassersättigung des Torfes absichert. Vertikal hält also das Katotelm das Wasser zurück. Je mächtiger der Torf, desto undurchlässiger wird er. Am dichtesten ist der Torf meist im Zentrum eines Regenmoores, bzw. dort, wo historisch einmal der tiefste Punkt der Ausgangssenke bestand. An dieser Stelle eines Regenmoores schufen sich die Torfmoose die besten Bedingungen, weshalb genau dort immer wieder neue Biomasse als Torf akkumuliert wird und das Moor von dieser Stelle her weiter und weiter wächst: nach oben und zur Seite.

Es gibt aber noch weitere Mechanismen, durch die einmal gewachsene Regenmoore autark leben. Die offenen Hyalinzellen der Torfmoose verursachen bei hohen sommerlichen Temperaturen hohe Evapotranspirationsraten. Sie haben keine Spaltöffnungen, die sie schließen können, um die Ausdunstung von Wasser zu verhindern. In solchen Situationen ist aber nicht das Ende für ein Regenmoor vorprogrammiert. Nein, die wasserleeren Hyalinzellen der Torfmoose füllen sich mit Luft. Gleichzeitig lagern die oberen lebenden Zellen die Chloroplasten aus, was dazu führt, dass alle oberen Torfmooszellen in einer heißen Trockenphase blass werden. Durch die blasse anstatt grüner Farbe der Torfmoose tritt ein Albedoeffekt ein. Einfallende Sonnenstrahlen werden reflektiert, was die endlose Ausdunstung (Evaporation) der gesamten lebenden Akrotelm-Schicht eines Regenmoores bremst. Die obersten, nun weißen Torfmoosblättchen und Stämmchen sterben in dieser Phase aber nicht gänzlich ab, denn selbst zum vollständigen Sterben und Zersetzen braucht es etwas Wasser. Da das Wasser aber aus den obersten Pflanzenteilen vollständig verschwunden ist, sind die oberen Teile der Torfmoose zeitlich mumifiziert. Einen solchen Prozess des Mumifizierens nutzten schon die alten Ägypter, wodurch sie menschliche Überreste über die Zeit retteten. Sie trockneten sie einfach, um den Prozess der Verwesung zu stoppen. Fällt nun wieder Regen auf die Regenmoore, nehmen die zwischenzeitlich mumifizierten Torfmooszellen wieder Wasser über die Grundregeln der Physik (Diffusion) auf, und das Leben beginnt von vorn. Diesen Prozess des zwischenzeitlichen Schrumpfens und Wieder-Aufschwellens der Torfmoose nennt die Moorwissenschaft Mooratmung (Ingram, 1978; Hayward & Clymo, 1982). Dieses Phänomen ist gerade in Binnenland-Regenmooren ein sehr wichtiger Mechanismus für die Selbstregulation des Wasserregimes. In Küsten-Regenmooren hingegen fällt ja nahezu immer Regen. Dort müssen die Regenmoore als einzige Ausnahme zusehen, wie sie das überschüssige Wasser loswerden, um nicht zu ertrinken.

Der Pegel des Moorwassers schwankt demnach in den meisten intakten lebenden Regen-

In Trockenheitsphasen werden Torfmoose hellgrün bis weiß, wodurch die Verdunstung durch die Reflektion der Sonnenstrahlen vermindert wird. Dieses Phänomen bezeichnet man als den Albedoeffekt.

mooren und ist dort keinesfalls gleichbleibend oder sofort ein Anzeichen für eine Gestörtheit dieses Landschaftsgebildes. Diesen überlebenswichtigen Prozess des schwankenden Moorpegels ermöglicht das Akrotelm mit den verschiedensten Mechanismen, die von aufschwellenden oder zusammenfallenden Torfmoosen ausgehen. Die permanente Wassersättigung eines Regenmoores gewährleistet das Katotelm mit seinem akkumulierten Torf. Diese systemimmanenten Mechanismen schufen sich die Torfmoose selbst und ermöglichen sich damit ein autarkes Leben.

Kohlenstoffspeicher und Klimabremse

Regenmoore sind die effektivsten Landschaftseinheiten der Welt, wenn man für diese Bewertung den Kreislauf der organischen Kohlenstoffverbindungen als Kriterium nimmt (Rydin & Jeglum, 2013). Im Regenmoor wird nämlich mehr Kohlenstoff gespeichert als umgesetzt. In Niedermooren wird ebenfalls Kohlenstoff gespeichert, aber gleichzeitig auch ein größerer Anteil durch Mineralisation verbraucht. In Niedermooren schwanken die Moorwasserstände im Jahresverlauf teils erheblich. Sie weisen keine flächendeckenden Torfmoosrasen auf, die wasserarme Zeiten kompensieren und das Wasserregime managen. Fehlt die Wassersättigung im Niedermoor, wird Torf durch den atmosphärischen Sauerstoff zu Kohlendioxid verbrannt.

Im langjährigen Mittel überwiegt im Niedermoor zwar auch die Akkumulation von Torf, sonst wären bis heute nie so viele Senken vermoort, aber eben längst nicht in derselben Dimension wie im Regenmoor. Die Torfschichten der Niedermoore sind grundsätzlich stärker zersetzt als die der Regenmoore, was ein eindeutiger Beweis für eine höhere Umsatzrate ist. Ein Stoffumsatz findet hingegen in Regenmooren kaum bis gar nicht statt. Wie im letzten Kapitel beschrieben, wird im Regenmoor alles, was reinfällt, aufgesaugt und gespeichert. Die Torfmoose halten mit immanenten Vorgängen die Wassersättigung stabil und lassen ein nennenswertes Verbrennen von Kohlenstoffverbindungen durch Sauerstoff gar nicht erst zu. Die freien Stoffe, die durch die geringen Mineralisationsraten, die an der Oberfläche der Regenmoore und insbesondere in den Bulten stattfinden, werden nicht in die Atmosphäre entlassen, sondern zum größten Teil wieder von Blütenpflanzen und Torfmoosen aufgenommen. Lebende Regenmoore sind deshalb eindeutige Stoffspeicher von Kohlenstoff-, Stickstoff- und Wasserstoffverbindungen. Aber warum sind lebende Regenmoore eine Klimabremse? Diese oder ähnliche Fragen würden mir wohl meine Kinder stellen, wenn sie irgendwann älter sind und besser die Zusammenhänge verstehen. Und manch erwachsener Leser stellt sich vielleicht genau an dieser Stelle des Buches jetzt auch diese Frage.

Was bei der Mineralisation freigesetzt wird, sind Kohlendioxid- und Stickstoffverbindungen, die beim Kontakt mit atmosphärischem Sauerstoff aus den Pflanzenteilen des Torfes entstehen. Kohlendioxid gilt als ein Klimagas, welches den Treibhauseffekt der Erde forciert. Im intakten Zustand speichern Regenmoore dieses Klimagas (Zedler, 2000; Bragg et al., 2003; Mauquoy & Yeloff, 2008; Limpens et al., 2011). Einige Wissenschaftler gehen sogar so weit zu sagen: Die Moore der nördlichen Hemisphäre haben im Laufe des Holozäns (des Erdzeitalters seit dem Ende der Eiszeiten bis heute) mehr Kohlenstoff aus atmosphärischem Kohlendioxid angesammelt als jede andere Landschaftseinheit der Erde (Limpens et al., 2011). Das Kohlendioxid, welches aus den vielen anthropogen verursachten chemischen und biologischen Verbrennungsprozessen in die Atmosphäre gelangt, nehmen Regenmoore selbstverständlich ebenfalls auf. Sauerstoff verbrauchen die Regenmoore kaum und setzen auch keinen frei. Sie sind keine Sauerstoffmaschinen wie die Regenwälder der Erde, aber dafür wirken sie als herausragende Akkumulierer von organischen Kohlenstoffverbindungen. Da wir Menschen durch unsere vielen Verbrennungsprozesse ständig neues Kohlendioxid freisetzen und den Klimawandel damit beschleunigen, können gerade Regenmoore als eine Bremse fungieren und die Entwicklungen der globalen Veränderungen verlangsamen (Soentgen & Reller, 2009; Strack & Price, 2009).

Alle organismischen Einheiten (auch Ökosysteme) sind charakterisiert durch Produktivität, also durch Atmung im Sinne von Verbrauch, und durch Akkumulation von organischer Masse. Der Prozess der Akkumulation vollzieht sich in einem Regenmoor durch das Ablagern von Torf, was den Verbrauch von organischer Masse übersteigt. Einen gewissen Verbrauch gibt es aber auch in Regenmooren, ansonsten könnten die Torfmoose nicht stetig wachsen und das autarke Überleben dieses Lebensraumes nicht absichern. An dieser Stelle kommt man nicht an den Begrifflichkeiten Produktivität und Biomasse vorbei. In einer organismischen Einheit drückt die Produktivität die Rate von neu geschaffener Biomasse aus. Diese Biomasse, im Fall der Torfmoose eine pflanzliche, wird durch Photosynthese hergestellt. Der Gesamtprozess wird von Ökologen als Primärproduktivität bezeichnet (Remmert, 1992; Ricklefs & Miller, 2000). In dem Gesamtprozess ist viel vorhandene Biomasse aber keinesfalls gleichbedeutend mit hoher Produktivität. Hohe Primärproduktivität bedeutet beispielsweise, dass in kurzer Zeit große Mengen an Kohlendioxid aufgenommen und umgesetzt werden. Setzt man den zeitlichen Faktor der Produktivität in Regenmooren mit anderen Landschaftseinheiten ins Verhältnis, erkennt man, dass eine solche Primärproduktivität hier eher gering ist. Über die Zeit entsteht zwar relativ viel Biomasse aus Kohlendioxid, allerdings bei nur mäßiger Produktivität. Wir erinnern uns an die niedrigen Jahresdurchschnittstemperaturen, die die Regionen der Regenmoore kennzeichnen, wodurch die Umsatzraten nach der Van-'t-Hoffschen Regel eingebremst werden. Die viele Biomasse, die im Torf unzersetzt gespeichert liegt, wurde also über sehr lange Zeiträume geschaffen. In intakten Regenmooren wächst Torf nämlich nur zentimeterweise (Succow, 1988), weshalb sich die Genese dieses Landschaftsgebildes eben auch nicht in ein paar Jahren vollzog, sondern in Jahrtausenden.

Diese enorme Speicherqualität von Kohlendioxid, dem Klimagas, ergab sich in Regenmooren also nicht in Dekaden, sondern in Jahrtausenden. Und genau diese tausendjährige Speicherfähigkeit wurde in vielen Regenmooren ungefähr ab dem 18. Jahrhundert im wahrsten Sinne des Wortes von einem Tag auf den anderen zerstört. Man hat Regenmoore entwässert und abgetorft. In solchen Regenmooren wird Kohlendioxid innerhalb kürzester Zeit wieder freigesetzt. Millionen Tonnen von über die Jahrtausende gespeichertem Kohlendioxid rauschen in diesen Mooren jährlich wieder in den Himmel. Dadurch sind diese zerstörten Regenmoore jetzt regelrechte Klimabeschleuniger geworden (Wilson et al., 2013), denn entwässert und abgetorft wurden nicht ein bis zwei Regenmoore, sondern diese Abbauprozesse vollzogen sich flächig im gesamten Europa und in weiten Teilen von Nordamerika und dies innerhalb von nur zwei Jahrhunderten. Ein Blick auf die Geländehöhen von historischen und aktuellen topografischen Karten genügt, um die Dimensionen zu erkennen, wie viel Torf in den einzelnen Regenmooren verbrannt worden ist und als Kohlendioxid wieder in die Atmosphäre aufstieg (Succow, 2011). Die Verluste von Geländehöhen und damit von freigesetztem Torf betragen nicht mehr nur Zentimeter, sondern in den meisten Regenmooren sind es Meter – wir sprechen hier häufig von Werten zwischen 6 und 8 Metern (Poschlod, 2015). Es sind geradezu unvorstellbare Tonnen an Kohlendioxid, die entwässerte Regenmoore innerhalb von nur zwei Jahrhunderten wieder in die Atmosphäre abgaben. Das bedeutet: Von den ca. 11.700 Jahren, die das Holozän umfasst, galten Regenmoore ungefähr 11.500 Jahre als Klimabremser, und innerhalb von nur 200 Jahren sind viele dieser Regenmoore zu absoluten Klimabeschleunigern geworden. Setzt man die Meterzahlen an, die an Torf jetzt schon in vielen Regenmooren verschwunden sind, und rechnet diese in Kohlendioxid um, dann setzten die entwässerten Regenmoore zusätzlich zu den vielen anderen anthropogenen Verbrennungsprozessen extrem viel Klimagas frei und tun es täglich weiter.

Es ist bedauerlich, dass Informationen über das enorme Freisetzen von Kohlendioxid aus entwässerten Regenmooren kaum Aufmerksamkeit durch die Medien erfahren. Dabei könnten intakte und wiedervernässte Regenmoore die von uns Menschen ausgestoßenen Kohlendioxidraten hervorragend auffangen. Dass erhöhte Kohlendioxidraten das Wachstum von Torfmoosen sogar erhöhen, ist mittlerweile wissenschaftlich belegt worden (Smolders et al., 2001), und dass wiedervernässte

Regenmoore die gleiche Akkumulation von Kohlenstoffverbindungen erreichen wie stets intakt gebliebene Regenmoore, ist ebenfalls bewiesen (Urbanova et al., 2013). Stattdessen wird sich auf die rauchenden Schlote der Kohlekraftwerke und auf die Abgase von Autos konzentriert. Verständlich ist es, denn diese Abgase und Dampfwolken der Kraftwerke sieht jeder und meint zu wissen, woher das Problem kommt. Vermutlich haben wir das Übel aus den Kraftwerken – zumindest in Deutschland – bald gelöst, doch dann produziert Deutschland mit seinen vielen entwässerten Regenmooren immer noch Millionen Tonnen an Kohlendioxid. Der Klimawandel ist nicht gestoppt, wenn kein Kohlekraftwerk mehr läuft. Das Kohlendioxid aus dem Verbrennungsprozess ist immer noch in der Luft und aus den Mooren kommt täglich eine Unmenge dazu. Es wäre also an der Zeit, dem Wiedervernässen mehr Aufmerksamkeit und finanzielle Möglichkeiten zu widmen, wenn wir es mit dem Stoppen des Klimawandels absolut ernst meinten.

Im Regenmoortorf ist Kohlenstoff tausender Jahre gespeichert. Wird er abgebaut, verbrennt er in kürzester Zeit zu Kohlendioxid. So ist Torf im lebenden Regenmoor ein Kohlenstoffspeicher und eine Klimabremse. Abgebauter Torf ist hingegen ein Klimabeschleuniger.

Mit diesen Tatsachen ist aber noch nicht alles über die Kohlenstoffspeicherung oder -zersetzung in Regenmooren gesagt. In intakten Regenmooren wird nämlich nicht nur ein kleiner Anteil an Kohlendioxid und anderen Stoffen durch die Mineralisation mittels sauerstoffabhängiger Bakterien und Pilze freigesetzt, sondern auch Methan. Gleiches gilt für wiedervernässte Regenmoore. Wie wir wissen, findet unter trockeneren Bedingungen auch an der Oberfläche von Regenmooren eine gewisse Mineralisation statt. Durch Sauerstoff wird dort ein winziger Anteil an Torf umgesetzt, wobei die meisten freigesetzten Stoffe sofort von Torfmoosen und anderen ansässigen Pflanzen wieder aufgenommen werden. Es ist ein aerober Prozess. Nun finden in einem Regenmoor aber auch anaerobe Prozesse statt, also Dekomposition von Stoffen unter sauerstoffarmen Verhältnissen. Solche Bedingungen bestehen in einem wassergesättigten Lebensraum stets und ständig – sowohl in intakten als auch in wiedervernässten Regenmooren. Bakterien haben schließlich unter solchen Bedingungen erst unsere heute mit Sauerstoff gefüllte Erde geschaffen (Margulis, 1996). Sauerstoffarme Standorte findet man immer noch zahlreich auf der Erde und deshalb gibt es weiterhin diese anaerob lebenden Bakterien. Im Regenmoor entsteht bei solchen anaeroben Umwandlungsprozessen das Methangas (CH_4), welches ebenfalls als Klimagas und Beschleuniger des Treibhauseffekts gilt. In Trockenphasen, wo die Moorwasserstände des Akrotelms schwanken, findet eine mäßige Mineralisation der obersten Torfschichten statt, wodurch geringe Mengen an Kohlendioxid freigesetzt werden. Bei hohen Wasserständen liegen hingegen überwiegend sauerstoffarme (anaerobe) Verhältnisse vor. In diesem Fall sorgen wieder ganz andere spezifische Bakterien für Methan-Emissionen (Joabsson et al., 1999; Glatzel et al., 2006). Die Methanproduktion entsteht faktisch bei einem Vergärungsprozess von akkumulierten Torfmoosen (dem Torf), woran sauerstoffunabhängige Bakterien beteiligt sind. Wir erinnern uns, dass die Torfmoose einen Gärprozess durch ihre eigens produzierten Polygalacturonsäuren verhindern. Deshalb kann diese Produktion von Methan nur unterhalb der lebenden Torfmoose im toten Torf, dem Katotelm, stattfinden. Einen kleinen Verbrennungsanstoß benötigen aber auch diese anaerob lebenden Bakterien, und den Sauerstoff dafür bekommen sie über die tiefer wurzelnden Gefäßpflanzen. Die biochemische Reaktion läuft durch den geringen Sauerstoff aus den Wurzeln an und die Pflanzen bekommen dafür über die Wurzeln die freigesetzten Nährstoffe. Das dabei entstehende Methangas entweicht über die winzigen Poren des Torfes allmählich in die Atmosphäre. Bei einer gleichmäßigen Durchwurzelung des oberen Katotelms und stabilen Wasserständen stoßen Regenmoore also auch jährlich eine gewisse Menge des Klimagases Methan aus.

Welchen Einfluss dieser Methanausstoß aus Regenmooren für die Klimaentwicklung der Erde hat, darüber wird man wohl noch viele Jahre kontrovers diskutieren (Belyea & Baird, 2006), zumal noch nicht eindeutig geklärt ist, ob Methan genauso klimaverändernd wirkt wie Kohlendioxid (Berner & Streif, 2004). Ob Methan oder Kohlendioxid, beide „Klimagase" werden in intakten Regenmooren im Verhältnis zur Masse an gespeicherten Kohlenstoffverbindungen relativ wenig freigesetzt. So bleiben intakte Regenmoore eher Klimabremser, darüber müsste wohl eigentlich niemand diskutieren. Demzufolge könnte man jetzt auch argumentieren, dass Methangas und Kohlendioxid aus Regenmooren keine Klimagase sind. Oder sollte man Regenmoore besser nicht wiedervernässen, weil sie Methangas ausstoßen?

Tatsächlich sind wir Menschen schnell dabei, eine neue Ursache als Übel zu deklarieren, wenn wir den eigentlichen Auslöser noch nicht in den Griff bekommen haben oder sobald sich bei der Beseitigung der Ursache zu viele Widerstände auftun. Die weltweite Diskussion in der Wissenschaft zu Methangasausströmungen aus Mooren scheint seit ein paar Jahrzehnten (Williams & Crawford, 1984; Brown et al., 1989; Bridgham & Richardson, 1992; Lloyd et al., 1998; Yavitt et al., 2000; Glatzel et al., 2008; Fedorov et al., 2015) genau diese Richtung einzuschlagen. Bei solchen drohenden Verwerfungen hilft ein Blick über den Tellerrand. Methangas wird bei zahlreichen biologischen Prozessen freigesetzt, unter anderem bei der Massentierhaltung. Dieser enorme Methangasausstoß stieg in den letzten 100 Jahren erheblich an (Reichholf, 2011). Vielleicht sollte man zunächst dieses Phänomen noch expliziter untersuchen und vor allem einmal genauestens hinterfragen, ehe die Folgen von Wiedervernässungen – und zwar die dabei hervorgerufenen Methangasfreisetzungen (Scott et al., 1999) oder Emissionen aus Mooren im Allgemeinen (Segers, 1998) – überhaupt diskutiert werden. Ohne den Zusammenhang aller historischen und aktuellen Gas-Emissionen erschließt sich der Sinn des Hinterfragens von Gasaustritten aus Regenmooren nicht. Vor allem nicht, wenn man mitbekommt, wie diese Diskussionen von einer energischen, nicht-wissenschaftlichen Öffentlichkeit genutzt werden, um unbeliebte Wiedervernässungsmaßnahmen mit diesen scheinbar neuen Argumenten abzulehnen. Bestimmte Gesellschaftsgruppen, die von vornherein eine Abneigung gegenüber Mooren hegen, nehmen Argumente meist ohne sie zu hinterfragen auf, um damit ihrem Missfallen deutlichen Nachdruck zu verschaffen. Deshalb sollte Grundlagenforschung, so wichtig sie auch ist, immer vorsichtig mit der Außendarstellung ihrer Ergebnisse sein. Diesen Grundsatz verfolgte schon Einstein, denn er wusste genau, wo seine Erkenntnisse hinführen (Neffe, 2005). In der biologischen Welt steht bekanntlich auch nichts für sich allein, sondern ist immer in einem Zusammenhang zu betrachten. Damit beschäftigt sich die Ökologie. Doch leider bestehen viele Ökologie-Lehrstühle heute nicht mehr aus holistisch denkenden und forschenden Wissenschaftlern, sondern häufig aus einseitig ausgerichteten Spezial-Wissenschaftlern.

Regenmoore als Archive der Landschaftsgeschichte

Regenmoore sind nicht nur Kohlenstoffspeicher, sondern wichtige – wenn nicht sogar unsere wichtigsten – Archive der Landschaftsgeschichte, denn im Torf lagern zahlreiche Fossilien aus vergangenen Zeiten. Meist sind die Spuren von Pflanzen und Tieren durch Wind in die Moore eingeweht worden, wo sie im Torf auf ewig konserviert liegen. Der nahezu fehlende Abbau von organischer Masse bewahrt nicht nur die absterbenden Torfmoospflänzchen, sondern alles, was zu gegebener Zeit auf die Torfmoospolster fällt, von ihnen überwuchert und als Torf hochkomprimiert gespeichert wird. Paläontologen können mit den Pollen, die im Torf lagern, die Pflanzengemeinschaften historischer Zeiträume bis heute rekonstruieren.

Aus diesen Rekonstruktionen können wir Erkenntnisse für die Zukunft ableiten. So weiß man, wie sich in verschiedenen Regionen die Pflanzengemeinschaften entwickelt haben und kann diese dadurch mit den heute vorkommenden Gemeinschaften vergleichen (Stewart & Lister, 2001; McLachlan et al., 2005). Daraus lässt sich dann beispielsweise ableiten, wo früher mal welches Klima geherrscht haben muss, in welche Richtung sich das Klima in den verschiedenen Regionen entwickelte und wie sich welche Tierarten demgemäß ausbreiteten (Zeuner, 1930; Markova et al., 2002). Die Pollen im Torf zeigen uns, wie die Moore selbst entstanden sind, da man die jeweils gefundene Pflanze (als Pollen) noch heute an anderen

Nassstellen antrifft und damit das jeweilige Sukzessionsstadium einer Moorentwicklung abschätzen kann (Engmann, 1937; Overbeck, 1975). Historische Abholzungsphasen durch uns Menschen kann man anhand von Wasserkissen erkennen (Jeschke, 1990). Genauso lassen sich historische Vulkanausbrüche durch Ablagerungen von Vulkanaschen im Torfprofil ableiten (Succow & Jeschke, 1986).

Für diese Rekonstruktionen der Landschaftsgeschichte hat sich eine ganz eigene Wissenschaft entwickelt, die Paläontologie, die wiederum ganz eigene Fachausdrücke hervorbrachte. Diese Wissenschaftler trennen die Fossilien im Torf nach Makrofossilien und Mikrofossilien. Makrofossilien sind die Reste und Fragmente von Pflanzen – wie Blätter, Wurzeln, Rhizome, Samen, Früchte, Ästchen oder ganze Bäume – und einigen Tieren – vor allem Insekten –, die historisch auf dem Moor lebten, dort starben, auf dem Moospolster umfielen und im Torf konserviert wurden. Manche Wissenschaftler unterscheiden noch zwischen kleinen Makrofossilien, wie z. B. Moosblättchen, und großen Makrofossilien, wie Baumblättern. Als Mikrofossilien gelten die winzigen Pollenkörner und Sporen von verschiedenen Pflanzen oder Zellreste von tierischen Organismen, die durch Windverlagerung oder Wassertransporte ins Moor gelangten, um dort konserviert zu werden.

Die Makrofossilien geben dabei die Sukzessionsphasen bei der Entwicklung des jeweiligen Regenmoores wieder, wohingegen die Mikrofossilien eher die detaillierten Informationen zur historischen Entwicklung der unmittelbaren oder weiträumigen Landschaft um das jeweilige Regenmoor aufzeigen. Die quantitative und qualitative Kombination von Makro- und Mikrofossilien lässt sogar eine Rekonstruktion von historischen pH-Werten im Moor sowie für die Umgebung zu, und vor allem liefert sie rückblickend wertvolle Erkenntnisse über die Nährstoffverhältnisse in der jeweiligen Region (Anderson et al., 2006).

So liefert die Quantität der Pflanzenindividuen im jeweiligen Torfprofil einen Eindruck über die damaligen Nährstoffverhältnisse und die Quantität der Pollenkörner Eindrücke über die historischen Verhältnisse des größeren Umfeldes eines Regenmoores (Lange, 1989). Die Zusammensetzung, sprich die Qualität der Fossilien erklärt die Sukzession einer historischen Landschaft, die Quantität der Fossilien die historischen Standortkonditionen. Heutzutage ermittelt man die Nährstoffverhältnisse und Konditionen eines Standortes natürlich mit modernen bodenkundlichen Messwerkzeugen. Viele Standortfaktoren werden sogar im Labor überprüft. So vermitteln die heutigen Pflanzenformationen einen Eindruck, welche Standortbedingungen in der Historie unter bestimmten quantitativen und qualitativen pflanzlichen Zusammensetzungen eines Standortes bestanden haben müssen.

Die meisten Erkenntnisse zur jüngeren Landschaftsentwicklung auf der Erde stammen tatsächlich aus Torfkernen, die älteren haben sich durch die Untersuchung von Eiskernen und Seesedimenten ergeben. Die gewinnbringendsten Daten zur historischen Landschaftsentwicklung der Nordhemisphäre stammen grundsätzlich aus Torfkernen, da darin deutlich mehr Pollen und Pflanzenreste als in Eisbohrkernen oder Sedimenten von Seen gespeichert wurden (Kral, 1979; Svensson, 1988). Die Beifuß-Pollen aus den verschiedensten Mooren der Nordhemisphäre lieferten zum Beispiel das paläontologische Signal, wonach die Zeit der europäischen Besiedlung durch Ackerbauern bestimmt wurde (Blackbourn, 2006). Die Regenmoore erlangen damit als Archiv für unsere menschliche Geschichte eine auffällige Bedeutung. Sind Regenmoore nicht allein schon deshalb schützenswert?

Die langen Blattscheiden des Scheidigen Wollgrases (Eriophorum vaginatum) sind im Regenmoortorf konserviert als lange Fasern noch nach Jahrtausenden gut zu erkennen.

Birkhahnbalzplatz inmitten eines nordischen Regenmoores.

Tierisches Leben in Regenmooren

Tiere der Regenmoore sind keine Reliktarten

Viele Tierarten, die in mitteleuropäischen *Sphagnen*-Regenmooren leben, werden von einzelnen Wissenschaftlern bis heute als „glaziale Reliktarten" bezeichnet (Göttlich, 1980; Freese & Biedermann, 2005; Seifert, 2007; Turlure et al., 2009; Turlure et al., 2010). Keines dieser Vorkommen hat aber etwas mit glazialen Relikten zu tun, da die Regenmoore ganz junge Landschaftsgebilde sind, die es in der glazialen Phase so noch gar nicht gab. Die Artvorkommen in den Regenmooren sind die Ergebnisse einer postglazialen Kolonisation (Peus, 1932; Sternberg, 1998; Hewitt, 1999).

Echte Relikte im wahrsten Sinne des Wortes sind zum Beispiel durch Moränen zugeschüttete Eisblöcke, wie es sie im südlichen Sibirien bis hinein in die Wüste Gobi gibt, wo ein bis zwei Meter unter der Erdoberfläche mehrere Meter mächtige Eisblöcke der letzten Eiszeiten bis heute bestehen (Ananjeva et al., 2003). Diese Eispanzer inmitten der sommerheißen Wüstenlandschaft sind Relikte früherer glazialer Phasen. Bis heute haben es die zwar heißen, aber kurzen Sommer nicht geschafft, diese Eispanzer vollständig aufzutauen. Doch hat die Sonne zumindest im Sommer so viel Kraft, dass selbst zwei Meter unter der Erdoberfläche ein Abtauprozess stattfindet, so dass eisiges Quellwasser aus den Geländerinnen der Landschaft heraustritt, um sich zu kleinen Bächen zu entfalten. Dieses geradezu von Geisterhand hervortretende Quellwasser inmitten vegetationsloser Wüstenlandschaft stammt von echten Relikten: den Trümmern von Eispanzern aus historischen Eiszeiten. Durchströmungsmoore mit flachen Torfschichten erstrecken sich entlang dieser Bäche. Auf diesen nassen Moorflächen lebt sogar die Sumpfschrecke (Bönsel, 2003), eine typische Heuschreckenart aus Moorlandschaften. Eine Moorlandschaft und damit eine typische Moortierart erwartet aber wohl niemand in einer Wüste. Eine „Reliktart" ist die Sumpfschrecke aber auch in dieser Region nicht, sondern sie hat sich nach und nach bis dorthin ausgebreitet. Die von Eiswasser gespeisten Bäche mit ihren säumenden Mooren erstrecken sich nämlich bis zu den großen Tieflandflüssen Sibiriens, die wiederum von riesigen Moorlandschaften umgeben sind. Von hier aus konnte sich die Sumpfschrecke und viele andere Arten langsam, aber stetig über eine vernetzte Sumpf- und Moorlandschaft bis selbst in die Wüste

Gobi ausbreiten. Es war demzufolge auch hier ein postglazialer Prozess, der – zugegeben – ohne Bodenschürfe vorzunehmen vorschnell als Reliktvorkommen eingeordnet werden kann. Denn ohne Untersuchungen des Untergrunds wirkt dieses Sumpfvorkommen, als ob historisch einmal eine größere Feuchtigkeit in dieser Region bestanden hat und die schmalen Durchströmungsmoore als Relikte in der Wüste Gobi überdauerten.

In den Regionen, in denen die Regenmoore heute vorkommen, sind – außer in der alpinen Zone – sämtliche Reste der glazialen Phasen abgetaut, lange bevor die Regenmoore überhaupt entstanden sind. In den Eiszeitphasen war sehr viel Wasser in Gletschermassen gebunden, weshalb die nicht vereisten Bereiche in dieser Zeit stets eher trocken und steppenartig waren (Daly, 1934; Franz, 1973). Regenmoore, die Wasserüberschuss benötigen, konnten in langzeitigen Eiszeitphasen gar nicht entstehen, und schon allein deshalb können die heutigen Regenmoorarten keine Reliktarten dieser Standorte sein. Einzig und allein die verschiedenen Geländeformen, die durch die Gletschermassen oder durch das Abschmelzen der Gletscher entstanden sind, sind uns aus den Eiszeiten erhalten geblieben. Pflanzen und Tiere wanderten in die eisfrei gewordenen Gebiete neu oder erneut ein.

Weder in Europa noch in anderen Teilen der Erde war in den unterschiedlichen Eiszeiten jeder Quadratkilometer von Eis bedeckt, was Wissenschaftler anhand von Pollen, die in Seen oder Niedermooren gefunden wurden, rekonstruiert haben. Es gab stets schmale Streifen mit Tundra- und Kaltsteppenvegetation, die gletscherfrei blieben (Bennett et al., 1991; Lang, 1994; Sinclair et al., 1999; Tzedakis, 2005). Und in diesen gletscherfreien Korridoren überlebten immer einige Arten, die nach der Eiszeit die verschiedensten Landschaftsräume neu oder wieder besiedelten, so auch die heute in Regenmooren lebenden Arten (Sommer & Nadachowski, 2006; Sommer & Zachos, 2009; Brockhaus, 2012a; Brockhaus, 2012b). Nach dem Abtauen der Eismassen konnten sich diese Arten der Tundren viel rascher in der gemäßigten Klimazone und dort vor allem in solchen neu entstandenen kalten Lebensräumen wie den Regenmooren ausbreiten (Hewitt, 2000; Sommer & Zachos, 2009) als Arten, die sich weiter weg in wärmere Regionen, wie in die mediterrane Klimazone, zurückgezogen hatten (Taberlet et al., 1998; Brockhaus, 2007; Sommer, 2007). Viele Arten waren nicht an sehr kalte Winter und kurze Sommer mit kurzer Vegetationsperiode der Tundren angepasst, weshalb sie während der Eiszeit im Bereich der

Regenmoore sind keine glazialen Reliktstandorte und deren Arten deshalb keine glazialen Reliktarten. Regenmoore sind ferner neu entstandene, meist inselartige, relativ nasskalte Standorte inmitten einer wärmer gewordenen Landschaft, die mit ihren Standortfaktoren den glazialen Standortfaktoren und deren Landschaften ähneln, weshalb es allenfalls Refugien sind.

heutigen gemäßigten Klimazone ausstarben oder sich in anderen Gebieten ausbreiteten (Magri, 2008; Sommer et al., 2011). Da es relativ wenige Arten waren, die mit dem kalten Klima der Tundra- und Kaltsteppenlandschaften zurechtkamen, leben bis heute nur wenige Arten in den kalten Regenmoor-Lebensräumen.

Die andauernde postglaziale Ausbreitung der Flora und Fauna hat also allein schon aufgrund der Entfernungen von Rückzugsrefugien während der letzten Eiszeiten ganz unterschiedliche Geschwindigkeiten. Die Geschwindigkeit der Ausbreitung hängt aber auch von der jeweils ökologischen Potenz einer Art ab und diese kann sich wiederum aus der Lage der glazialen Refugien unterschiedlich entwickelt haben (Sedlag, 1995). In Nordamerika erstreckten sich die eisfreien Tundren- und Steppenlandschaften von Süden nach Norden (Adam et al., 1990), was sich aus der Lage der Gebirge ergab. Dadurch ist die gesamte Ausbreitungsgeschichte der Biota in Amerika anders verlaufen als in Europa oder Asien, vor allem ist die boreale Region in Amerika deshalb artenreicher als in Europa (Brown, 1971; Lomolino et al., 2006). In Europa bestanden eisfreie Landschaften nur in einem relativ schmalen Band von Westen ausgehend bis in den asiatischen Osten, wo bis heute Tundra- und Kaltsteppenlandschaften existieren (Grosswald & Hughes, 2002). In Europa war die südliche Ausdehnung der Steppe und Tundra auch noch durch die südlichen Gebirgsgletscher begrenzt. Der glaziale Ausweichkorridor war demnach viel begrenzter als in Amerika und der südliche postglaziale Besiedlungskorridor öffnete sich viel später. Im Süden mussten erst die Alpen und andere Gebirgszüge einigermaßen eisfrei werden, bevor über diese Korridore weitere Arten neu einwandern konnten. Aus diesen Gründen findet man bis heute weniger Arten in euro-asiatischen Regenmooren als in Nordamerika, wobei sich dieses Phänomen der unterschiedlichen Artenzahlen im borealen und temporären Amerika gegenüber Europa nicht nur auf Regenmoore beschränkt, sondern durch die beschriebenen historischen geomorphologischen Verhältnisse für nahezu alle Lebensräume gilt.

Einzelne Arten werden zusätzlich durch bewusste oder unbewusste menschliche Aktivitäten in ihrer postglazialen Ausbreitung gefördert (Frantz et al., 2013), was die ökologische Interpretation der aktuellen Ausbreitungsgründe oder Ausbreitungsgeschwindigkeiten außerordentlich erschwert. Generell kompliziert wird die Interpretation der Ausbreitung bei Insekten. Bis sich die eine oder andere Insektenart endgültig re-kolonisiert oder überhaupt erstmalig in einem spezifischen Raum kolonisiert hat, vergeht viel mehr Zeit als bei manch anderer Taxa. Hinsichtlich ihrer häufig begrenzten Ausbreitungsfähigkeit unterliegen Insekten oft starken Schwankungen. In alpinen Gebirgen kann man dieses Auf und Ab der Ausbreitung in Form von regelrechten Ausbreitungswellen bis heute bei vielen Insektenarten verfolgen (Beck et al., 2010).

Die heutigen Arten der Regenmoore sind jedenfalls definitiv keine glazialen Reliktarten, da alle bestehenden Regenmoore der Nord- und Südhemisphäre junge Landschaftsgebilde sind, deren Entstehungsgeschichte erst tausende von Jahren nach dem Ende der Eiszeiten begann. Und erst als die Torfmoose diese Regenmoore erschaffen hatten, konnten verschiedene Arten in diese neuen Landschaftsräume einwandern. Mit Relikt im Sinne von Überdauern haben diese Art-Vorkommen nichts zu tun. Sie sind eindeutig das Ergebnis von postglazialen Kolonisationsprozessen. Wenn jemand unbedingt eine Reliktart finden will, dann in den regenmoorähnlichen Tundralandschaften rund um die Polarkreise oder in den alpinen Gebirgszonen. Die dortigen Tundralandschaften sind den abtauenden Gletschermassen gefolgt und dort haben einige Arten die Eiszeiten überlebt. Wenn sie dort heute immer noch anzutreffen sind, könnte man diese Arten als glaziale Reliktarten bezeichnen, da sie tatsächlich zur Zeit der Eiszeit schon in diesen Gebieten gelebt haben.

Das ökologische Klassifizieren von Tieren der Regenmoore

Tierarten der intakten Regenmoore stammen aus Landschaften mit regenmoorähnlichen Standortfaktoren wie Tundra und Kaltsteppe (Peus, 1932). Dass die Regenmoortierarten tyrphobiont seien, kann demnach genauso wenig stimmen wie die Aussage, sie seien Reliktarten. Tyrphobiont ist von „Turf" für Torf und „bioon" für lebend abgeleitet. Tyrphobiont heißt demnach: es handelt sich um Tierarten, die von den Standorteigenschaften leben, die sich aus einem Lebensraum mit Torf ergeben. In verschiedenen Lexika und Foren des Internets findet man zu tyrphobiont die Definition: Arten, deren Vorkommen auf Hochmoore (Regenmoore) beschränkt sind. Diese Formulierung ist allerdings genauso unscharf wie die über die Reliktvorkommen in Regenmooren. Denn keinesfalls sind alle Arten, die in *Sphagnen*-Regenmooren leben und katalogisiert betrachtet tyrphobiont sind, in ihrem gesamten Areal allein auf diese Standorte beschränkt. Viele dieser Arten leben in anderen Regionen der Erde immer noch auf anderen Standorten. In der gemäßigten Klimazone trifft man zwar viele Arten tatsächlich nur in Regenmooren an, aber nur, weil das regenmoortypische Mikroklima allein das Großklima ihrer Ursprungsstandorte imitiert.

Für dieses Phänomen des Standortwechselns haben Ökologen schon zu Beginn des 20. Jahrhunderts am Anfang der ökologischen Forschung die Regel der relativen Standortkonstanz erkannt (Friederichs, 1927; Friederichs, 1934; Peus, 1954). Diese entdeckte Regel wurde scheinbar einige Jahre in der Ökologie ausgeblendet oder vergessen, bis sie deutsche Ökologen für sich neu, aber im gleichen Kontext formulierten (Walter, 1975; Walter & Breckle, 1999). Heute ist diese ökologische Regel weltweit anerkannt und erklärt für viele Floren und Faunen die unterschiedlichen Standorte (Lawton, 1999; Dodds, 2009).

Im mitteleuropäischen Flachland ist der Hochmoorbläuling (Plebejus optilete) fast nur in Regenmooren zu finden, wenn genügend Moosbeeren als Raupenfutter existieren. In allen anderen Regionen seines Areals ist er immer noch recht verstreut vorkommend und lebt auch in anderen Landschaftsräumen als nur im Regenmoor.

Alle Tierarten, die heute in Regenmooren leben, müssen ursprünglich aus anderen Landschaften gekommen sein, denn wie schon erwähnt sind die Regenmoore sehr junge Landschaftsgebilde. Allein die Tierarten, die eng in Verbindung mit den Torfmoosen oder gar in den Zellen von Torfmoosen selbst leben, können seit der Gründungsphase der Regenmoore hier existiert haben. Zu denken ist an die vielen bakteriellen Formen, an die winzigen Einzeller der Amöben oder an die kleinsten Vielzeller wie Rädertierchen (*Rotifera*). Die größeren Vielzeller (*Metazoa*), zu denen wir Menschen zählen, sind alle erst nach dem Entstehen der Regenmoore eingewandert.

Regenmoore haben wie leicht bewaldete Steppen- oder Tundralandschaften lichtdurchflutete Strukturen auf engstem Raum, begrenzt verwertbare Nahrung, Nahrung in spezieller Form, Nahrung in einem begrenzten Zeitraum und Wärme nur in einem begrenzten Zeitraum (Peus, 1950a). Im Vergleich zu den anderen Lebensräumen der gemäßigten Zonen sind die Regenmoore genauso kalte Lebensräume wie Tundra und Steppe, zumindest wenn man nur die Steppenlandschaften der gemäßigten Zonen einbezieht. Standortökologisch betrachtet zählt die Tundra in einzelnen Ökologielehrbüchern sogar zur Steppenlandschaft der gemäßigten Zonen, und zwar zur Kaltsteppe (Walter & Breckle, 1994). Die mikroklimatische Kühle mit nur sommerlichen Ausnahmen und die Nährstoffbegrenztheit sind also zusammengefasst die Gründe, warum wir in Regenmooren die Arten finden, die vorher oder immer noch in anderen Regionen der Erde in Tundra- oder Steppenlandschaften leben (Peus, 1932).

Die junge Wissenschaft der Ökologie hat für die Menschheit eigentlich viel zu viele Begriffe erschaffen. In Ökologielehrbüchern kann man die Begriffe Standort, Habitat, Lebensraum, ökologische Nische und Ökosystem finden, und alle sortieren irgendwie die Arten in einen gewissen Raum ein. Bewegliche Tierarten lassen sich aber im Gegensatz zu sessilen Pflanzen schwieriger in den einen oder anderen Raum einordnen. Weil dies so ist, könnte man meinen, dass Wissenschaftler immer neue Begriffe erfunden haben. Manche Ökologen gingen sogar noch weiter und unterteilten die räumliche Diversität in Alpha-Beta-Gamma-Diversität (Whittaker, 1972; Magurran, 1987), um die Artvorkommen zu klassifizieren. Erklären können diese Einteilungen die Vorkommen aber nicht und die Kategorien sind im Grunde genommen wertlos, obwohl sie bewerten sollen.

Am besten erklärt sich die jeweilige Raumnische einer Spezies mit einer Form von „Beruf“, die diese spezifische Art ausübt. Manche Berufe sind flexibel und manche spezialisierter. Mit dem Terminus „Beruf einer Art“ lässt sich auch viel besser das Phänomen von hoher oder niedriger ökologischer Potenz einer Art erklären. Die flexiblen Berufe können mit verschiedenen ökologischen Faktoren umgehen und sogar mit Schwankungen dieser Faktoren auskommen. Solche Arten haben im ökologischen Kontext eine hohe ökologische Potenz. Die Akteure der spezialisierten Berufe haben sich auf einzelne Faktoren spezialisiert und können in der Regel weniger gut bis gar nicht mit Schwankungen der Standortfaktoren umgehen. Bleiben die jeweiligen Standortbedingungen in einem speziellen Raum über längere Zeiträume relativ konstant, haben Spezialisten deutliche Vorteile gegenüber den Generalisten, da sie einzelne Faktoren viel konsequenter ausnutzen. Genau aus diesem Grund entwickeln sich hier und da immer wieder Arten mit spezialisierten Berufen, wenngleich diese Spezies auch am schnellsten von der Bildfläche der Erde verschwinden, nämlich wenn sich die Faktoren plötzlich verändern (Eldredge & Gould, 1972). In der Individuenzahl überwiegen stets die generalistischen Berufe, da sie im Großraum mit den raumbeeinflussenden großräumigen schwankenden Faktoren meistens am besten umgehen können (Gould & Eldredge, 1977; Eldredge, 1997).

Regenmoore und die Landschaften, aus denen die meisten Arten einwanderten, die tundra- und steppenartigen Räume, gibt es inzwischen schon seit einigen Jahrtausenden. Sie wurden in Raum und Zeit wenig verändert. Die Evolution schaffte einige Spezialisten, die fast nur noch in diesen Landschaftsräumen leben. Wie bereits festgestellt wurde, sind Regenmoore nicht absolut stabile Lebensräume, denn absolute Stabilität gibt es in biologischen Systemen nicht. Aber als großes Ganzes sind diese Räume relativ konstant. Eben diese Konstanz fördert spezialisierte Evolution (Dieckmann et al., 2004; Gavrilec, 2004). Spezialisierte Evolution wird zudem durch Insellagen bestärkt (Mayr, 2005). Regenmoore sind fast überall als Inseln inmitten großräumiger Landschaften zu finden. Je weiter man an die chorologische Grenze der klimatischen Möglichkeiten für das Entstehen von Regenmooren kommt, desto isolierter wird die Lage des jeweiligen Regenmoores. Immer mehr Arten erscheinen in diesen Regionen der verstärkt isolierten Regenmoore allein auf diesen Lebensraum beschränkt zu sein, was aber allein daran liegt, dass in den gemäßigten Zonen außerhalb der Regenmoore kaum bis gar keine ähnlichen Standortbedingungen in steppen- oder tundraartigen Landschaftsgebilden vorzufinden sind. Je mehr sich die Landschaften um die Regenmoore durch klimatische oder anthropogene Faktoren und in deren Folge durch Sukzessionsprozesse der Vegetationseinheiten weiterentwickelt haben, desto ungünstiger werden die Standortbedingungen für die Regenmoorarten außerhalb von Regenmooren. Die Arten bleiben in diesen Regionen dann auf Regenmoore beschränkt. Und eben diese Isolation verführte wohl viele Wissenschaftler zu der Annahme, diese Arten seien Relikte. Dieses Verbreitungsmuster hatte schon Peus (1932) aufgezeigt, dabei aber von Refugien anstatt von Relikten gesprochen.

Eine Gruppe um den tschechischen Wissenschaftler Karel Spitzer, die im zentralen Bereich der gemäßigten Zone und damit am Rand der Regenmoorvorkommen arbeiten, haben dieses Muster nochmals aufgenommen und für eine Einteilung der Arten in tyrphobionte und tyrphophile Arten geworben (Spitzer et al., 1999; Spitzer & Danks, 2006), Begriffe, die heute in Lexika und Internetforen zu finden sind. Tyrphobiont solle die Arten beschreiben, die in der zentralen gemäßigten Klimazone auf Regenmoore beschränkt sind, die Tyrphophilen hingegen die Arten, die Regenmoore gerne mitbesiedeln, aber selbst im zentralen Mitteleuropa auch in anderen Lebensräumen zu finden sind. Für Menschen, die ein Katalogisieren mögen, ist diese Einteilung vielleicht hilfreich, da man mit diesen zwei Wörtern die Arten der Regenmoore deutlich besser unterteilen kann.

Wie es Fritz Peus aber schon 1932 schrieb, gibt es weltweit betrachtet keine ausschließlichen Regenmoorbewohner. Vielmehr handelt es sich von Regenmoor zu Regenmoor um eine gemischte Fauna von Arten, deren Optimum ursprünglich in anderen Lebensräumen lag. Auf ihren Ausbreitungswegen fanden einige Arten in Regenmooren ihren Ursprungsgebieten ähnliche Standortfaktoren, die mehr oder weniger um das Optimum pendeln, weshalb sie sukzessive diese Standorte besiedelten und es weiter tun. Entwickelt sich eine Landschaft um diesen Standortraum weiter und schneidet das ursprüngliche zusammenhängende Areal einer Art auseinander, kann sich ein solcher Raum – in unserem Fall das jeweilige Regenmoor – zum optimalen Standort entwickeln, da die Art beim Verlassen dieses Moorraumes nicht mehr überleben könnte. Deshalb erscheint es so, als wenn einige Arten der Regenmoore diese Standorte bevorzugen, was die Gruppe um Karel Spitzer als tyrphobiont bezeichnen will. Arten, die im gesamten Areal weiterhin Regenmoore und ähnliche Standorte besiedeln, sollen nach diesen Wissenschaftlern als tyrphophil charakterisiert werden. Letztendlich sind es aber wieder nur wissenschaftliche Begriffe, die komplexe Phänomene katalogisieren und vermutlich auch verkomplizieren.

Dieser Wissenschaftsdebatte über verschiedene Begriffe zu unterschiedlichen ökologischen Phänomenen möchte ich mich aber nun nicht weiter anschließen, sondern konzentriere mich lieber darauf, an einzelnen Artengruppen genau aufzeigen, weshalb bestimmte Arten die Regenmoore besiedelten oder gerade im Begriff sind, sie zu besiedeln, warum einige Arten heute nur noch dort überleben oder andere schon wieder verschwunden sind. Die Auswahl ist dabei rein subjektiv, denn alle Tierarten aufzulisten ist einfach unmöglich. Dazu ist die Durchmischung von Regenmoor zu Regenmoor viel zu groß. Betrachtet man weltweit die Regenmoore, kann sicher aus fast jeder taxonomischen Gruppe mindestens eine Tierart in Regenmooren angetroffen werden, zumindest wenn man die stark veränderten Moore miteinbezieht. Auf einzelne Arten, die in Regenmooren nur vorkommen, weil wir Menschen viele dieser Moore so extrem verändert haben, werde ich natürlich schon eingehen. Denn mittlerweile leben in Regenmooren solche Arten, deren Ausgangsstandorte gar keine Ähnlichkeit mit Regenmooren haben. Und solche Arten verdrängen nicht zwangsläufig die regenmoortypischen Arten, sondern besiedeln schlichtweg neue, noch freie Lebensräume. In gestörten und zerstörten Regenmooren gibt es nämlich ganz neue Standortfaktoren, wo die Regel der relativen Standortkonstanz dann auf andere Ursprungslebensräume als regenmoorähnliche Lebensräume angewendet werden kann.

Regenmoore: Ein Rotwild-Eldorado und Mäuse-Paradies

Fangen wir bei der Tierwelt der Regenmoore mit den Säugetieren an, bei denen wohl kaum ein Wissenschaftler versuchen würde, die eine oder die andere Art in die ökologische Kategorie von tyrphobiont oder tyrphophil einzuordnen. Schon deshalb lohnt es sich, bei dieser Tiergruppe mit ein paar Details zu beginnen, denn ob tyrphobiont oder tyrphophil oder gar nichts von beiden: definitiv muss es hin und wieder größere Säugetiere in Regenmooren geben, ansonsten hätte unser verrücktes Moos, das Dungmoos (*Splachnum*), nichts zu fressen. Und tatsächlich kann man so manche größere Art in Regenmooren beobachten, wenngleich nicht stetig, sondern meist nur zu speziellen Anlässen.

Rotwild (*Cervus elaphus*) findet sich in Regenmooren Mitteleuropas gern ein, da es hier sehr ähnliche Bedingungen wie in seinem Ursprungsgebiet, der Waldsteppe, findet (Wagenknecht, 1988). Die Ähnlichkeit des Standortes bezieht sich in diesem Falle sicher nicht auf die Kühle des Mikroklimas, sondern auf die Übersichtlichkeit eines Moores, die im Verhältnis zum dichteren Wald hier ähnlich wie in einer licht bewaldeten Steppenlandschaft gegeben ist. Besonders zur Brunftzeit zieht sich das Rotwild in größere Regenmoore zurück, um dort auf übersichtlichen Brunftplätzen seinem Ritual nachzugehen. Jeder Waldspaziergänger hat sicher schon einmal bemerkt, aus welch großer Distanz gerade Rotwild einen Menschen wahrnimmt. Denn Rotwild ist ein Augentier, was sich in einer halboffenen Waldsteppe entwickelte. Dieses physio-

logische Merkmal kann Rotwild in leicht bewaldeten Regenmooren genauso wie in den steppenartigen mitteleuropäischen Gebirgslagen ausspielen, weshalb sich die Rotwildbestände nach dem Auswildern in Mitteleuropa genau dort am besten erhalten.
Schaut man auf die beträchtlichen Rotwild-Rudel in Großbritannien, könnte man die dortigen Regenmoorlandschaften geradezu als Eldorado für Rotwild bezeichnen. In anderen Gegenden sind gerade die wiedervernässten Regenmoore zum Paradies für Rotwild geworden, da die Tiere hier mehr Ruhe vor der Jagd genießen, zumal solche Moore hier und da unzugänglich für die Jäger geworden sind. Außerdem sind wiedervernässte Regenmoore natürlich viel übersichtlicher als die zuvor entwässerten und bewaldeten Regenmoore. Das Brunftgebaren der Hirsche kann in vielen Regenmooren Mitteleuropas sogar für einzelne Arten der offenen Schlenken von Vorteil sein. Brunftige Hirsche, die den Rivalen ihre Größe und Stärke demonstrieren wollen, reißen hier und da zugewachsene Schlenken wieder auf, schleudern Torfmoose heraus und öffnen damit in Zusammenarbeit mit Wildschweinen (*Sus scrofa*) solche Schlenken wieder. Denn eini-

Das Rotwild als ursprüngliches Waldsteppen-Tier findet ideale Bedingungen in leicht bewaldeten Regenmooren.

ge Torfmoosarten werden durch die von uns Menschen geförderten Stickstoffgaben aus der Luft in ihrem Wachstum so befördert, dass ohne das Zutun der Hirsche ein rasches Zuwachsen von Schlenken die Folge wäre und sie dann für Wasserlebewesen wie Libellen nicht mehr zugänglich wären (Bönsel, 1999). Greift der Mensch durch starke Bejagung in ein solches Rothirsch-Eldorado ein, sorgt er im doppelten Sinne für eine Verschlechterung der Fauna in Regenmooren. Die atmosphärischen Stickstoffgaben organisiert der Mensch durch seine Verbrennungsmotoren, und dass dann zahlreiche offene Schlenken in solchen stickstoffüberfrachteten Regenmooren verloren gehen, verursacht er durch seine Jagdaktivitäten.

Neben Rotwild und Wildschwein gibt es noch viele andere Großsäugetierarten, die durch Regenmoore streifen. Von Rentier (*Rangifer tarandus*), Elch (*Alces alces*) bis zum Wapitihirsch (*Cervus canadensis*) durchstreifen verschiedene Pflanzenfresser in ihrem meist riesigen Territorium auch Regenmoore, und dementsprechend auf Streifzügen oder gar auf der Jagd sind entsprechende Prädatoren wie der Wolf (*Canis lupus*), der Luchs (*Lynx lynx*), der Vielfraß (*Gulo gulo*), verschiedene Fuchsarten (*Vulpini*) oder der Braunbär (*Ursus arctos*) dort zu finden.

Ein paar kleinere Säuger sind hier und da ebenfalls in Regenmooren zu finden. Welche Arten und vor allem in welcher Dichte die Arten zu finden sind, hängt vom Zustand des jeweiligen Moores und im Speziellen vom Durchnässungsgrad der Oberfläche ab. In den trockeneren Bereichen mit reichlich Kräutern und kleineren Bäumen finden sich in so manchem Regenmoor einige insektenfressende Kleinsäuger (*Insectivora*) ein, vor allem wenn diese Moore im Sommer durch trocken gefallene Laggbereiche nahtlos in strukturreiche Umgebungen übergehen, wodurch Kleinsäuger zwischen Regenmoor und Umgebung hin und her wechseln können. In Regenmooren mit trockener Verbindung zur Umgebung gibt es zumindest in den Sommermonaten auch mehr Insekten und Spinnentiere auf den blühenden Bultenpflanzen, die wiederum diese kleinen Prädatoren anlocken.

Bei den Kleinsäugern, die Regenmoore besiedeln, sind es vor allem Arten aus der Gattung der Wasserspitzmäuse (*Neomys*) und der Waldspitzmäuse (*Sorex*), die typische Kleinprädatoren sind, welche Spinnen und Insekten jagen. In Nordamerika kommt zu ihnen noch der Amerikanische Spitzmull (*Neurotrichus gibbsii*) hinzu. Er ist eigentlich eine Regenwaldart, der bis in die nordamerikanischen Regenwälder vordringt, der aber auch in den bewaldeten Regenmooren Nordamerikas zu finden ist. Diese Spitzmullart gehört zur Familie der Maulwürfe des nördlichen Amerikas, lebt aber im Gegensatz zum Europäischen Maulwurf unmittelbar unter der Erdoberfläche, legt sich dort in verrottendem Pflanzenmaterial seine Pfade an und geht auf Spinnen- und Insektenjagd. Spitzmäuse jagen ebenfalls Spinnen und Insekten, tun dies aber im Gegensatz zu den Spitzmullen eher auf der Erdoberfläche. So konnten diese Tiergruppen nebeneinander entstehen und bis heute im selben größeren Lebensraum existieren; die einen jagen knapp unter der Erdoberfläche, die anderen auf der Erdoberfläche. Der Spitzmull liefert auch ein schönes Beispiel, warum in amerikanischen Regenmooren potenziell mehr Arten leben als in europäischen Regenmooren. Denn nur weil in Amerika der südliche Korridor zum Ausweichen in dort verbliebene Regenwälder während der Eiszeiten offen blieb, konnten die Mullarten der nördlichen Regenwälder dorthin ausweichen, mussten nicht aussterben und kolonisierten den Kontinent nach der Eiszeit vom Süden her neu. Heute lebt der Amerikanische Spitzmull neben den Regenwäldern in leicht bewaldeten nordamerikanischen Regenmooren und dort in den Torfmoosschichten des Akrotelms, wo er Springschwänze, Spinnentiere oder dort umherstreifende Insekten jagt.

Aus der Spitzmausgattung *Sorex* lebten sowohl vor den Eiszeiten als auch während der Eiszeiten verschiedene Arten auf der Süd- und Nordhemisphäre, und dort findet man sie auch noch heute. Allgemein existieren aus dieser sehr artenreichen Kleinsäugergruppe viele Arten in Regenmooren. Vertreter der Spitzmausgattung lebten während der Eiszeiten in den Tundralandschaften, die den Gletschern vorgelagert waren. Sie sind mit ihrer Physiologie und ihrem gesamten Lebensrhythmus an Lebensräume angepasst, in denen nur für eine kurze Zeit eine Nahrungsgrundlage besteht und ansonsten absoluter Nahrungsmangel herrscht. So sind die Arten der Tundralandschaften und demgemäß die Arten, die heute auch in Regenmooren leben, in den Frühjahrs- und Sommermonaten Tag und Nacht auf Jagd, um in dieser Zeit des einmaligen Nahrungsangebots im Jahr genügend Ressourcen für die Fortpflanzung und das eigene Überleben zu erlangen. In den anderen Monaten verfallen sie in einen Ruhezustand, ähnlich wie Braunbären, um die Zeit ohne Nahrung zu überstehen. Die Spitzmausarten, die in den mediterranen oder tropischen Klimazonen leben, jagen hingegen das ganze Jahr.

Dort brauchen sie keine Zeit des absoluten Mangels zu überbrücken. Doch auch in diesen Zonen müssen sie Tag und Nacht jagen, denn die Nahrung wird ihnen dort von allen möglichen anderen Arten streitbar gemacht. Die Arten der Tundralandschaften brauchen mittlerweile aber die Ruhezeit der Wintermonate, um ihren Lebenszyklus zu bewerkstelligen. Sie könnten gar nicht mehr ganzjährig aktiv sein. Wir kennen dieses Phänomen von den Dungmoosen der Tundra, wo nur eine Kältephase ein Aufkeimen ermöglicht. Ähnliche Standortfaktoren machten es diesen Kleinsäugern einfach, vom Tundrastandort ins neu entstandene Regenmoor zu wechseln. Und wiederum sind es die zwischen der unmittelbaren Umgebung eines Moores und dem Moor hin und her wechselnden Mäuse, die für den Menschen zu unangenehmen Plagegeistern wurden, worüber noch im Kapitel „Plagegeister und Quälgeister“ die Rede sein wird.

Es soll hier aber auch kein falscher Eindruck erweckt werden, wonach Mäuse nur Plagegeister und Quälgeister sind oder hervorbringen. Im Gegenteil: Aus wissenschaftlicher Sicht gehören gerade die Mäuse zu einer der spannendsten Säugetiergruppen überhaupt, die uns Krankheiten erklären oder uns aufzeigen, wie einfach manchmal eine Anpassung an einen Standort sein kann. Sie sind eine der effizientesten und artenreichsten Gruppen der Säugetiere und haben es geschafft, fast jeden Lebensraumtyp der Erde zu besiedeln; so auch die Regenmoore. In allen Klimazonen leben Spitzmäuse (*Sorex*-Arten): verborgen und effizient. Warum es allerdings eine solch enorme Artenfülle bei den Mäusen (immerhin sind mindestens 120 Gattungen mit mindestens 460 Arten bekannt) gibt, ist bislang ungeklärt. Vermutlich spielte das Zerschneiden von Arealen durch das Verschieben von Kontinenten, durch die Eiszeiten, durch das Entstehen von Gebirgen oder auch durch Regenmoore eine enorme Rolle, weil eine Teilung zur Verinselung führt und eine solche Lage die Evolution regelrecht beflügelt. Die vielerorts von Menschenhand zerstörten oder zumindest gestörten Regenmoore werden zur Klärung dieses evolutionären Phänomens wohl keine Fakten mehr liefern, denn in diese Moore wandern mittlerweile alle möglichen Mäusearten ein und aus. Es sind nicht mehr nur die Arten, die aufgrund der ähnlichen Standortfaktoren ihrer Ursprungshabitate nur Regenmoore besiedeln. Doch insgesamt ist das Wissen über Mäuse für uns Menschen ein sehr wichtiger Aspekt, denn schließlich – und jetzt komme ich doch wieder zu den

Plagegeistern und Quälgeistern – entscheidet das Wissen über die Ökologie der Mäuse, ob wir bestimmte Krankheiten für uns Menschen richtig einschätzen.

Eine Kampfarena für balzende Birkhühner

Kommen wir von den Säugetieren nun zu den Vögeln. Die Vögel sind wohl von allen Tieren die am besten erforschte Gruppe auf der Erde (Reichholf, 2014). Mit nur wenigen Ausnahmen sind die meisten Vogelarten tagaktiv wie wir Menschen. Die Größe der Vögel kommt unseren Möglichkeiten, sie ohne aufwendige Hilfsmittel zu beobachten, entgegen. Die Gefiedermerkmale und der Gesang lässt sie leicht voneinander unterscheiden, was nach Reichholf (2014) die gute Durchforschung dieser Tiergruppe ausmacht. So findet man recht viele Publikationen über Vögel – selbst über Vögel in Regenmooren. Es werden sogar wieder Abhängigkeiten von Vogelarten gegenüber Regenmooren postuliert (Clemens, 1990). Doch auch bei dieser Tiergruppe ist die hier und da suggerierte Tyrphobiontie nur eine Erscheinung, die einzelne Abschnitte des Areals betreffen, niemals aber für das Gesamtareal einer Art gelten, wie es Peus 1932 auch schon für die Vögel erklärte. So ist das Birkhuhn (*Tetrao tetrix*) in weiten Teilen der Britischen Inseln, wie bei den Säugern das Rotwild, eine Charakterart der Moorgebiete (Baines & Hudson, 1995). Eingewandert ist aber auch diese Art aus den kalten Waldsteppenlandschaften (Klaus et al., 1990). Wie genetische Untersuchungen an einer Vielzahl von Arten zeigten, sind alle Rauhfußhühner (*Tetraoninae*) miteinander verwandt und haben sich hauptsächlich im Laufe des Pleistozäns in verschiedene Arten aufgespalten (Gutierrez et al., 2000). Das Pleistozän war das Erdzeitalter vor dem heutigen, dem Holozän, wo sich Warmzeiten und Eiszeiten mehrmals abwechselten. Große Landschaftsräume der Süd- und Nordhalbkugel waren in dieser Epoche über lange Zeiträume vereist. Für viele Jahrtausende zerschnitten die Eismassen ursprünglich zusammenhängende Areale, was anscheinend die Artbildung bei den Rauhfußhühnern vorantrieb (Klaus et al., 1990; Gutierrez et al., 2000).

Von allen heute vorkommenden Rauhfußhühnern scheint das Verhalten, die Lebensweise und die Physiologie der Birkhühner, die sich in kalten Waldsteppenlandschaften evolvierten, am besten zu den neu entstandenen Landschaftsgebilden der Regenmoore zu passen, weshalb diese Vögel diese Gegenden sukzessive besiedelten. Die Regenmoore dürf-

Birkhühner besetzen zur Balz eine Arena, in der die schwarz gefärbten Hähne um die Gunst der Hennen kämpfen. Viele Tage sind die Hähne auf der Balzarena, die braungescheckten Hennen kommen nur kurz vorbei, wählen die scheinbar kräftigsten Hähne für die Begattung und verschwinden wieder.

ten vor allem für das artspezifische Balzritual günstig sein. Die meisten Vogelarten bilden gleichmäßig über die geeigneten Lebensräume verteilte Reviere, in denen sie jährlich paarweise zur Fortpflanzung schreiten. Nicht so beim Birkhuhn und einigen anderen wenigen Vogelarten, wie zum Beispiel noch beim Kampfläufer (*Philomachus pugnax*), der für Niedermoore typisch ist. Beim Birkhuhn treffen sich jährlich über Jahrzehnte hinweg auf demselben Gemeinschaftsbalzplatz erst die männlichen Tiere (Hähne), wo sie kleine Reviere markieren und diese sehr kämpferisch verteidigen. Diese rein männliche, über mehrere Wochen geführte Balz beginnt im zeitigen Frühjahr, selbst wenn noch Schnee die Regenmoore bedeckt. Sehr viel später, meist in der zweiten Aprilhälfte, finden sich die Hennen an den Balzarenen ein. Sie sitzen dann am Rand der Arena, meist auf Solitärkiefern, und wählen von dort die Hähne aus, mit denen sie sich einmal paaren, um dann gleich nach einer einzigen Begattung wieder zu verschwinden. Solche Balzarenen sind an den Kiefern, von denen aus die Hennen ihre Ausschau halten, zu jeder Jahreszeit gut zu erkennen, denn nahezu alle Kronen von größeren Kiefern um solche Balzplätze sind abgeflacht, da die Birkhühner hier sämtliche Wachstumsknospen der oberen Äste abgebissen haben. Die Begattung durch einen Hahn scheint für die Befruchtung aller Eier einer Henne beim Birkhuhn auszureichen, denn bislang wurden fast nur Einzelpaarungen beobachtet (Klaus et al., 1990). Auf die älteren Hähne in den zentralen Revieren der Balzarenen entfallen die meisten Begattungen, viele andere Hähne gehen leer aus. Doch sukzessive kämpfen sich auch die Junghähne ins Zentrum einer Balzarena und sind dann die Paarungspartner. Das hier vorliegende Paarungssystem erscheint wie Polygynie, wo ein Mann mit mehreren Frauen eine Partnerschaft eingeht. Tatsächlich handelt es sich aber nicht um echte Partnerschaften und schon gar nicht wählen die Männchen, sondern die Hennen. Jedes Jahr suchen sie sich ihren Mann neu aus. Polyandrie, wobei Weibchen mit mehreren Männchen eine Partnerschaft eingehen, liegt bei diesen Vögeln auch nicht vor, denn die Hennen wählen jährlich neu nur einen Hahn für die Begattung aus. Sicher gibt es Ausnahmen. In der Regel reicht einer Henne aber ein Mann. Nach welchen Kriterien ausgewählt wird, ist noch völlig unklar (Klaus et al.,

Knallrote, prächtige Federröschen über den Augen kennzeichnen alte, kampfeslustige Birkhähne.

1990). Es gibt mehrere Möglichkeiten. Die Hennen sind für die Brut und Aufzucht der Jungen allein zuständig, womit sie die größte Last für den Nachwuchs tragen und deshalb die Wahl der Befruchtung ihrer Eier treffen. Bei den höheren Lebewesen ist dieses Verhältnis der Lasten gegenüber dem Nachwuchs fast immer weibchenlastig, deshalb suchen fast immer die Weibchen die Männchen aus. Nach welchen Kriterien gewählt wird, dafür gibt es bei nahezu allen Tiergruppen mehrere Möglichkeiten, die bei fast keiner Art absolut geklärt sind (Zrzavy et al., 2013).

Durch intrasexuelle Selektion dürften beim Birkhahn als Sexualmerkmale der Spiegel und die knallrot leuchtenden Federröschen über den Augen entstanden sein. Evolutionsökologisch kann man solche männlichen Sexualmerkmale natürlich unterschiedlich deuten. Aber gehen wir von relevanten Merkmalen aus, dann scheinen prächtige, kampfesmutige Hähne sich über das Jahr gut ernährt zu haben, waren gegenüber Parasiten sehr vital und dementsprechend müssten sie gute Gene für die Nachkommen liefern. Denn die Vitalität solcher Hähne zeigt, dass sich ihre Gene bislang recht gut in der Natur durchgesetzt haben. Wenn zukünftige Hähne ähnlich prächtig werden wie die Väter, dann werden diese wiederum von den zukünftigen Hennen für die Fortpflanzung ausgewählt. Das sichert der wählenden Henne nicht nur Erfolg für ihre direkten Nachkommen, sondern liefert durch das Weitergeben der Gene hinweg eine Sicherheit (Zrzavy et al., 2013). Sexualmerkmale sind auffällig, und dies nicht nur für die Weibchen, sondern ebenso für Prädatoren. Der Auffälligkeit gegenüber Prädatoren gehen Birkhähne jedoch aus dem Wege, indem sie mit dem Kampfgeschrei und mit den Kämpfen bereits in der Dunkelheit beginnen und schon unmittelbar nach Sonnenaufgang alle wieder vom Balzplatz verschwinden. Was immer es für die Weibchen ist, das sie die Männchen auswählen lässt: der ökologische Hintergrund für die Auswahl der Arena im Regenmoor dürfte wohl die Übersichtlichkeit des Geländes sein, auf dem sich viele Männchen zum potenziellen Kampf treffen können und die Weibchen aus allen wählen dürfen.

Die verschiedenen Landschaften, die das Birkhuhn besiedelt, sind gekennzeichnet durch den Wechsel zwischen offenen und waldähnlichen Formationen mit reichlich Krautschicht. Die offenen Areale werden für die Gemeinschaftsbalz benötigt, die strukturierten Bereiche für die Nahrungsbeschaffung. Die Landschaften mit Birkhuhn-Vorkommen, vor allem handelt es sich dabei um die Übergänge von Regenmooren in Waldlandschaften, könnte man salopp als Kampfzonen des Waldes bezeichnen (Scherzinger, 1976). Birkhühner müssen zur Balz die offenen Bereiche aufsuchen, zum Schutz vor Prädatoren aber wieder in die Deckung zurückwechseln können. Diese Mobilität entwickelte sich in den Waldsteppenlandschaften. Welches nun genau die proximaten Mechanismen und welches die ultimaten Ursachen für eine gemeinschaftliche Balz auf offenen Flächen sind, wird man wohl nie endgültig klären, da sich bei Tierarten mit solch großen Revieren auch keine entsprechenden Experimente durchführen lassen, sondern nur Rückschlüsse gezogen werden können. Dass die Offenheit einer Regenmoorfläche für die Balz von Vorteil ist und deshalb Birkhühner in diesen Landschaften zu finden sind, steht aber außer Frage.

Um den Nachwuchs zu ernähren, dafür dürften die Flächen der Regenmoore allein nirgendwo ausreichen. Als wichtige Nahrungsflächen sind die Laggzonen und vielerorts sogar noch die strukturreichen Umgebungen der Regenmoore von Bedeutung. Ob Laggzone, strukturierte Bulten mit Kräutern oder die Umgebung eines Moores: die Strukturen müssen Insekten anlocken, um die Küken mit den anfangs notwendigen Proteinen zu versorgen (Borchtchevski & Kostin, 2014). Der langgestreckte Darmtrakt der Rauhfußhühner mit Blinddarm als funktionstüchtigem Organ muss sich erst entwickeln, erst dann können adulte Birkhühner von Pflanzennahrung leben.

Insekten sind in den Ursprungsräumen der Waldsteppen und Tundralandschaften sowie in den Klimazonen der Regenmoore nicht zu jeder Jahreszeit vorhanden. Die langen Winter grenzen das Insektenvorkommen erheblich ein. Die höchste Abundanz von Insekten findet man in diesen Regionen von Juni bis August. Deshalb balzen und paaren sich die Birkhühner möglichst früh im Jahr, um schon zu Beginn der Insektenhäufigkeit mit den Küken durchs Revier zu spazieren. Ameisen sind ab Juni in jedem Regenmoor und deren Umgebung in vollem Gange und liefern den Küken ausreichend Proteine. Wenn Insekten vorzugsweise nur von Juni bis August gut zu finden sind, dann muss sich ein Huhn dieses Klimaraumes über die Hälfte eines Jahres von Pflanzenmaterialien ernähren können, um zu überleben.

Raufußhühner sind tatsächlich an solche herben Bedingungen sehr gut angepasst. Die befiederten Füße, wonach sie ihren Namen bekamen, schützen sie vor Kälte. Pflanzliche Nahrung zersetzen sie in ihrem langgestreckten Darmtrakt, zu dem auch aktive

Sobald die Kraniche nach dem Winter im Revier ankommen, vollführen sie Balztänze.

Blinddärme gehören. Die meisten Blütenpflanzen der Regenmoore sind aufgrund von Hungerformen recht herb. Nadeln von Waldbäumen sind ebenfalls herb und schwer verdaulich. Doch die Rauhfußhühner schaffen es, aus dieser schwer verdaulichen Nahrung die hochwertigen Ressourcen herauszufiltern. Sie setzen Mahlsteine ein, die die Nahrung im Verdauungstrakt zerreiben und damit die Oberfläche der Nahrungssubstanz vergrößern. Den Rest erledigen wiederum die Bakterien. Dafür müssen die Hühnervögel regelmäßig harte Substanzen oder echte Steinchen aufnehmen. Schon allein deshalb kann es zwischen Birkhuhn und Regenmoor keine absolute Koinzidenz geben, denn harte, steinige Substanz ist wohl kaum im Regenmoor zu finden. Entscheidend für die Existenz aller Rauhfußhühner in ihren herben Landschaften mit langen Wintern und schwer verdaulichen Nahrungsgrundlagen ist also der Blinddarm. Die Bakterien des Blinddarms zerlegen den Nahrungsbrei und liefern dem Birkhuhn daraus die lebensnotwendigen Stoffe. In Notzeiten des Winters, wo die Birkhühner manchmal tagelang keine Nahrung finden oder diese erst aufgetaut werden muss, kann der Blinddarm sogar Stickstoff aus dem Urin recyceln (Gremmels, 1986). Außerdem haben Birkhühner einen sehr großen Kropf, in dem sie im Winter gefrorene Nahrung sammeln und auftauen, bevor diese in den Verdauungstrakt gelangt (Schumacher, 1925). Birkhühner evolvierten sich also bestens an die Rauheit von kalten und kargen Steppenlandschaften, weshalb sie in sämtlichen Eiszeiten in den Gletschern vorgelagerten eisfreien Gebieten überleben konnten und von dort aus relativ rasch die neu entstandenen Regenmoore mit ganz ähnlichen Standortfaktoren besiedelten. In vielen Gegenden, wo historisch Birkhühner vorkamen, dürfte die klimatische Rauheit immer noch bestehen. Jedoch ist die Strukturiertheit der Umgebung von Regenmooren und der Regenmoore selbst verlorengegangen, weshalb diese Hühnervögel dort nicht mehr genügend Insektennahrung für ihre Küken finden und aus vielen Regenmooren Mitteleuropas mittlerweile verschwunden sind. Bewalden die Regenmoore, weil sie entwässert sind, verschwinden die offenen Balzplätze. Auch dies könnte ein Grund dafür sein, warum die Birkhühner aus diesen Landschaftsformen verschwanden. Das Birkhuhn ist kein reines Waldhuhn wie der Auerhahn, es braucht zumindest für die Paarung einen offenen Gemeinschaftsbalzplatz. Fehlt dieser und die Paarung kann daher nicht mehr stattfinden, geht eine Art natürlich verloren.

Sonstige Vögel

Aus den verschiedenen Vogelgruppen finden sich neben den Hühnern hier und da noch andere Arten in Regenmooren ein. Ein nordamerikanischer Waldsänger (*Dendroica palmarum*) aus der Familie der Waldsänger (*Parulidae*) hat im Norden der USA und in Kanada seine Brutgebiete in Regenmooren (Johnson & Worley, 1985). Die Waldsänger sind eine artenreiche Familie, deren Heimat auf Süd-, Mittel- und Nordamerika beschränkt ist. Evolutionsökologisch steckt in dieser Familie besonders viel Forschungspotenzial, da sich sämtliche Arten während der Eiszeiten in die Mitte des amerikanischen Kontinents zurückziehen mussten, von wo aus in den Warmzeiten neue Artaufspaltungen dieser Artengruppe in die unterschiedlichsten Lebensräume begannen (Milot et al., 2000; Mila et al., 2007; McKay, 2009). Einige Waldsänger-Arten ziehen heute bis weit in den Norden Amerikas, wie der Palm-Waldsänger, um dort ihr Brutgeschäft zu vollziehen, wonach sie sich wieder in den tropischen Teil zurückziehen, wo sie förmlich schon immer ihren Ursprung hatten. Überall auf der Welt sind die meisten Brutvögel der arktischen und

Brutvögel der Laggzonen von nördlichen Regenmooren sind z. B. der Kranich und der Singschwan, da ihre Nester in den nassen Bereichen der Laggs einigermaßen vor Prädatoren geschützt sind.

borealen Zonen sowie sehr viele Arten der gemäßigten Zonen immer noch Zugvögel. Sie ziehen im Winter in wärmere Gebiete, um im Sommer den langen Weg stets wieder zurückzufinden.

Warum nehmen die Arten solche Strapazen auf sich? Warum haben sich solche Arten überhaupt erst evolviert und sind nicht einfach auf den tropischen Teil der Welt beschränkt geblieben? Der Grund ist einfach: Die Nahrungsressourcen sind in den borealen, gemäßigten Zonen im Sommerhalbjahr viel höher als die in den tropischen Lebensräumen. Die Zugvogel-Arten haben sogar durchweg mehr Eier in ihren Nestern als Arten der gleichen Familien aus tropischen Gebieten. Diese erhöhte Produktivität entstand keinesfalls, um einfach potenziell höhere Verluste beim Zug auszugleichen. Nein, Zugvögel bekommen mit den Ressourcen und durch die längeren Tageszeiten im Sommer tatsächlich mehr Nachwuchs satt (Reichholf, 2014). Die Ressourcen an Insekten und mineralstoffreicher Pflanzennahrung sind inmitten von Regenmooren natürlich nicht ausreichend hoch. Meist sind es nur die strukturreichen Laggzonen, die Regenmoore für einzelne Singvogelarten interessant machen. Das Regenmoor wird dann ein Teilgebiet im Gesamtbrutgebiet einer Art.

Nur beim nordamerikanischen Palm-Waldsänger ist es anders. Er hat sich aus dieser artenreichen Vogelgruppe auf die nassen Standorte wie Regenmoore spezialisiert. In Amerika kann er tatsächlich von der Laggzone der Regenmoore leben, da allein die Spiersträucher genügend Insekten beherbergen und bei voller Blütenpracht zahlreiche Insekten anlocken, welche die Palm-Waldsänger im Fluge wegfangen. Es ist im amerikanischen Bereich der Regenmoore also die besondere blühende Strukturvielfalt der Laggzonen, die spezifische Vogelarten zu arealbedingten tyrphobionten Arten machte.

Von Ökologen werden die Übergänge von einem Lebensraum in den anderen als Ökotone bezeichnet. Generell gelten Ökotone als artenreich, weil sich dort eben verschiedene Standortfaktoren mischen, wo einzelne Arten nicht mehr ihr Optimum vorfinden, sondern aus der Mischlage herausfiltern müssen (Bornkamm, 1993; Miller et al., 1997). In Regenmooren sind die artenreichen Ökotone die Laggs, das gilt sowohl für die Flora als auch für die Fauna. Von Art zu Art ist der Aspekt, warum sie nun genau diesen Übergangsraum nutzt, recht unterschiedlich. Bei den Vögeln findet man in den Laggzonen sehr häufig die Brutnester des Kranichs (*Grus grus*) und weiter im Norden teils unmittelbar daneben noch das

Nest vom Singschwan (*Cygnus cygnus*). Die Nester werden in das mindestens kniehohe Wasser gebaut, indem Pflanzenmaterial so lange aufgeschichtet wird, bis eine kleine Insel entstanden ist. So sind die Eier und der Brutvogel selbst einigermaßen vor Prädatoren geschützt. Dies ist für diese Vögel der einzige Grund, warum sie in Regenmooren bzw. in Teilarealen der Regenmoore brüten. Die Nahrung für ihre Jungvögel müssen sie wieder ganz woanders suchen.

Wieder andere Vogelarten nutzen die Regenmoore aufgrund ihrer Übersichtlichkeit, wenngleich aus anderen Motiven als die Birkhühner. Wenn einzelne ältere Bäume inmitten von Regenmooren gedeihen, zum Beispiel auf mineralischen Durchragungen, dann finden sich inmitten dieser Moore auf günstig anzufliegenden Solitärbäumen richtig große Greifvögel als Brutvögel ein. So brütet in nicht wenigen Regenmooren Mitteleuropas der Seeadler (*Haliaeetus albicilla*), im skandinavischen und baltischen Raum sogar der Steinadler (*Aquila chrysaetos*), den man sonst eher aus Gebirgslandschaften kennt. Für die majestätischen Vögel mit ihren enormen Flügelspannweiten ist die Übersichtlichkeit in der Form von Bedeutung, dass die potenziellen Bäume für ihre großen Nester frei stehen und damit überhaupt erst von den riesigen Vögeln angeflogen werden können. Ihre Nahrung beziehen auch diese Arten wieder aus der weiteren Umgebung der Regenmoore.

Fische und Amphibien

Fische fehlen in der Regel im Regenmoor, obwohl größere Kolke inmitten von Binnenland-Regenmooren einen gewissen Raum für Fische bieten könnten. Die Isoliertheit ist ebenfalls kein Siedlungshemmnis. Viele Fische werden durch Entenvögel verbreitet, indem diese den Laich an ihren Füßen tragen und ihn in andere Gewässer einbringen (Riehl, 1991; Schmidt et al., 1991). Das Hemmnis, warum inmitten von intakten Regenmooren keine Fische vorkommen, ist die Versauerung (Acidität) des Regenmoores. Bei pH-Werten um vier werden Fische kränklich, weshalb sie langfristig nicht in den von Torfmoosen beeinflussten Flächen überleben. Erst in den Randgebieten, den Laggs, sowie in den Entwässerungsgräben kann man einzelne Fische finden. In den Laggs, wo sich das Wasser aus der Umgebung mit dem aus dem Moor mischt, löst sich das saure Wasser auf. Fischarten mit einer hohen ökologischen Potenz können im Lagg durchaus vereinzelt leben, solange das Lagg ganzjährig wasserführend ist. Amphibien vertragen ebenfalls

Der Moorfrosch laicht gerne in den Laggzonen der Regenmoore. Blau sind die Männchen aber nur in Mitteleuropa während der Paarungszeit. Im nördlichen Skandinavien bleiben sie ähnlich schlicht graubraun wie die Weibchen (Elmberg, 2008).

keine ganz sauren Verhältnisse, dafür ist ihre sensible Haut nicht ausgelegt. Wie bei den Fischen kommen erst am Rand, den Laggs, einzelne Amphibien vor. Insbesondere der Moorfrosch (*Rana arvalis*) ist in Laggs der nordischen Regenmoore häufig vertreten (Elmberg, 2008). Im Gesamtareal besiedelt der Moorfrosch die verschiedensten Gewässertypen, weshalb ihm eine hohe ökologische Potenz nachgesagt wird. Früher nahm man an, der Moorfrosch hätte sein Areal nach der Eiszeit aus den asiatischen Tundra- und Waldsteppenlandschaften auf Europa ausgedehnt (Stugren, 1966). Mittlerweile ist bekannt, dass es in Europa während allen Eiszeiten ebenfalls Gewässer in Tundra- und Waldsteppenlandschaften gegeben hat, und zwar – wie schon erklärt – in den Bereichen, die den Gletschermassen vorgelagert waren. Unsere Regenmoore selbst haben mit ihren gespeicherten Pollen dieses Geheimnis preisgegeben, beziehungsweise die Niedermoore, die unter den heutigen Regenmooren liegen.

Neueste genetische Untersuchungen suggerieren nun sogar, dass der Moorfrosch ursprünglich aus Europa stammt und von hier aus das asiatische Areal sukzessive besiedelte (Rocek & Sandera, 2008). Fossile Funde gibt es bislang zudem nur aus Europa und nicht aus dem asiatischen Arealbereich. Europa als autochthoner Ursprung der Art liegt damit nahe. Für den Moorfrosch sind Regenmoore also nicht einmal verbliebene Refugien nach der Eiszeit, sondern die Laggzonen waren zusätzliche Gewässertypen, die nach der Eiszeit entstanden sind und von ihm kolonisiert wurden. Jede Art versucht ständig, ihr Areal zu erweitern. Da der Moorfrosch in der Nachbarschaft von neu entstandenen Regenmooren schon immer lebte, war es für ihn ein Leichtes, diese neuen Lebensräume zu besiedeln. Heute, nach vielen Jahrtausenden gletscherfreier Korridore und nachdem sich die Areale vieler Amphibien in Europa, Asien und Amerika verändert haben, ist es gar nicht mehr so einfach zu ergründen, welche Art nun welche genauen Standortansprüche stellt und warum die eine Art dort vorkommt, die andere kaum, gar nicht oder nicht mehr. Die Areale der Arten vermischen sich, wie im gesamten Verbreitungsgebiet des Moorfrosches (*Rana arvalis*) und des Grasfrosches (*Rana temporaria*) sich beide Arten vermischen.

In Norwegen scheint der Grasfrosch den Moorfrosch in der Ausbreitung sogar gerade abzulösen (Dolmen, 2008). Der Grasfrosch weist schlichtweg eine noch größere ökologische Potenz auf als der Moorfrosch und kann deshalb noch mehr unterschiedliche Gewässertypen besiedeln. Ich vermute, dass der Grasfrosch zudem vielmehr eine Waldart ist und demnach in den bewaldeten Landschaften der gemäßigten Zone besser überleben kann als der Moorfrosch. Für den Moorfrosch, der aus den halboffenen Landschaften stammt, die es zwischen Nordgletschern und Südgletschern während der langjährigen Eiszeit zur Genüge in Europa gab, ist in der gemäßigten Zone des Kontinents momentan die Zeit von günstigen Standortfaktoren einfach vielerorts vorbei, da selbst ohne Zutun des Menschen außerhalb der Moore jetzt Wald aufwächst und halboffene Landschaften verlorengehen. In Mitteleuropa verändert der Mensch zudem noch die verbliebenen letzten halboffenen Landschaften extrem negativ für den Moorfrosch, indem er zahlreiche Kleinstgewässer versiegen lässt.

Betrachtet man alle Regenmoore im Areal des Moorfrosches, ist er tendenziell noch häufiger dort zu finden als der Grasfrosch mit höherer ökologischer Potenz, und das selbst im gesamten Überlappungsareal beider Arten (Elmberg, 2008). Besonders auffällig ist das an den Arealgrenzen des Moorfrosches wie in Frankreich

(Godin et al., 2008). An den Arealgrenzen besiedelt jede Art immer die Standorte, die ihrem Optimum am nächsten kommen (Sedlag, 1995). Also müssen die Regenmoore schon irgendeinen Standortfaktor aufweisen, der sie für den Moorfrosch interessant macht. Meine Vermutung ist, es könnte wiederum die relative Offenheit von Regenmooren sein, die der Tundra- und Waldsteppenlandschaft ähnlich ist, und damit an der Arealgrenze genau diesen Vorteil gegenüber dem Grasfrosch ausmacht.

Die Paarungsrufe der Moorfrösche ähneln einem Blubbern, das weithin zu hören ist. Weit hörbar mussten die Rufe auch sein, denn in einer Tundra- und Waldsteppenlandschaft lebten die Tiere im Sommerlebensraum weit verstreut, um alle ausreichend Nahrung zu finden. In diesen Landschaften besteht kein dichter, reich gedeckter Nahrungstisch. Die Laichgewässer dürften in diesen Landschaften auch schon immer gewechselt haben, nämlich je nach Wasserstand. So mussten die Männchen die Weibchen stets dorthin locken, wo im Frühjahr genügend Wasser anstand, und zwar so viel, dass es bis in den Frühsommer reichte, wenn die Metamorphose vom Ei bis zum fertigen Amphibium abgeschlossen ist. Das Kullern der Birkhühner ist ähnlich weit zu hören und es hört sich sogar sehr ähnlich an wie das Blubbern von hunderten Moorfröschen. Demnach könnten diese ähnlich klingenden Lautäußerungen von Birkhuhn und Moorfrosch etwas mit dem Anlocken auf weite, offene Entfernungen zu tun haben. Die Ähnlichkeit des Kullerns vom Birkhuhn und das Blubbern der Moorfrösche könnte aber genauso gut ein reiner Zufall sein, was dann zumindest zum mystischen Lebensraum eines Regenmoores passen würde.

Vom Wunder des Lebendgebärens bei Reptilien

Kommen wir jetzt zu den Reptilien, die ganz eigene ausgefallene Anpassungen mitbrachten, um Regenmoore kolonisieren zu können. Die Waldeidechse (*Lacerta vivipara*) kann als Modellorganismus, wie sie Burkhard Thiesmeier treffend bezeichnete, sowohl kalte als auch warme Landschaften besiedeln. Als Modellorganismus wurde diese Art charakterisiert, weil sie von Lebendgebärend auf Eierablegend umschalten kann. Die Nominalform, also die ursprüngliche Form bei dieser Art, war lebendgebärend (Thiesmeier, 2013), wenngleich weltweit das Eierlegen die typische Form für Reptilien ist.

Die Waldeidechse kommt aus kalten Landschaften: den Kaltsteppen. Vermutlich hat sie sich dort irgendwann von der Ausgangsreptilienart, die Eier legte, durch die Form des Lebendgebärens abgespalten, konnte somit in kalten Landschaften überleben und wurde langfristig eine eigene Art. Diese Strategie machte sie in kalten Lebensräumen gegenüber anderen Reptilien nahezu konkurrenzlos, da kaum ein anderes Reptil diese Form des Nachwuchsbekommens beherrscht. Als die Regenmoore entstanden, wurden diese neuen, über viele Monate nasskalten Lebensräume rasch besiedelt, da jede Art stets versucht, ihr Areal auszuweiten. Wenn eine Art mit ihrer Lebensweise gegenüber anderen Arten im Vorteil ist, gelingt eine solche Besiedlung meistens relativ rasch. Um Tyrphobiontie handelt es sich beim Beispiel der Waldeidechse aber auch nicht. Dass Waldeidechsen in Regenmooren vorkommen, hat allein mit ihrer physiologischen Möglichkeit des Lebendgebärens zu tun, abgesehen von der Tatsache, dass jede Art stets versucht zu expandieren.

Die meisten Reptilienarten sind aber bis heute beim Eierablegen geblieben. Warum bringt das Lebendgebären in kalten Landschaften dennoch einen Vorteil? Abgelegte Eier müssen ausgebrütet werden, wie wir es von den Vögeln kennen. Oder die Eier müssen durch externe Wärme ausgebrütet werden. Die meisten Reptilien lassen ihre Eier durch externe Wärme ausbrüten. Externe Wärme kann Sonnenwärme sein oder eine Kombination von Abwärme, die bei der Zersetzung von organischem Material entsteht, und Sonnenenergie. Weltweit dürfte die reine Sonnenwärme die meisten Eier der Reptilien ausbrüten. Jeder hat schon einmal beobachtet oder im Fernsehen gesehen, wie Schildkröten, Krokodile, Chamäleons, Eidechsen oder Schlangen ihre Eier in selbstgegrabenen Gruben ablegen, das Loch anschließend mit leichtem Material bedecken und diesen Ort gegebenenfalls dauerhaft oder temporär bewachen oder ihn sofort wieder verlassen. Die Energie für die Embryonalentwicklung liefert in diesen Fällen die Sonne. Je nach Größe und damit Auffälligkeit von solchen Gruben und je nach Dichte von möglichen Prädatoren für die Eier im Eiablagegebiet werden diese Nester bewacht oder sofort nach dem Eiablegen wieder verlassen, damit potenzielle Prädatoren gar nicht erst aufmerksam werden. Es liegt auf der Hand, dass gerade die kleineren Reptilien möglichst unbemerkt die Eier ablegen und das Nest sofort wieder verlassen.

Reptilien der waldigen Landschaftszonen nutzen neben der Sonnenenergie noch die Abwärme aus Vermoderungsprozessen. Jeder kennt das Dampfen der Komposthaufen im Sommer, was auf Abwärme hinweist. Genau deshalb legen Ringelnattern oder die Eier legenden Waldeidechsen ihre Eier in oberflächlich vermoderndes organisches Material ab, wo sie die Abwärme eines natürlichen Biogaskraftwerkes nutzen. Der Wärmehaushalt für abgelegte Eier ist somit selbst in nicht stetig von der Sonne beschienenen Landschaften gesichert. Beispielsweise kommt die Sonnenwärme im Wald bei weitem nicht in der Intensität und Stärke am Boden an wie in einer offenen Landschaft. Deshalb greifen Tiere, die in Waldlandschaften leben und ihre Eier nicht selber ausbrüten oder gleich lebend gebären, auf Abwärme der natürlichen Biogaskraftwerke zurück.

Wir erinnern uns: In Regenmooren gibt es keine oberflächliche Vermoderung von organischem Material. Die lebenden Torfmoose wachsen manchmal schnell, manchmal langsam, aber stetig nach oben und nach unten wird stets totes organisches Material als Torf konserviert. Hier entsteht keine nennenswerte Abwärme durch biologische Zersetzung, sondern eher immer wieder etwas Verdunstungskälte, wenn im Sommer Feuchtigkeit aus dem Regenmoor verdunstet. Allein die braunen, offenen Wasserbereiche stellen im Sommer kleinere Wärmeinseln inmitten eines eher kalten Lebensraumes dar. Die Reptilien entwickeln ihre Eier aber nicht im Wasser. Deshalb muss ein Reptil, welches im Regenmoor leben will, lebendgebären oder es kann diesen Lebensraum nicht besiedeln. Die Waldeidechse kann es, genauso wie die Kreuzotter (*Vipera berus*), die ebenfalls lebendgebärend ist (Schiemenz, 1995; Völkl & Thiesmeier, 2002). Da die Waldeidechse sogar zwischen lebendgebärend und eiablegend wechseln kann, besiedelt sie im Verhältnis zu allen anderen Reptilien ein riesiges Verbreitungsareal (Thiesmeier, 2013).

Natürlich muss Beute in jedem noch so unwirtlichen Lebensraum vorhanden sein, sonst kommt auch keine lebendgebärende Reptilienart vor. Neben Beute sind Möglichkeiten zum Unterschlupf und relativ trockene Bereiche für die Überwinterung essenziell für ein Überleben. In Regenmooren mit ausgeprägten Bultenstrukturen gibt es genau diese trockeneren Unterschlupf- und Überwinterungsbereiche. Beute findet sich im Regenmoor sicher weniger als in anderen Lebensräumen. Für die Waldeidechse, die sehr kleine Arthropoden jagt (Thiesmeier, 2013), dürften in den Frühlings- und Sommermonaten aber genügend Nahrungsressourcen bestehen.

Im nasskalten Regenmoor, wo abgelegte Eier nicht durch die Abwärme aus Zersetzungsprozessen ausgebrütet werden, gebärt die Waldeidechse ihren Nachwuchs lebend. Wie das Foto zeigt, sind die Waldeidechsen zudem typische Träger und damit Verbreiter von Zecken.

Die Kreuzotter, die größere Beute benötigt und mitunter selbst die Waldeidechse auf ihrem Speiseplan hat, hat es hingegen schwer, nur in Regenmooren zu überleben, weshalb das Moor fast überall im Kreuzotter-Areal nur ein Teilbereich des Gesamtlebensraumes ist. Leben Kreuzottern ausschließlich in Regenmooren, gibt es in diesen Mooren großflächige trockene Sukzessionsstadien (van Wijngaarden, 1959; Völkl & Biella, 1993; Bönsel & Runze, 2005), die entweder durch systemimmanente Faktoren entstanden, meist aber auf klimatische und/oder anthropogene Veränderungen zurückzuführen sind. Trockene Bereiche bedeutet, es leben größere Beutetiere im Moor, wie Mäuse, die die bevorzugte Beute der Kreuzotter sind. Die Dichte der größeren Beutetiere bestimmt die Größe eines Kreuzotterreviers, und die Beständigkeit der Beute wiederum hat Einfluss auf die Beständigkeit eines Kreuzotterreviers (Andren, 1982; Andren & Nilson, 1983; Völkl, 1989). Die Abundanz von potenzieller Beute und die Größe von potenzieller Beute entscheiden, ob Waldeidechse und Kreuzotter zusammen in einem Regenmoor vorkommen, was aber meist der Fall ist.

Die Kreuzotter (Vipera berus) gebärt ebenfalls lebenden Nachwuchs und kann deshalb wie die Waldeidechse kalte Lebensräume besiedeln.

Beute, Unterschlupf und Überwinterungsmöglichkeiten müssen vorhanden sein, aber auch die Kälte, damit die lebendgebärende Waldeidechse überhaupt eine Dottereinlagerung beginnt, aus der sich dann Jungeidechsen entwickeln. Das ist verrückte Evolution. Die meisten Reptilien brauchen Wärme, um zu überleben, die Waldeidechse der Regenmoore hingegen mindestens zwei Monate Kälte, wie die Französin Jacqueline Gavaud experimentell beweisen konnte. Wurden weibliche Waldeidechsen ganzjährig im Labor bei hohen Temperaturen zwischen 18 und 30 Grad Celsius gehalten, unterblieb bei 90 % aller Tiere eine Dottereinlagerung im Frühjahr. Wenn die Weibchen für zwei bis fünf Monate bei niedrigen Temperaturen gehalten wurden, die kurzzeitig maximal auf 10 Grad Celsius ansteigen durften, reagierten die meisten Tiere bei steigenden Temperaturen wie im Frühjahr mit dem Wachstum von Eiern, denen eine Dottereinlagerung folgte (Gavaud, 1983). Bei weiteren Experimenten konnte die Französin zeigen, dass sogar ein 24-Stunden-Rhythmus zwischen Wärme und Kälte erforderlich ist, damit ein erfolgreicher Ovarialzyklus bei der Waldeidechse abläuft (Gavaud, 1991). Jeder, der einmal in einem Regenmoor unterwegs war, kennt den starken Temperaturabfall nach Sonnenuntergang, wo die Verdunstungskälte einem förmlich unter die Haut kriecht, obschon man sich zuvor bei schönstem Sonnenschein und genüsslicher Wärme im Regenmoor aufgehalten hat, um beispielsweise nach Insekten Ausschau zu halten. Mit Sonnenuntergang ist es im nassen Moor mit der Wärme vorbei, wovon flache Nebelschwaden am Sommermorgen über dem Regenmoor zeugen. Ein Rhythmus von Wärme am Tag und Kälte in der Nacht ist in Regenmooren also definitiv gegeben. Mit dieser Kenntnis ist es dann gar nicht mehr erstaunlich, dass die Waldeidechse diesen jungen Lebensraum, das Regenmoor, sofort nach seiner Entstehung besiedelte, wenn er doch so günstige Bedingungen für die evolutionär entstandene Physiologie dieser Eidechsenart liefert.

Mykobakterien als Anfang einer Nahrungskette

Für die meisten größeren Tierarten ist das Regenmoor nur ein Teil ihres Gesamtlebensraumes. Sie müssen nicht ausschließlich vom knappen Nahrungsangebot des Regenmoores leben, sondern holen sich die überlebenswichtigen Mineralien, Proteine und Vitamine aus der Umgebung. Kleinstlebewesen sind lange nicht so mobil wie die größeren Säuger, Vögel, Amphibien und Reptilien, weshalb es ganz spezielle Nahrungsressourcen oder eine ganz spezielle Nahrungskette geben muss, die das Überleben dieser Organismen erklärt. Tatsächlich existiert in Regenmooren für einige Kleinstlebewesen eine spezielle Nahrungskette, woraus sie die lebensnotwendigen Mineralien, Proteine und Vitamine beziehen.

Die Mykobakterien (*Mycobacterium*) sind die Quelle der Nahrungskette für viele Kleinstlebewesen der Regenmoore. Diese Gattung der Bakterien umfasst mehr als 100 Arten. Die Krankheitserreger für die menschliche Tuberkulose (*Mycobacterium tuberculosis*) gehören dazu, ebenso die der Rindertuberkulose (*Mycobacterium bovis*) oder die der Lepra (*Mycobacterium leprae*). Man wusste schon einige Jahrzehnte von Mykobakterien, richtige Fortschritte über die Ökologie dieser Bakteriengruppe machte die Wissenschaft allerdings erst ab Mitte der 1980er-Jahre (Kazda, 1983) und vor allem im 21. Jahrhundert (Kazda et al., 2009). Für die Fortschritte bei der Erforschung von Mykobakterien stehen drei Wissenschaftsgebiete, die alle erst in den letzten zwei Jahrzehnten so richtig Fuß fassten: die Biochemie, die Epidemiologie und vor allem die Molekularbiologie. Der Grund, warum man sich überhaupt mit diesen Bakterien intensiv befasste, waren schreckliche Krankheiten, die die Menschheit

dahinrafften – wie Tuberkulose und Lepra. Dass es mehr als nur ein paar Mykobakterienarten gibt, wurde erst mit den genetischen Tests der Molekularbiologie deutlich.
Als man erkannte, wie viele Arten von Mykobakterien es gibt, beschäftigte man sich intensiver mit der Ökologie dieser Bakteriengruppe (Kazda, 2000). So ist heute bekannt, dass gerade Mykobakterien aus der großen Familie der Bakterien eine relativ lange Generationszeit aufweisen. Die Verdoppelung von Kolibakterien (*Escherichia coli*), die jeder Mensch als wichtige Komponente bei der Verdauung im Darm mit sich trägt, beläuft sich auf rund 20 Minuten, die von Mykobakterien im Durchschnitt auf vier bis fünf Stunden. Die Ressourcen von Kolibakterien sind demnach in einer viel kürzeren Zeit als die von Mykobakterien verbraucht. Diese völlig andere Lebensstrategie ermöglichte es den Mykobakterien, ganz neue Nischen (Lebensräume) zu besiedeln. Langlebige Landschaften wie die Regenmoore bieten diesen Bakterien einen günstigen Lebensraum. So ist es nicht verwunderlich, dass man gerade in Sphagnumvegetation und auch in anderer Moosvegetation mehrere Arten von Mykobakterien nachweisen konnte (Kazda et al., 2009). In Regenmooren Neuseelands, Südamerikas, Madagaskars und natürlich auch in den gemäßigten und borealen Zonen der nördlichen Erdhalbkugel hat man Mykobakterien nachgewiesen (Kazda, 1980; Müller et al., 1991).
Diese Bakterien brauchen Sauerstoff, um grobes, unzersetztes, organisches Material wieder in seine Einzelbestandteile aufzulösen. Es sind also wieder die Bakterien, die für Mineralisation sorgen, nur diesmal sauerstoffabhängige Bakterien und nicht sauerstoffunabhängige wie die, die das Methangas erzeugen. Deshalb leben die Mykobakterien der Regenmoore oberflächennah. Überall, wo organisches Material in nasse Laggs, Schlenken, Blänken oder Kolks der Regenmoore gefallen ist, leben Mykobakterien, denn sie brauchen zum Zersetzen neben dem Sauerstoff auch Feuchtigkeit. An dieser Stelle sei einmal erwähnt, dass alle Mykobakterien von Abfallstoffen der Natur leben. Die Tuberkuloseerreger siedeln sich in verunreinigtem Wasser an. Als die menschlichen Fäkalien noch einfach ins Straßenrinnsal gegossen wurden, konnten sich die Tuberkulose-Mykobakterien prächtig entwickeln und rafften so die Bewohner ganzer Landstriche dahin (Uekötter, 2003).

In Regenmooren sind die Mykobakterien die Nährstofflieferanten für Wasserflöhe (*Onychura*), Libellenlarven und ande-

Die oberflächennahen Bereiche von Laggs, Blänken oder Schlenken, wo Laub oder anderes organisches Material reingefallen ist und oberflächlich noch Sauerstoff zur Verfügung steht, sind die typischen Standorte für Mykobakterien in Regenmooren.

re Kleinstlebewesen (Soeffing, 1988; Soeffing & Kazda, 1993; Kazda et al., 2009). Sie versorgen diese aber nicht direkt. Ähnlich wie die Cyanobakterien die Nährstoffe für die Sphagnen aus der Luft und dem Wassermedium aufbereiten, machen es die Mykobakterien ebenfalls intrazellulär in größeren Einzellern: den Amöben. Diese werden dann vom Wasserfloh, und der wiederum von der Libellenlarve gefressen. Somit sind die von den Mykobakterien freigesetzten Proteine und Mineralien in der Nahrung erhalten. Wir erkennen wieder einmal: Die Bakterien bestimmen das Leben sowohl bei den Pflanzen als auch bei den Tieren. Die Mykobakterien recyceln aus abgestorbener oder abgeworfener organischer Masse erneut Fettsäuren, legen Mineralien frei, binden Vitamine und liefern somit wichtige Nährstoffe für Amöben, und diese geben sie wiederum in Form einer kleinen Nahrungskette für die nächste Prädatorengruppe wie den Wasserfloh weiter. Dieser wiederum ist die Nahrungsgrundlage für die Libellenlarven (Kazda et al., 2009).

Viele Jahre hat man sich gewundert, warum in oligotrophen Gewässern wie den Regenmoorgewässern überhaupt so große Tiere wie Libellenlarven leben können, bis dieser Kreislauf vom Mykobakterium über Wasserfloh zur Libelle bekannt wurde. Denn die Libellenlarve frisst keine Mykobakterien, dazu sind sie viel zu klein, um von ihr erkannt und gefressen zu werden. Die Mykobakterien müssen sich über eine Nahrungskette anreichern, erst dadurch sind sie für die Libellenlarve als Lieferant von wichtigen Nährstoffen relevant. Mit molekularbiologischen Methoden konnte man nachverfolgen, dass sich dieser Prozess des Ansammelns tatsächlich so abspielt, indem sich erst Mykobakterien in Amöben anreichern, danach in noch höherer Zahl in Wasserflöhen vorkommen und in noch viel höherer Anzahl anschließend in Libellenlarven nachgewiesen werden können. Damit war das Rätsel des Vorkommens großer Insekten in ansonsten extrem nährstoffarmen Gewässern gelöst.

Libellen der kleinen Wasserkörper

Mykobakterien machen Schlenken und Kolke von Regenmooren als eigentlich nährstoffarme Wasserstandorte für Kleinstlebewesen erst lebenswert. Die Mykobakterien recyceln jegliche Biomasse, die ins Wasser fällt und nicht als Mudde oder Torf

Die Hochmoor-Mosaikjungfer (Aeshna subarctica) legt ihre Eier nur in flutende Torfmoosrasen.

konserviert wird. Anschließend schlucken als erstes die Amöben die Mykobakterien, die nach dem Recyceln von Biomasse die Träger von lebenswichtigen Aminosäuren, Proteinen und Fetten sind, bevor die Wasserflöhe die Amöben jagen und sich somit selber mit Proteinen und Fetten anreichern. Die Libellenlarven ernähren sich von den mit lebensnotwendigen Stoffen angereicherten Wasserflöhen, wodurch ein ähnlich kleiner Biokreislauf entsteht, wie wir ihn aus dem Regenwald kennen. Dort herrscht auch eine generelle Nährstoffarmut, weil alles sofort in einem kleinen Kreislauf umgesetzt wird. Die ähnliche Nährstoffarmut des Wassers in Regenmooren und Regenwäldern ist am schwarzbraunen Wasser erkennbar, wo keine grünen Algen oder massig auftretende submerse oder emerse Wasserpflanzen auf verfügbare Nährstoffe hinweisen, sondern Huminsäuren das Wasser säuern und zugleich schwarzbraun einfärben. Die Torfmoose, die mal mehr, mal weniger häufig dem schwarzbraunen Wasser eines Regenmoores den grünlichen Farbanstrich verpassen, haben ihre eigenen Bakterien, mit denen sie die wenigen Nährstoffe aus dem Regenwasser herausfiltern.

Nun gibt es ein paar wenige Libellenarten, die in Regenmooren von diesem Mini-Nährstoff-Kreislauf leben können (Soeffing, 1988; Kazda et al., 2009). Dabei hat jede einzelne Libellenart noch ihre ganz eigene Nische im Gesamtlebensraum Regenmoor gefunden, um mit den wenigen Ressourcen auszukommen. Die einzelnen Nischen ergeben sich dabei nicht nur aus der Dichte der Mykobakterien beziehungsweise der Dichte von Wasserflöhen, sondern auch aus der unterschiedlichen Dichte von Torfmoosen in den Schlenken und Kolken. Je nachdem, wie stark ein Wasserkörper mit Torfmoosen aufgefüllt ist, desto flacher wird er durch die Pflanzenmasse sowie durch die Akkumulation von Torfmudde und schließlich Torf. Gemäß den schon beschriebenen Prozessen zu entstehenden Wärmeinseln können sich solche flachen Wasserkörper schneller und deutlicher erwärmen als tiefere Wasserkörper. So entwickeln sich manche Moosjungfer-Larven (*Leucorrhinia*-Arten) und Mosaikjungfer-Larven (*Aeshna*-Arten) fast nur in flachen Schlenken und Kolken, die deutlich von Torfmoosen durchsetzt sind, und andere Arten in Bereichen, in denen kaum bis keine Torfmoose vorkommen.

Die unterschiedliche Strukturiertheit der Wasserkörper hat also Einfluss auf die Besiedlung durch die wenigen Libellenarten in Regenmooren, und zwar deshalb, weil jede Art neben dem Einfluss von Mykobakterien im Nährstoffkreislauf noch unterschiedliche

Ansprüche an den Wärmehaushalt stellt. So seltsam es klingen mag: Die Arten, die in den stark von Torfmoosen durchsetzten Schlenken leben, sind nicht die kältetolerantesten Arten, sondern die wärmebedürftigsten Arten. Es sind wärmeliebende Arten in einem kalten Lebensraum, denen das schwarzbraune Wasser kleine Wärmeinseln liefert, wie der deutsche Libellenforscher Klaus Sternberg herausfand. Die Hochmoor-Mosaikjungfer (*Aeshna subarctica*) ist eine – wenn nicht sogar die einzige – Libelle, die tatsächlich nur in den von Torfmoosen flächig durchsetzten Schlenken, Kolken oder künstlichen Torfstichen vorkommt, und zwar im gesamten Verbreitungsareal dieser Art.
Wenn jemand den ökologischen Begriff tyrphobiont unbedingt für eine Art in Regenmooren anwenden will, dann wohl für die Hochmoor-Mosaikjungfer. Bei dieser Art gibt es keine arealbedingte Tyrphobiontie, sondern sie ist tatsächlich im gesamten Areal stets nur in den von Torfmoosen durchwachsenen Wasserkörpern beheimatet (Walker, 1912; Bartenef, 1930; Walker, 1934; Peters, 1987). Von allen in Regenmooren zu findenden Arten ist die Hochmoor-Mosaikjungfer die wärmebedürftigste Libelle (Sternberg, 1993), weshalb sie nur in flachen Wasserkörpern vorkommt, die sich schnell aufwärmen. Alle anderen Libellenarten kann man sowohl in typischen Regenmooren als auch in den Tundra- und Steppenlandschaften finden.

Bis zum Anfang des 20. Jahrhunderts hielt man die Hochmoor-Mosaikjungfer für die ihr ähnliche Schwesterart, die Torf-Mosaikjungfer (*Aeshna juncea*). Erst Walker (1912) hatte die beiden Arten nach Studien von zahlreichen *Aeshna*-Larven aus Nordamerika getrennt. Ab dieser Zeit wurden Vorkommen der Hochmoor-Mosaikjungfer in Europa bekannt (Ris, 1927; Bönsel & Kühner, 2000). Nach dem Bekanntwerden dieser Art zeichnete sich erst allmählich das tatsächliche Areal dieser beiden Schwesterarten ab. So wissen wir heute, dass die Torf-Mosaikjungfer viel weiter in Richtung Nordpol vorkommt als die Hochmoor-Mosaikjungfer (Askew, 1988; Needham et al., 2000; Billquist et al., 2012).
Die Torf-Mosaikjungfer verträgt offenbar viel mehr Kälte als ihre Schwesterart. Sie besiedelt im Gegensatz zur Hochmoor-Mosaikjungfer auch tiefere Gewässer ohne Torfmoose. Sicher müssen die Eier beider Arten eine Diapause einlegen, um die kalten Winter zu überstehen (Wildermuth & Martens, 2014), doch die Larven selbst dürften unterschiedliche Ansprüche an den Standort stellen. Die Larven beider Arten

werden sich analog über die Wasserflöhe von Mykobakterien mit wichtigen Nährstoffen versorgen lassen, denn auch die Gewässer der Torf-Mosaikjungfer sind ohne die Mykobakterien als Nahrungsaufbereiter stets nährstoffarm. Aus diesem Grund muss es einen Kreislauf geben, der die lebensnotwendigen Stoffe liefert. Hinsichtlich des Wärmehaushalts gibt es allerdings definitiv jahreszeitliche Unterschiede in den besiedelten Gewässern beider Arten. So lässt sich mit den höheren Wärmeansprüchen der Hochmoor-Mosaikjungfer auch ihr Fehlen in Regenmooren der Britischen Inseln und in weiten Teilen Norwegens erklären, während man die Torf-Mosaikjungfer in diesen Gebieten antreffen kann.

Wir erinnern uns, dass die küstennahen Regenmoore der Britischen Inseln und Norwegens durch gleichmäßige Niederschläge und nahezu gleichmäßige niedrige Temperaturen um 10 Grad Celsius ideale Bedingungen für Torfmoose liefern. Von Torfmoosen flächig überwachsen, sind diese Regenmoore immer grün. Daher werden sie auch Deckenmoore genannt. Schlenken gibt es dort nicht oder nur kaum, da alles von Torfmoosen überwachsen wird und überschüssiges Wasser, das sich in Schlenken halten könnte, sowieso sofort in Erosionsrinnen abgeführt wird. Deshalb sind küstennahe Regenmoore stets nur flach gegründet und wachsen nicht konzentrisch in die Höhe. Sie fallen in Trockenphasen nicht zusammen, wodurch eine Schlenkenbildung unmöglich ist. Wenn die Wärmeinseln der Schlenken mit Torfmoosen und schwarzbraunem Wasser fehlen, kann die Hochmoor-Mosaikjungfer in diesen Gebieten nicht vorkommen. Im Inland verbessert sich die potenzielle Lage für die Hochmoor-Mosaikjungfer. Dort werden die Regenmoore selbst auf den Britischen Inseln und in Norwegen mächtiger, genauso wie das im sonstigen Europa oder Nordamerika, wo die Hochmoor-Mosaikjungfer in Regenmooren lebt, der Fall ist. Aufgrund der Mächtigkeit von Inlands-Regenmooren findet man die Torfabbaugebiete im Inland der Britischen Inseln – nahe Manchester – und in Norwegen – östlich von Oslo –, und nicht in Küstennähe. In Norwegen kann man genau in diesen östlichen Regenmooren auch die Hochmoor-Mosaikjungfer finden, weil sich die Moore dort in der Nähe zu schwedischen Regenmooren befinden und sich die Art von dort sukzessive ausbreitet.

Die Britischen Inseln hingegen sind nach dem Abtauen der Gletschermassen aus der letzten Eiszeit vom Rest des Areals der Hochmoor-Mosaikjungfer weit abgeschnitten worden. Die Art müsste lange Strecken über Wasser fliegen, um die Inlands-Regenmoore der Britischen Inseln zu erreichen. Die Torf-Mosaikjungfer lebt auf den Britischen Inseln, weil sie schon während der Eiszeit in den Tundralandschaften vor den Gletschern existierte und dann einfach in ähnlichen Lebensräumen nach der Eiszeit auf diesen Inseln zurückblieb. Die Inlands-Regenmoore sind aber erst viel später nach dem Abschmelzen der Eismassen entstanden. Als sie fertig waren und von der Hochmoor-Mosaikjungfer hätten besiedelt werden können, waren die Britischen Inseln von ausgedehnten Meeren umgeben. Es waren also keine Regenmoore in der Nähe, von denen aus die Hochmoor-Mosaikjungfer auf diese neuen Standorte hätte ausstrahlen können. Nun bleibt abzuwarten, ob sich irgendwann ein befruchtetes Weibchen der Hochmoor-Mosaikjungfer bis in ein Inlands-Regenmoor der Britischen Inseln verirrt, dort erfolgreich Eier ablegt und sich neue Imagines entwickeln, die wiederum erfolgreich Eier ablegen, oder ob eines Tages Menschen die Art dort erfolgreich auswildern.

Je nach geografischer Lage und Beschaffenheit von Lebensräumen in der Umgebung von Regenmooren kommt noch die eine oder andere Libellenart mal häufiger, mal weniger häufig in Regenmooren vor. Keine Koinzidenz wie bei der Hochmoor-Mo-

Als Refugium besiedeln noch viele Libellenarten wie die Schwarze Heidelibelle (Sympetrum danae) die Regenmoore.

saikjungfer, aber eine gewisse Häufigkeit von Vorkommen in Regenmooren – und zwar in torfmoosreichen Wasserkörpern – findet man bei der Nordischen Moosjungfer (*Leucorrhinia rubicunda*) vor. Bei dieser Art und bei anderen Libellenarten ist es die Ähnlichkeit zu ursprünglichen Lebensräumen, in denen die Arten schon lange vor dem Entstehen von Regenmooren lebten, die sie Regenmoore hier und da in ihrem Areal besiedeln lassen. Für die Hochmoor-Mosaikjungfer könnte man allerdings sogar so weit gehen und suggerieren: Diese Art entstand erst mit dem Erscheinen der Regenmoore, vielleicht hervorgegangen aus der Torf-Mosaikjungfer.

Es gibt aber noch weitere Libellenarten, die Regenmoore als typische Refugien nutzen, weil ihre ursprünglichen Lebensräume in bestimmten Abschnitten ihres Areals nicht mehr existieren. Ob die fehlende Existenz der Ursprungslebensräume klimatisch oder anthropogen bedingt ist, sei dabei erst einmal völlig unberücksichtigt. Zu nennen seien in diesem Zusammenhang die verschiedenen *Leucorrhinia*-Arten Europas, Asiens und Nordamerikas, wie beispielsweise die Alpen-Smaragdlibelle (*Somatochlora alpestris*), die Arktische Smaragdlibelle (*Somatochlora arctica*) oder auch einzelne Heidelibellen, insbesondere die Schwarze Heidelibelle (*Sympetrum danae*), die häufiger in Regenmooren gefunden wird, und dies teils sogar in beträchtlichen Individuenzahlen. Ganz besonders isoliert in mitteleuropäischen Regenmooren leben die beiden Smaragdlibellen-Arten (Brockhaus et al., 2015), denn für diese typischerweise in kalten Tundralandschaften lebenden Arten sind genau diese Ursprungslebensräume in Mitteleuropa nun mittlerweile weit weg. Die beiden Arten können in ihrem mitteleuropäischen Arealabschnitt nur noch in kalten Regenmooren überleben.

Das Regenmoor als terrestrischer und semiaquatischer Libellenlebensraum

Regenmoore haben nicht nur als Gewässerlebensräume eine gewisse Funktion für Libellen, sondern zugleich als terrestrischer Lebensraum. Die Winterlibellen (*Sympecma*-Arten) überleben im Gegensatz zu allen anderen Libellenarten den Winter als fertige Tiere (Imagines) und eben nicht in ihren Entwicklungsformen als Ei oder Larve. Ebenso wie die ansonsten ins Wasser abgelegten Eier oder die sich dort schon entwickelten Larven im Winter eine Diapause einlegen, müssen die fertigen Tiere der Winterlibellen eine solche Ruhepause einschieben. So können die fertigen Winterlibellen beachtliche Minustemperaturen ertragen (Jödicke, 1997).

Die evolutionäre Entwicklung ging sogar so weit, dass die Winterlibellen ab Ende Sommer gezielt nach geeigneten Ruheplätzen für den Winter suchen, um dort im Herbst allmählich ihren Biokreislauf herunterzufahren. Die Reserven in den Libellen reichen dann genau bis zum nächsten Frühjahr, wo sie mit den ersten wärmenden Frühjahrssonnenstrahlen aus ihrem Winterschlaf erwachen und sich auf die Suche nach geeigneten Eiablagegewässern begeben, um sich dort zu verpaaren, Eier abzulegen und dann erst wieder von der Bildfläche des Lebens zu verschwinden. Im späten Sommer schlüpfen die neuen fertigen Libellen und das Spiel beginnt von neuem. Dieses Spiel ist gefährlich. Warum? Weil die Reserven in den Libellen wirklich nur für überwinternde Libellen reichen. Ein winziger Hauch von Leben bleibt in den Libellen. Wachen die Winterlibellen im Winter auf, weil die Temperaturen wärmer werden und den Frühling vorgaukeln, um dann wieder abzusinken, sind diese aufgewachten Tiere dem Tode geweiht. Sie haben Reserven in ihrem Körper verbraucht, die sie nicht wieder auffüllen können. Bei erneut eisigen Temperaturen reicht die verbliebene Reserve meist nicht mehr aus, um den restlichen Winter mit einem Hauch von Leben zu überstehen. Dieses Risiko fährt also bei den Winterlibellen stetig mit.

Natürlich versuchen die Winterlibellen diesem Risiko vorzubeugen, indem sie möglichst kalte Lebensräume für ihr Überwintern aufsuchen. Solche kalten Lebensräume sind Regenmoore. Deshalb ist es nicht verwunderlich, wenn man im späten Sommer plötzlich Winterlibellen im Heidekraut von Regenmooren entdeckt. Sie ziehen sich dort in die Krautschicht zurück, in der Hoffnung, dass es dort bis zum Frühjahr kalt bleibt, selbst wenn die Temperaturen regional kurzzeitig wärmer werden. Intakte Regenmoore fungieren für diese Libellenart als terrestrischer Kühlschrank. Man könnte sogar sagen, dass diese kalten Lebensräume seit ihrer Entstehung in Mitteleuropa neben anderen wenigen Kältelebensräumen einen gewissen Einfluss auf die Ausbreitung der Winterlibellen hatten – zumindest auf die Sibirische Winterlibelle.

Die Sibirische Winterlibelle (*Sympecma paedisca*) hat ihren Verbreitungsraum eher im Osten und erreicht Europa nur als westlichsten Außenposten (Boudot & Kalkman, 2015), wohingegen die Gemeine Winterlibelle (*Sympecma fusca*) eine eher mitteleuropäische Verbreitung aufweist (Boudot & Kalkman, 2015) und auch nicht ganz so kältebedürftig ist. Die Sibirische Winterlibelle lebte also schon immer am Rande von Tundra- und Steppenlandschaften, die im Winter sicher kalt waren und wo sie ihre Überlebenskünste voll ausspielen konnte. In den mitteleuropäischen Exklaven hat sie mittlerweile so ihre Probleme, denn immer häufiger gibt es milde Winter, die Libellen wachen im Winter auf und überleben nicht bis zum echten Frühling. Immer weniger Tiere pflanzen sich fort, weshalb die Art in Mitteleuropa überall merklich zurückgeht (Dijkstra et al., 2002; Clausnitzer et al., 2009; Kalkman et al., 2010; Billquist et al., 2012). Ganz besonders fällt dieses Phänomen in den Niederlanden auf, wo zahlreiche Regenmoore zerstört sind und kaum noch sichere kalte Winterlebensräume für die Sibirische Winterlibelle existieren (Dijkstra et al., 2002; Manger & Dingemanse, 2007). Die Gemeine Winterlibelle scheint vorerst flexibler zu sein (Miller & Miller, 2006), wenngleich man die langfristige Entwicklung erst einmal abwarten muss. Die Sibirische Winterlibelle scheint hingegen vom Vorhandensein typischer Kältestandorte abzuhängen, zumindest bei wärmer werdenden Wintern. Geht die flächige Verbreitung

Winterlibellen – wie hier die Gemeine Winterlibelle (Sympecma fusca) – nutzen die Regenmoore häufig als sichere winterkalte Überwinterungslebensräume.

von typischen Kältestandorten zurück, scheint zumindest diese Winterlibelle deutlich bei ihrer Arealausdehnung einzubüßen, was in Ländern mit ehemals großen Regenmoorflächen wie den Niederlanden schon jetzt eindeutig sichtbar wird.

Jetzt möchte ich noch von einer ganz verrückten Lebensraumfunktion von Regenmooren für Libellen berichten: der Funktion als semiaquatischer Lebensraum. Dafür springen wir auf die Südhalbkugel der Erde, nach Neuseeland. Hier leben zwei Libellen aus der Familie der Petaluridae, die zu den ursprünglichsten heute noch lebenden Großlibellen zählen (Silsby, 2001). Fossile Verwandte aus dieser Libellengruppe lebten schon vor 150 Millionen Jahren. Die anderen heute lebenden Libellen haben sich gegenüber dieser Urlibellen-Familie deutlicher verändert. Die auf Neuseeland lebenden Urlibellen sind *Uropetala carovei* (Bush giant dragonfly, die Gigantische Buschlibelle) und *Uropetala chiltoni* (Mountain giant dragonfly, die Gigantische Berglibelle). Die englischen beziehungsweise deutschen Namen dieser beiden Libellen verraten schon ungefähr die Lebensraumtypen, in dem diese Arten vorkommen: die Buschlibelle im Busch und die Berglibelle in den Bergen oder zumindest außerhalb von Busch und Wald.

Diese Lebensraumaufteilung entstand im Pleistozän, wo sich auch auf der Südhalbkugel die Kalt- und Warmzeiten abwechselten, was zu klaren Trennungen und erheblichen Verschiebungen von Lebensräumen führte. Die Stammhalter von *Uropetala* waren Libellen der sumpfigen Wälder und Büsche. Als die sumpfigen Wälder auf Neuseeland durch die Eiszeit immer stärker zurückgedrängt wurden, bildeten sich genauso wie auf der Nordhalbkugel zu eisigen Kaltzeiten weit ausgedehnte Tundra- und Steppenlandschaften, die den Gletschern vorgelagert waren. Und genau in dieser Zeit spaltete sich von der ursprünglichen *Uropetala*-Gruppe eine kleine Gruppe ab, die sich an offene Tundralandschaften anpasste. Es entstand *Uropetala chiltoni*. *U. carovei* blieb als typische Wald- und Buschlibelle für die verbliebenen Wälder zurück (Rowe, 1987). Als im Holozän, die bis heute anhaltende Warmzeit, auch auf Neuseeland Regenmoore entstanden, konnte *Uropetala chiltoni* neben den bergigen Tundralandschaften nun auch das flachere Land besiedeln. Mit der Warmzeit zogen sich die Tundra-Lebensräume auch auf Neuseeland in die alpinen Gebirgslagen zurück, weshalb dort bis heute die meisten Vorkommen von *U. chiltoni* zu finden sind. An den Küsten von Neuseeland gibt es aber schon einige Regenmoore, und dort ist mittlerweile ebenfalls diese Art zu finden (Rowe, 1987). Hier können fliegende Vertreter von *U. chiltoni* und *U. carovei* aufeinandertreffen, ohne sich allerdings dabei zu verpaaren. Die Tiere fliegen zur Paarung und Eiablage stets wieder jedes für sich die Offenlandbereiche oder die Wälder an (Rowe, 1987). Eine eindeutige Artbildung wurde demnach im Pleistozän vollzogen.

Die Lebensweise dieser Urlibelle ist absolut einzigartig, vor allem wenn man als Libellenfreund schon weltweit mit zahlreichen Libellen zu tun hatte. Die Weibchen lassen nicht, wie bei anderen Libellenarten üblich, ihre Eier im Flug über den entsprechenden Wasserlebensräumen einfach fallen oder setzen sich auch nicht an Halmen oder wie die Hochmoor-Mosaikjungfer auf Torfmooskanten nieder, an denen sie bis zur Wasseroberfläche herunterkriechen, um dann die Eier ins Wasser oder gezielt zwischen geflutete Pflanzenteile abzulegen. *Uropetala* bohrt sich hingegen mit dem gesamten Abdomen bis weit in die Polster aus Torfmoosen hinein, um dort jeweils einen Klumpen von sechs bis acht Eiern abzusondern. Ob die Eier dann sofort mit dem Moorwasser in Verbindung stehen, ob sie vielleicht erst später mit nachfallenden Niederschlägen hinuntergespült werden oder ob sie gar nur vom Kapillarwasser der Poren leben, ist bislang nicht geklärt (Rowe, 1987). Bekannt sind Details über das Leben der Larven. Mit den Vorderfüßen graben die Larven regelrechte Tunnelsysteme in die Moospolster und schieben das lose Substrat mit dem Kopf nach draußen. Dabei reichen die Tunnel bis ins Wasser, sind nach oben hin aber wasserfrei; deshalb spricht man von einem semiterrestrischen Lebensraum. Um nicht auszutrocknen, können die Libellenlarven also nach unten immer mal wieder ins Wasser tauchen. Sie sitzen aber im oberen Bereich ihrer Tunnel, um auf vorbeikommende Beute zu lauern. Kommt ein Kleintier wie zum Beispiel eine Kakerlake am Tunneleingang vorbei, dann schießt die *Uropetala*-Larve aus der Röhre heraus, ergreift die Beute und verschwindet mit ihr wieder im Tunnelsystem. Ein phänomenaler Vorgang, den ich von Libellen niemals erwartet hätte. Ich bin heute noch überwältigt von diesen Beobachtungen.

Nach einer solchen Beobachtung schießen einem die kühnsten evolutionären Theorien durch den Kopf, wie die heutigen Libellen wohl ihren Entwicklungsweg genommen haben. Aber eines wurde mir eindeutig klar: Die Larven der Großlibellen brachten ihre Atmung über die Hinterleibsanhänge definitiv aus der Urzeit mit. So atmet *Uropetala* über die

Hinterleibsanhänge, indem diese Libellenart sich einfach dreht, dieses Hinterleibssegment aus der Röhre hält, um atmosphärischen Sauerstoff aufzunehmen. Die Hochmoor-Mosaikjungfer und alle anderen Mosaikjungfer-Larven können über ihre Hinterleibsanhänge ebenfalls den Sauerstoff aus der Luft aufnehmen, indem sie ihre Anhänge aus dem Wasser herausstrecken. So übersteht die Hochmoor-Mosaikjungfer schlechte Zeiten, wenn Sauerstoffarmut in ihren Schlenken vorherrscht, was häufig im Sommer der Fall ist. Im Sommer ist der Sauerstoffgehalt in ihren flachen Torfmoos-Schlenken rasch aufgebraucht und da hilft ihr die Atemfähigkeit über die Hinterleibsanhänge, um atmosphärischen Sauerstoff aufzunehmen. Kleinlibellen können dies nicht. Ihre kiemenartigen Hinterleibsanhänge nehmen wie die Fische nur den im Wasser gebundenen Sauerstoff auf. Deshalb findet man kaum bis gar keine Kleinlibellen in den typischen von der Hochmoor-Mosaikjungfer bewohnten flachen Torfmoosschlenken. Es gibt dort schlichtweg zu wenig Sauerstoff für Kleinlibellenlarven.

Kommen wir noch einmal kurz zu *Uropetala* auf Neuseeland zurück. Diese Art kam wie vie-

Am Arthur's Pass in den Südlichen Neuseeländischen Alpen leben beispielsweise die Larven von Uropetala chiltoni in Torfmoos-Polstern, die dort teils als Kondenswasserregenmoore entstanden sind oder eben typische Vermoorungsprozesse in Tundralandschaften darstellen.

le Arten der Nordhalbkugel aus den Tundralandschaften mit ähnlichen Lebensbedingungen und besiedelt Regenmoore seit dem Entstehen nur aufgrund der Ähnlichkeiten mit ihrer ursprünglichen Heimat, da jede Art versucht, stetig ihr Areal zu erweitern, wenn ein Ausbreiten mit ihren physiologischen Voraussetzungen möglich ist. So liegt bei *Uropetala* wiederum nur eine arealbedingte Tyrphobiontie vor, genauso wie für die besagten heute isolierten Smaragdlibellen Mitteleuropas. Beschränkt auf heutige Regenmoore ist die Art aber keinesfalls. Im Gegenteil: Auf Neuseeland ist es sogar noch eher die Ausnahme, wenn man dort diese Libellenart findet.

Schöne bunte Falter, dieihr Überleben auf die Fähigkeit ihrer Raupen setzen

Zwar nicht tausendfach reich an Arten und gigantisch groß wie im warmen Regenwald, aber immerhin wundersam und einfach schön ist die Insektenwelt der Regenmoore; allen voran die der Schmetterlinge. Für die Ernährung haben die fertigen Schmetterlingsfalter ihren Saugrüssel bis zur Perfektion entwickelt. Mit dem Rüssel können sie flüssige Nahrung und Wasser aufnehmen. In den Regenmooren der gemäßigten Zonen dürfte das Wasser in der flüssigen Nahrung reichen. In den tropischen Gebieten der Erde sieht man die Schmetterlinge hingegen häufig noch an Pfützen sitzen, wo sie zusätzliches Wasser aufsaugen, denn in diesen Gefilden müssen sie den Verdunstungsverlust durch aktive Wasseraufnahme ausgleichen. Wasser ist in Regenmooren also nicht der begrenzende Faktor für das Vorkommen von Schmetterlingen.

Ist es der Nektar? Der Besuch von Schmetterlingen an verschiedenen Blütenpflanzen ist jedem bekannt. Dort trinken sie Blütennektar. Damit decken die Schmetterlinge ihren Zuckergehalt im Körper, der wichtigen Brennstoff für die Flugmuskulatur liefert. Brennstoffbedarf ist notwendig, wenn die jeweiligen Falter weite Strecken und über einen längeren Zeitraum fliegen müssen. Für den Eiweißvorrat, den ein Weibchen für die Eiproduktion benötigt, reicht diese Nektaraufnahme allerdings nicht. Blütennektar hat dafür zu wenig Gehalt an Proteinen (Harder & Barrett, 2006), die für die Bildung von Eiern notwendig sind. Und hier kommen wir zum springenden Punkt, was der begrenzende Faktor für das Vorkommen von Schmetterlingen in den verschiedensten Lebensräumen ist. Die Eiproduktion und Eieranzahl der Weibchen ergibt sich aus den Vorräten des jeweiligen letzten Raupenstadiums eines Schmetterlings und nicht daraus, wie viel Nektar ein fertiger Falter (Imago) in seinem Lebensraum aufnehmen kann. Aus dem Raupenstadium werden nämlich die wichtigen Eiweiße mit ins Falterstadium übernommen und nur so können die Weibchen dann neue Eier produzieren, die sie wieder an spezifischen Pflanzen für die nächste Generation Raupen ablegen.

Zum eigentlichen Fortbestehen einer Art benötigen die meisten Schmetterlinge nicht zwangsläufig Nektar, sondern die Eiweißvorräte, die ihre Raupenstadien angesammelt haben müssen. Die fertigen Falter der meisten Arten leben nur sehr kurze Zeit, denn die Falter sind allein für das Eierablegen an geeigneten Substraten für ihre zukünftigen Raupen da. Dafür wurden sie von der Evolution auserwählt. Dass viele Falter – und das gilt nicht nur für die Arten der gemäßigten Zone, sondern weltweit – eine sehr kurze Lebenszeit aufwei-

Der Hochmoor-Perlmutterfalter (Boloria aquilonaris) ist ein typischer Regenmoor-Tagfalter, dessen Raupen sich wie die des Hochmoorbläulings von den Blättern der Moosbeeren ernähren.

sen, bemerkten schon die historischen Insektenforscher wie der Franzose Jean-Henri Fabre (1823–1915) oder der zeitgleich mit ihm lebende britische Evolutionsbiologe Alfred Russel Wallace (1823–1913), der bei seinen Welterkundungen im Übrigen vom Schmetterlingsfang lebte (Glaubrecht, 2014). In den gemäßigten Zonen sind schon ein paar Wochen für die meisten Falter eine lange Lebenszeit, wohingegen diese Zeit für die Tropen normal ist. In Regenmooren wiederum durchleben die Falter wohl die kürzesten Zeitspannen überhaupt. Hier ist die Zeitspanne des Vorhandenseins von potenziellen Nahrungspflanzen für die Raupen der Falter mit entsprechend günstiger Proteinproduktion aber auch am kürzesten. Am längsten leben sogenannte Wanderfalter, die ähnlich wie die Zugvögel jährlich zwischen Überwinterungsgebiet und Fortpflanzungsgebiet hin und her wechseln. Diese Falter müssen sich definitiv vom Nektar der Blüten oder dem Fruchtsaft aus reifen Früchten ernähren, um genügend Energie für ihre Flüge im Körper zu haben.

Eine der kürzesten Flugzeiten bei den Schmetterlingen der Regenmoore weist der Hochmoor-Perlmutterfalter (*Boloria aquilonaris*) auf (Koch, 1991; Novak & Severa, 1992). Aus der *Boloria*-Gruppe ist er der Falter, der sich insbesondere für die Besiedlung der Regenmoore eignete, als sich diese vor einigen tausend Jahren nach den Eiszeiten entwickelten. Er kam, wie schon mehrfach für andere Tierarten beschrieben, ebenfalls aus dem Tundra-Steppen-Raum, wo er Anpassungen mitbrachte, die eine Besiedlung der neu entstandenen Regenmoore ermöglichte (Gorbach, 2011). Besiedlungsvoraussetzungen waren insbesondere die Fähigkeiten, mit Kälte auszukommen und trotz Nahrungsknappheit genügend Eiweißreserven in den Raupen anzusammeln. Die Raupen beziehen ihre Nahrung von den Moosbeeren, die sowohl in der Tundralandschaft als auch auf den Bulten der Regenmoore wachsen. Wir erinnern uns daran, dass die Moosbeeren im Verhältnis zu den anderen Blütenpflanzen eine kaum gehemmte Proteinsynthese aufweisen und deshalb sogar für den Menschen besser schmecken als die ansonsten eher bitteren, derben Blätter der anderen Blütenpflanzen in Regenmooren. Die Moosbeeren wurzeln unmittelbar an der Oberfläche der Regenmoore und beziehen deshalb noch genügend Nährstoffe aus dem Niederschlag oder der leichten Mineralisation der obersten Torfschicht, weshalb sie gerade so genug Energie für eine umfängliche Proteinsynthese freisetzen können. Alle anderen Regenmoor-Blütenpflanzen, die

tiefer wurzeln, kümmern vor sich hin und werden vor Hunger derb und herb. Wie bereits beschrieben, werden Nahrungsknappheit und Hungersnot der meisten Blütenpflanzen durch die Torfmoose verursacht. Deshalb ist die Proteinsynthese bei den meisten Blütenpflanzen der intakten Regenmoore gehemmt.
Weil die Moosbeeren also im Gegensatz zu den anderen Blütenpflanzen des Regenmoores noch eine richtige Proteinsynthese betreiben, naschen der Hochmoor-Perlmutterfalter und auch der Hochmoorbläuling (*Plebejus optilete*), der ebenfalls nur relativ kurze Zeit als Falter lebt, genau diese kleinen Moosbeerenblätter. Beim Hochmoorbläuling dürfte die geringere Größe der Grund für das etwas längere Falterleben sein. Wer klein und leicht ist, verbraucht weniger Energie. Die Raupen der beiden Falterarten fressen, bis sie fast platzen; so könnte man jedenfalls denken, wenn man die kleinen dicken Räupchen findet. Fühlen sich die Raupen dick genug, überdauern sie im Ruhestadium (Diapause), um sich im nächsten Jahr aus der Puppe zum fertigen Falter zu entwickeln, der genügend Eiweißreserven haben muss, um Eier an neu gewachsene Moosbeerenblätter abzulegen.
Nun bleibt die Frage, ob die Exemplare des Hochmoor-Perlmutterfalters oder auch die des Hochmoorbläulings zum Überleben unbedingt Nektar aus Blütenpflanzen saugen müssen, oder ob sie es – wenn sie es tun – einfach aus purer Nascherei machen, aber nicht aus Lebensnotwendigkeit. In nahezu jedem Aufsatz zum Hochmoor-Perlmutterfalter steht von der Notwendigkeit der Blütenpflanzen im Lebensraum dieses Falters geschrieben (Meineke, 1982; Ebert & Rennwald, 1993; Gelbrecht et al., 1995; Baguette, 2003; Schulte et al., 2007; Bräu et al., 2013), wobei kein Autor die genaue Lebensnotwendigkeit dafür angibt. Vermutlich wird einfach stets angenommen, dass die Falter die Energie zum Fliegen benötigen, obwohl jeder Publizist wusste, dass sich die Flugzeit des Falters auf ein absolutes Minimum begrenzt, wonach der Falter auch von den Reserven im Abdomen leben könnte.

Möglicherweise übernahm ein Autor vom anderen diese Aussagen zur Notwendigkeit von Blütenpflanzen im Lebensraum des Hochmoor-Perlmutterfalters, ohne die genauen Gründe zu hinterfragen. Dieses Phänomen des nicht hinterfragten Übernehmens von vermeintlichen Tatsachen ist in der Wissenschaft nicht neu (Gould, 1977; Gould, 1994a), und ich selbst bin dieser Versuchung erlegen, als ich einst diese Blütenpflanzen-Notwendigkeit in einem Aufsatz zu diesem Falter blind übernommen habe (Bönsel & Sonneck, 2016). Mittlerweile glaube ich nicht mehr an diese Notwendigkeit. Es gibt viel zu wenige Blüten im Regenmoor zur Flugzeit des Falters, als dass Nektarnahrung eine überlebensentscheidende Ressource für diesen Falter darstellen könnte. Und wenn Blüten existieren, besteht noch die Frage, ob diese blühenden Pflanzen überhaupt nennenswerten Nektar produzieren. In intakten Regenmooren sowie in der Tundralandschaft bestehen Bulten mit Moosbeeren in der Regel in sehr geringer Distanz zueinander, so dass sich die Weibchen problemlos auch ohne Zusatznahrung bewegen können, um allein ihre befruchteten Eier abzulegen, wonach ihre Aufgabe erfüllt wäre. Beobachtet man diese Falter ausgiebig, fällt auf, dass sie keinen energieverschwendenden Höhenflug vollziehen, sondern sich sehr flach über das Moor hinweg bewegen, so flach sogar, dass man sie trotz ihrer wunderbaren Färbung kaum erkennt (Bönsel & Sonneck, 2016). Vielleicht besteht eine gewisse Notwendigkeit der Nektaraufnahme bei der Ausbreitung des Falters, wenngleich dies eine absolute Ausnahme ist, denn die meisten Falter bewegen sich nach Aussagen mehrerer Studien zu deren Bewegungsmustern kaum vom Fleck (Gorbach, 1998; Brunzel, 2002; Vandewoestijne & Baguette, 2002; Baguette, 2003; Gorbach, 2011). Für das Überleben dieses Falters in Regenmooren ist also de facto allein die Moosbeere verantwortlich, den Rest erledigen die Raupen des Falters.

Genau wie beim Hochmoor-Perlmutterfalter ermöglichen die Raupen des Sonnentau-Federgeistchens (*Buckleria paludum*) das Überleben im proteinarmen Regenmoor, indem sie für ausreichend Eiweißreserven in den weiblichen Faltern sorgen. Dieser Kleinschmetterling aus der Familie der Federmotten (*Pterophoridae*) hat sich für die Fraßpflanzen der Raupen allerdings eine relativ gefährliche Blütenpflanze ausgesucht: Die Larven fressen den Sonnentau und versuchen dabei, nicht selber gefressen zu werden. Als fleischfressende Pflanze liefert der Sonnentau natürlich genügend Proteine, und deshalb fressen die winzigen Raupen des Federgeistchens alles vom Sonnentau, was sie kriegen können. Selbst noch nicht vom Sonnentau gefangene und noch unverdaute Insekten werden als Proteindosis weggefressen. Der Sonnentau hat für sich eine gute Strategie entwickelt, um dem Mangel im Regenmoor zu entkommen, doch lockt er damit eben andere Lebewesen an, die ihm wiederum gefährlich werden können. Nicht nur das Federgeistchen, das den Sonnentau gleich ganz verzehrt, sondern auch die verschiedenen Arten von Moorameisen versuchen, dem Sonnentau die Beute abzujagen. Das Federgeistchen geht dabei systematisch vor. Es frisst zuerst behutsam die klebrigen Tautröpfchen, um nicht selber gefangen zu werden, bevor es genüsslich die ganze Sonnentaupflanze verspeist. Doch dieses Fressen-und-gefressen-Werden geht weiter. So gibt es mindestens eine parasitische Wespe aus der Gruppe der *Cotesia*-Arten, die zur Familie der Brackwespen (*Braconidae*) gehören, die ihre Eier in die Raupe des Federgeistchens ablegt, um diese dann von innen aufzufressen (Matthews, 2009).

Je tiefer wir ins Detail eintauchen, desto schöner und wundersamer wird das Leben im Regenmoor. Und doch sind nahezu alle diese Arten nicht hier entstanden und damit nicht allein von diesem Moortyp abhängig, sondern sie leben dort arealbedingt, weil sie günstige Refugien in einer sich ständig verändernden Landschaft darstellen.

Studiert man die Literatur nach faunistischen Erhebungen zu Groß- und Kleinschmetterlingen in Regenmooren, könnte man noch zahlreiche Arten aufführen, die hier und da vorkommen. Die meisten dieser Arten leben jedoch nicht in intakten Regenmooren, und wenn die besagten Regenmoore in den einzelnen Schriften intakt waren, dann leben die Falterraupen der meisten Arten an Pflanzen, die am Rand des Moores, dem Lagg, vorkommen. Zu denken ist dabei an die verschiedenen Blütenpflanzen der *Vaccinium*-Arten (Heidekrautgewächse), an den Sumpfporst (*Rhododendron tomentosum*) und vor allem an den Gagelstrauch (*Myrica gale*), von denen sehr viele Kleinschmetterlingsraupen leben. Was uns aber am meisten beim Auflisten dieser Blütenpflanzen auffällt, ist, dass alle diese Pflanzenarten auch in anderen Landschaftsräumen als den Regenmooren vorkommen und dort ganz sicher sogar besser gedeihen als im Regenmoor. Es sind Pflanzenarten, die eigentlich lieber auf mineralischem Untergrund oder zumindest auf torfigem Untergrund, der leicht mineralisiert, wurzeln, als im Regenmoor vor sich hin zu hungern. Außerhalb der Regenmoore oder am Rand dieser Moore, wo sie noch ins Mineralische wurzeln können, oder in gestörten Regenmooren mit mineralisierendem Torf erhalten diese Blütenpflanzen genügend Nährstoffe, um eine ungehemmte Proteinsynthese zu betreiben. Dann liefern diese Pflanzen den Raupen der verschiedensten Falterarten genügend Proteine, die diese wiederum den fertigen Faltern für ihre Eierentwicklung mitgeben.

Bestehen solche günstigen Bedingungen am Rand der Regenmoore, dann leben dort zahlreiche Schmetterlingsarten, die man als Falter natürlich auch inmitten der Moore beobachtet, weshalb sie aber noch längst nicht inmitten dieser Moore aufgewachsen sind. Mittlerweile sind viele Regenmoore gestört, nachdem sie abgetorft oder zumindest entwässert wurden. Entwässerungen haben Folgen für die Entwicklung der Vegetation in solchen Lebensräumen. Die besagten Blütenpflanzen, die ansonsten lediglich am Rand oder sonst nur als Kümmerformen mit gebremster Proteinproduktion vorkommen, breiten sich in solche gestörten Moore hinein vielerorts aus und können sich durch die Mineralisation des Torfes besser ernähren. Die plötzlich erhöhte Proteinproduktion fördert verschiedenste Falterraupen, und so kann es sein, dass plötzlich hohe Individuenzahlen von verschiedenen Falterarten in diesen gestörten Regenmooren auftauchen. Manche Autoren deuten diese Moore dann als typisch ausgeprägte Regenmoore. Tatsächlich sind viele dieser Moore aufgrund ihrer Entwässerung aber gestört und weisen demnach keinesfalls mehr eine typische Prägung auf, nur weil verschiedenste Falterarten, die ansonsten im Laggbereich eines Regenmoores leben, plötzlich vermehrt inmitten von Regenmooren vorkommen.

Der Spiegelfleck-Dickkopffalter (Heteropterus morpheus) lebt in vielen Regionen Mitteleuropas fast nur noch in gestörten Regenmooren, weil er dort seine bevorzugte Raupenfutterpflanze, das Pfeifengras, findet.

Der Spiegelfleck-Dickkopffalter (*Heteropterus morpheus*), der im Volksmund als Hüpferling bezeichnet wird, weil er im Fluge durch die Landschaft zu hüpfen scheint, ist ein typisches Beispiel für Schmetterlinge, die in Mitteleuropa heute fast nur noch in Regenmooren leben, weil seine bevorzugte Raupenfutterpflanze, das Pfeifengras, beinahe nur noch in gestörten Regenmooren vorkommt. Das Regenmoor ist für diesen Falter das letzte Refugium geworden. In intakten Regenmooren würde er hingegen niemals leben können, weil dort das Pfeifengras gar nicht vorkommt. Das Pfeifengras wächst in gestörten Regenmooren auf mineralisierendem Regenmoortorf. Ursprünglich gab es Pfeifengraswiesen in nahezu jedem Niedermoor, da im Gegensatz zum Regenmoor in diesen Moortypen immer eine höhere Mineralisationsrate vorliegt und damit zumindest früher ein regelrechtes Netz von Standorten für diesen Falter bestand (Settele & Geißler, 1989). Ursprünglich gab es Pfeifengras natürlich auch noch in anderen relativ nährstoffarmen Lebensräumen als den Niedermooren, wo vor allem lockere Vegetationsbestände den räumlichen Charakter ausmachten. Lockere Vegetation sorgt grundsätzlich für genügend Temperatur durch Sonnenstrahlen in den verschiedensten Vegetationsschichten. Denn selbst wenn einzelne Falterarten ihren Ursprung in den kalten Tundralandschaften hatten, benötigen die Eier, Raupen und Falter für ihre spezifische Entwicklung eine gewisse Wärmesumme (Lepidopterologen-Arbeitsgruppe, 1997). Schließlich wird es auch in der Tundra im Sommer stellenweise schön warm. Und auch in der gemäßigten Zone ist für die Existenz der meisten Schmetterlinge das Mikroklima des Sommerhalbjahres entscheidend. Den Rest des Jahres verbringen diese Falterarten im Ruhestadium (Diapause).

Die Struktur von Pfeifengrasbeständen in gestörten Regenmooren ist so locker, dass die Sonnenstrahlen in allen Bereichen – von der Pflanzenspitze bis zum Boden – für sommerliche Wärme sorgen. Die Evapotranspiration auf Standorten mit diesem Gras ist so hoch, dass der Wasserstand im Moorboden um bis zu 70 Zentimeter absinken kann (Schouwenaars, 1993). Das Pfeifengras fördert also das Trockenerwerden von Regenmooren und schafft damit neue Wärmeinseln in gestörten Regenmooren, was unter anderem für den Hüpferling günstig ist. Nun sind Niedermoore vielerorts noch zerstörter als die Regenmoore, da sie meist flächig landwirtschaftlich genutzt werden und keine Pfeifengraswiesen dort mehr wachsen dürfen. Deshalb wich der Hüpferling in die gestörten Regenmoore aus, wo sich vielerorts das Pfeifengras ausbreitete. Nur in Gebirgslagen wie in den Alpen finden sich noch außerhalb von Regenmooren einzelne Bestände von Pfeifengras, zum Beispiel an angebrochenen Hanglagen, wo eben natürlich oder anthropogen bedingte Störungen des Bodens einen mesotrophen Charakter der Vegetation erhalten (Bätzing, 2005).

Letztlich geht es bei jedem Falter um die Futterpflanze für die Raupen, wonach sich die einzelnen Arten in der Regel voneinander unterscheiden, und um die jahreszeitlich unterschiedlichen Wärmeansprüche der Eier und Raupen, die auf nährstoffarmen Standorten durch jahreszeitliche und sogar tageszeitliche Temperaturgradienten am ehesten gegeben sind, wenn die Vegetation sehr strukturiert ist. Genau um diese Details geht es beim Hochmoorgelbling (*Colias palaeno*), was besonders auffällt, wenn man sich die momentane Verbreitung dieses ebenfalls hier und da in Regenmooren zu findenden Falters ansieht. Manches intakte Inlands-Regenmoor und mehrere mäßig gestörte Regenmoore sind Lebensräume für diesen Falter. In gestörten Regenmooren ist dieser Vertreter allerdings längst nicht so verbreitet wie beispielsweise der Spiegelfleck-Dickkopffalter. Ursprünglich kam der Hochmoorgelbling auch aus der kalten Waldsteppenlandschaft und besiedelte mit dem Entstehen der Regenmoore einzelne dieser neuen Landschaftsgebilde, aber eben längst nicht alle. Denn die Raupe des Hochmoorgelblings benötigt kontinuierliche winterliche Minustemperaturen, um in die überlebensnotwendige Phase der Diapause überzugehen und dadurch zu überwintern. Idealerweise sind die Lebensräume dieses Falters im Winter von einer Schneedecke überdeckt, denn bekanntlich ist die Temperatur unter einer kontinuierlich geschlossenen Schneedecke im Winter am konstantesten. Ein Auf und Ab der winterlichen Temperaturen verträgt diese Raupe überhaupt nicht. Die Art ist also noch richtig auf Tundra getrimmt. Im wärmer werdenden Mitteleuropa geht die Art deshalb selbst aus Regenmooren zurück, wo alle anderen Lebensraumbedingungen sonst noch erfüllt sind.

Grob erklärt sich damit das aktuelle Arealbild dieser Art. Es gibt aber noch weitere Aspekte. So kalt es für die erwachsene Raupe sein muss, damit sie in eine dauerhafte Diapause übergeht, genauso warm muss das Mikroklima für die heranwachsende Raupe sein. Gleichzeitig muss sich das Mikroklima durch eine relativ hohe Luftfeuchte auszeichnen. Diese Standortfaktoren gleichzeitig gibt es allerdings nicht überall. Aber beginnen wir wieder bei der Futterpflanze für die Raupen dieses Falters: der Rauschbeere (*Vaccinium uliginosum*). Die Rauschbeere wächst in intakten Regenmooren nur auf den trockeneren Bulten – also den kleinen Hochplateaus der Inlands-Regenmoore. Deshalb lebt der Hochmoorgelbling nur in intakten Inlands-Regenmooren, da es in den anderen Regenmooren gar keine genügende Anzahl an Futterpflanzen für die Raupen gibt. Außerdem findet man ihn nur in solchen intakten Inlands-Regenmooren, die noch deutlich vom kontinentalen winterkalten Klima geprägt sind. Im Norden und alpinen Süden seines Verbreitungsareals findet er die Rauschbeeren meistens in der Umgebung der Regenmoore, nämlich in der Kampfzone des Waldes, wo der Wald in die vermoorten Bereiche übergeht. Das ist auch der eigentliche Ursprungslebensraum dieses Falters. Wenn man so will, lebt der Hochmoorgelbling dort, wo auch das Birkhuhn lebt. Die Raupe dieses Falters ernährt sich von der Rauschbeere, und demgemäß muss sie von dieser Pflanze genügend Proteine beziehen. Proteinsynthese betreibt die Rauschbeere aber nur, wenn sie nicht kümmern muss. Ansonsten ist gerade dieses Heidekrautgewächs extrem herb und derb. Auf den kleinen Hochplateaus der Regenmoor-Bulten findet oberflächlich eine gewisse Mineralisation des Torfes statt, womit die Rauschbeeren dort tatsächlich gut versorgt sind, und am Rand der Moore oder der nährstoffarmen, aber doch mineralischen Umgebungen der nordischen Regenmoore sowieso.

Die Mineralisation von Regenmoortorf, die wiederum ein Ausbreiten der Proteinsynthese betreibenden Rauschbeeren verursachte, ist der Grund, warum in so manchem gestörten Regenmoor der kontinental geprägten winterkalten Gegenden die Zahl von Hochmoorgelblingen mit Beginn des Nutzens von Regenmooren zunahm. Mit dem Entwässern eines Regenmoores breiteten sich die Rauschbeere und sukzessive natürlich auch Bäume aus. Wie schon erwähnt, braucht die Raupe des Hochmoorgelblings aber nicht nur die Rauschbeere, um ausreichend Proteine aufzunehmen, sondern ebenso sommerliche Wärme und Feuchtigkeit gleichzeitig. Dieses Zusammenspiel ist begrenzt möglich, nämlich so lange, wie die entsprechenden Regenmoore nicht vollständig entwässert und dicht bewaldet sind. Doch mit zunehmender Nutzung schreitet gewöhnlich das Entwässern des Torfes fort, die sommerliche Luftfeuchtigkeit nimmt in dessen Folge ab. Damit verändert sich die Vegetation eines solchen gestörten Regenmoores weiter und weiter, bis schließlich selbst die Rauschbeeren verschwunden sind und stattdessen in der Krautschicht die Brombeeren wachsen. Außerdem wachsen die Bäume zu einer dichten Baumschicht zusammen und bilden einen Moorwald. Luftfeuchte

Im sekundären Regenmoorwald, wo sogar Nadelhölzer angepflanzt worden sind, um die Entwässerung des Regenmoores durch Waldbaumaßnahmen zu beschleunigen, findet der Hochmoorgelbling keinen Lebensraum mehr, selbst wenn es noch so viele Rauschbeeren in der Krautschicht dieses Waldes gibt. Das Mikroklima ist dann nur noch nasskalt und nicht mehr luftfeucht und sommerlich warm.

und gleichzeitig besonnte Stellen sind dann endgültig für diese Falter verloren. Noch schneller verschlechtert sich das Mikroklima in solchen Regenmooren, wo Nadelhölzer aufgeforstet worden sind, um die tiefgreifende Entwässerung des Moores zu beschleunigen. So ging der Hochmoorgelbling in vielen gestörten Regenmooren genauso schnell wieder verloren, wie er gekommen war. Besonders fällt dieses Dilemma im südlichen Teil der mitteleuropäischen gemäßigten Zone seines Verbreitungsareals auf, wo sich die Hochmoorgelblinge immer mehr in die Alpenlagen zurückziehen, in denen noch verbliebene Lebensräume mit entsprechenden Standortfaktoren existieren (Lepidopterologen-Arbeitsgruppe, 1987; Settele et al., 1999; Bräu et al., 2013).

Wir können also mit Fug und Recht behaupten: Ein durch Menschenhand erst vor kurzem entstandenes Refugium – mäßig gestörte Regenmoore – wurde in einem noch kürzeren Zeitraum vollständig vernichtet (Poschlod, 2015). Hier und da könnte man diese Refugien durch spezifische Maßnahmen wiederherstellen, aber längst nicht alle. Doch dazu später mehr. Tatsache ist, dass sich die Areale von einst borealen Arten weiter verschieben werden, was einerseits klimatisch und anderseits anthropogen bedingt ist.

Besucher aus der Steppe, die als Sklavenhalter auch Regenmoore besiedeln

Von den Insekten zählen die Ameisen zu der am besten erforschten Gruppe, was die zahlreichen Publikationen über Ameisen – darunter selbst Berichte über Ameisen in den Mooren – belegen. Fixiert auf Regenmoore ist wiederum keine Art. Alle in Regenmooren vorkommenden Ameisenarten leben innerhalb ihres Gesamtareals je nach Region auch in anderen Lebensräumen. Die Physiologie, Morphologie und das Verhalten, welche sich in anderen Lebensräumen evolvierten, passt nur wieder gut zu den Standorteigenschaften der Regenmoore. Deshalb wurden diese jungen Landschaftsgebilde auch von einigen Ameisenarten besiedelt.

Als typischste und wohl auch häufigste Ameise der Regenmoore ist *Formica (Serviformica) picea,* die Schwarze Moorameise (Czechowski et al., 2002), zu nennen. Diese Art hat einen langen Namenswirrwarr hinter sich (Seifert, 2004), wovon wenigstens *„Serviformica", von* „Servieren" abgeleitet, als Zusatzname übrigblieb. In manchen Regionen kann die Schwarze Moorameise nur noch in Regenmooren leben, weil alle anderen Standorte zerstört oder nicht mehr existent sind, weshalb manche Wissenschaftler eine Verinselung der Vorkommen und dadurch eine genetische Verarmung, schließlich sogar eine Aussterbewahrscheinlichkeit befürchten (Rees et al., 2010). Ob eine solche postulierte fatale Kaskade infolge der Verinselung wirklich eintritt, bleibt abzuwarten, denn Inseln sind Regenmoore schon immer gewesen und auf vielen dieser Inseln dürfte die Art schon mehrere tausend Jahre leben. Gefahr droht der Art wohl eher durch die Zerstörung ihres letzten Lebensraumes: des Regenmoores.

Regenmoore, in denen die Schwarze Moorameise lebt, müssen unverkennbar feucht sein, wodurch sie zwangsläufig nicht zu stark bewalden. Die Struktur des jeweiligen Regenmoores kann hingegen sehr unterschiedlich sein (Peus, 1932; Czechowski et al., 2002; Seifert, 2007). Die

Schwarze Moorameise besiedelt von den Deckenmooren der Küstengebiete bis zu den leicht bewaldeten Inlands-Regenmooren jede Form von Regenmooren, solange es sich eben nicht um Wald-Moore handelt. Sie erträgt enorme winterliche Minustemperaturen und kann selbst in wassergetränkten Böden während der frühjährlichen Tauperiode lange Zeit überleben. Spezielle Enzyme verhindern das Einfrieren der Hämolymphe der Ameisen.
Kein Wunder, dass sie spezielle Überlebensstrategien entwickelt hat, denn wie viele der schon beschriebenen Arten stammt auch die Schwarze Moorameise aus den winterkalten Grassteppenlandschaften des euroasiatischen Kontinents (Seifert, 2007), wo sie sich an die Kälte angepasst hat. Im Sommer, wenn sich die Ameisenkolonien vermehren, ist es in den winterkalten Grassteppen aber durchaus warm. Deshalb müssen auch die besiedelten Regenmoore weitestgehend baumfrei sein, damit Licht und somit Wärme an die Nester gelangen. Feucht müssen die neuen Standorte sein, um andere dominantere und aggressivere Arten abzuhalten, von denen heute im wärmer werdenden Mitteleuropa zahlreiche Spezies vorkommen. Denn waren die Schwarzen Moorameisen in ihren Primärhabitaten der weitläufigen, kontinentalen, extrem winterkalten Grassteppen aufgrund der Winterkälte noch nahezu konkurrenzlos, so sind sie es im deutlich winterwärmeren Mitteleuropa auf der gesamten Fläche nicht mehr – mit Ausnahme der feuchtnassen Regenmoore. Auf diesen Standorten sind sie besser angepasst als die anderen ansonsten noch in Mitteleuropa vorkommenden und deutlich dominanteren Ameisenarten.

Dennoch gibt es eine weitere, sogar größere Ameise in den mitteleuropäischen Regenmooren, und zwar die Schwarzkopfameise – *Formica uralensis* –, die die Schwarze Moorameise für die Gründung ihres ersten Nestes benötigt und die erst dann zum Konkurrenten auf kleineren Regenmooren werden kann. Folglich weist die Schwarzkopfameise ein analoges Areal wie die Schwarze Moorameise auf, denn nur wo die Schwarze Moorameise schon in Regenmooren vorkommt, kann sich die Schwarzkopfameise ebenfalls ansiedeln. Ähnlich wie die Mongolen aus der asiatischen Steppe in Europa einfielen und andere Völker versklavten, macht es die Schwarzkopfameise, wenngleich auch nur zur Gründung des ersten Nestes. Sie lässt ihre erste Königin einfach von den Arbeiterinnen der Schwarzen Moorameisen großziehen, bis die genügend arteigene Arbeiterinnen hervorgebracht haben und die Moorameisen wieder ihren eigenen Weg

Die Schwarzkopfameise (Formica uralensis) ist keine glaziale Reliktart der Regenmoore, sondern nach der Eiszeit aus den euroasiatischen Steppenlandschaften in die neu entstandenen Regenmoore eingewandert.

gehen können (Hölldobler & Wilson, 1990). Eine echte dauerhafte Versklavung, wie es bestimmte Menschen mit anderen Menschen gemacht haben, liegt hier also nicht vor, wie Hölldobler und Wilson (1990) betonen. Das Verhalten der Schwarzkopfameise erweckte bei einigen Wissenschaftler lediglich den Anschein einer Versklavung, weshalb der Name „Sklavenameisen" frühzeitig vergeben wurde, sie richtigerweise aber „Servierameisen" heißen müsste, so die beiden Ameisenforscher Hölldobler und Wilson (1990). Letztgenannter Terminus setzte sich letztendlich für die Schwarze Moorameise durch.

Die Nester der beiden Moorameisenarten sind unterschiedlich, und somit erklärt sich das sympatrische Auftreten, wenngleich dies auch noch durch die unterschiedliche Ernährungsweise unterstützt wird, denn die Schwarze Moorameise melkt vorzugsweise die Wurzelläuse (*Pseudococcidae*), die unter der Erde an Pflanzenwurzeln vorkommen, während die Schwarzkopfameise eher die Schildläuse (*Coccoidea*) und Blattläuse (*Aphidoidea*) an den oberirdischen Pflanzenteilen vertilgt. Aber kommen wir zu den Nestern. Das Nestmaterial ist der Mangelfaktor für Ameisen in Regenmooren. Die großen, für jeden bekannten hügelbauenden Waldameisen verbauen meistens Nadeln, um ihre teils riesigen Nester zu errichten. So machen es noch zahlreiche andere größere Ameisen, die zur Gruppe der Waldameisen (*Formica*-Arten) gehören. Nadelstreu in Mengen fehlt in Regenmooren, und damit Nestmaterial für diese Ameisenarten. Die zahlreichen anderen kleineren Ameisen benötigen Substrat, in das sie hineinbauen können, oder sie errichten ihre Nester unterirdisch. Vor allem aber vertragen sie alle keine Nässe und schon gar nicht Nässe und Kälte gleichzeitig, weshalb alle diese anderen Arten meistens in Regenmooren fehlen. Die beiden Moorameisen benötigen Wärme und Nässefreiheit bei der Entwicklung ihrer Brut, und dafür nutzen sie die Bulten der Regenmoore, da diese Bereiche die Einzigen sind, die sich aus dem Moorwasserspiegel erheben.

Die Schwarze Moorameise legt ihre Nester in Torfmoosbulten an und miniert diese. Die Nester werden auf der von der Hauptwindrichtung abgewandten Seite errichtet, damit sie auf den freien Regenmoorflächen, über die häufig ein kalter Wind pfeift, nicht unnötig auskühlen. Mit abgebissenen Stängelchen der wenigen vorhandenen Kräuter und Torfmoosblättchen wird ein regelrechter löschpapierdicker Baldachin über der Nestkuppe gebaut. Die Nester sind dadurch vor zu viel Sonne geschützt und kaum zu erkennen. Nur durch die rausgeschafften Moosteilchen, die an der Sonne vertrocknen und als weiße Reste um die Nester herumliegen, wird einem geschulten Auge das Nest der Schwarzen Moorameise offenbart. Schließlich wuchern Pilzhyphen in die Nestwände hinein, was die Wände zwar versteift, doch langfristig die Torfmoospflänzchen der Bulten absterben lässt und dadurch eine ganz neue pflanzliche Sukzession auf diesen Bulten auslöst. Sterben die Torfmoospflänzchen ab, fehlt die Nachlieferung von Feuchtigkeit für die Schwarzen Moorameisen und ihre Brut. Die Ameise verlässt diese Erhebung und sucht sich eine neue Torfmoosbulte, wo der Prozess von neuem beginnt.

Auf solchen geschädigten Bulten wächst im Anschluss zum Beispiel das Steifblättrige Frauenhaarmoos (*Polytrichum strictum*), das die gute Durchlüftung, die geringere Feuchtigkeit und die Versorgung durch die Pilzhyphen nutzt. Das historische Nestgebilde der Schwarzen Moorameise bleibt aber noch eine gewisse Zeit vorhanden. Darin finden sich nachnutzende Ameisen ein, da es dort für sie angenehm trocken und warm ist. So sind in diesen Bereichen dann plötzlich Ameisen aus den Familien der Knotenameisen (*Myrmica*-Arten), der Wegamei-

sen (*Lasius*-Arten) oder sogar andere Arten aus der Gattung der *Formica*-Arten wie die Blutrote Raubameise (*Formica sanguinea*) zu finden. Tritt die Blutrote Raubameise in Regenmooren auf, ist das Moor aber meistens noch anderweitig geschädigt, wie etwa durch menschliche Entwässerung. Die Frauenhaarmoos-Bulten sind in einem intakten Regenmoor nicht von Dauer. In niederschlagsreichen Jahren übernimmt die umgebende Torfmoosgemeinschaft wieder solche Bulten und drängt das Frauenhaarmoos zurück. Selbst die Ameisengemeinschaft kann sich auf solchen Bulten wieder zurück zur Schwarzen Moorameise entwickeln (Peus, 1932). Manche Bulte mit dem Frauenhaarmoos fällt gänzlich in sich zusammen, wonach die Torfmoose der Muldengesellschaften die Oberhand gewinnen und gar keine Bultengemeinschaft mehr übrigbleibt.
Die Schwarzkopfameisen hingegen bauen ihre Nester auf andere Art und Weise. Sie errichten, wie die anderen Waldameisen außerhalb der Regenmoore, echte Hügelnester; doch sind ihre eben längst nicht so groß. Das Material für die Hügelnester besteht aus abgebissenen Stängeln von Heidekräutern, Schnabelried oder Pfeifengras, wobei auch gern vorhandene Bulten oder kleine Baumstämmchen als erste Stütze genutzt werden. Zum Schluss entstehen richtige Nestkuppen, die in der Mitte stets einen zylinderförmigen Hohlraum aufweisen, der als Luftkanal gedeutet wird (Jacobson, 1939). Die Schwarzkopfameisen benötigen also etwas bewachsenere Regenmoore mit deutlichem Vorhandensein von Kräutern. Waldartig dürfen die Moore aber ebenfalls nicht sein. Aufgrund der nicht ausreichend anzufindenden Kräuter und damit dem nicht vorhandenen Nestmaterial in den küstennahen Deckenmooren besiedelten die Schwarzkopfameisen nur die Inlands-Regenmoore (Punttila & Kilpeläinen, 2009), allerdings nur, wenn die Schwarze Moorameise schon dort heimisch war. Steigt in einem Jahr der Moorwasserstand, dann bauen die Schwarzkopfameisen ihren Hügel einfach weiter nach oben und verlagern die Brut in höhere Brutkammern. Sind die Nester einmal errichtet und hat sich eine Kolonie mit Starthilfe der Schwarzen Moorameise gebildet, bleibt diese Ameise über Jahrzehnte dem Standort treu.

Die Schwarzkopfameise kommt aus einem stabilen Lebensraum – der Steppe – und hat mit den Regenmooren einen neuen Standort gefunden. Da der Standort stabil ist, orientieren sich die Ameisen nach ihrem Winterschlaf auch an vorjährigen Geländemarken, um die Nester wiederzufinden.

Dieses Auffinden vollzieht sich keinesfalls nur olfaktorisch (Salo & Rosengren, 2001). Wie viele andere Ameisenarten auch verlassen die Arbeiterinnen eines Schwarzkopfameisenstaates im Winter ihre doch relativ exponierten Nester, um sich in tiefere, frostgeschütztere Geländestrukturen zurückzuziehen. Prinzipiell kann die Schwarzkopfameise wie die Schwarze Moorameise

Wächst Steifblättriges Frauenhaarmoos (Polytrichum strictum) auf einer Bulte der Regenmoore ohne Torfmoose, ist das häufig ein Zeichen von verlassenen Nestern der Schwarzen Moorameise, die die Bulte austrocknen lassen hat und eine ganz neue pflanzliche Sukzession einleitete.

aber ein Einfrieren überstehen und selbst ein mehrtägiges nicht aktives Untertauchen überlebt sie (Gryllenberg & Rosengren, 1984). In solchen Fällen fährt sie den Sauerstoffverbrauch einfach runter. Die erstaunlichsten Dinge begegnen uns bei der Suche nach den Anpassungsdetails, um in Regenmooren zu überleben. Dennoch brachten auch alle Regenmoorameisen diese Fähigkeiten schon aus ihren Ursprungslebensräumen mit. Das lässt Regenmoore aber nicht bedeutungslos werden; sie sind vielmehr entscheidende Trittsteinlebensräume, wodurch sich das Vorkommen der einen oder anderen Ameisenart überhaupt erst erklären lässt.

Regenmoore als willkommene Trittsteinlebensräume

Auch zahlreiche Käferarten nutzen die Regenmoore als Trittsteinlebensräume in einer sich verändernden Welt. Die Käfer zählen neben den Schmetterlingen weltweit zur artenreichsten Gruppe unter den Insekten. Es ist demnach nicht verwunderlich, dass in dem einen oder anderen Regenmoor mehr oder weniger viele Käferarten zu finden sind. Käfer sind überall, was sich schon allein aus der Artenfülle ergibt. Käfer sind aber auch sehr spezielle Lebewesen, die häufig spezielle Nischen nutzen oder, anders ausgedrückt, die sich sehr konkret in eine Nische *„durch einen speziellen Beruf"* eingepasst haben. Die Käfer zählen zu der Tiergruppe, die die räumlichen Nischen regelrecht verdichten (Kotze, 2008). Sie verfolgen par excellence die Nischenmaximierung, denn wo es eng wird, muss man ausweichen oder man geht verloren. Oder wir sagen es mit den Worten des amerikanischen Paläontologen Stephen Jay Gould: *„Eine einzelne Art mit breit angelegter ökologischer Toleranz zeigt eine ausgedehntere geografische Verbreitung als eine viel spezialisiertere und stärker an ihre ökologische Nische angepasste Art. Der geografische und der ökologische Toleranzbereich schützt vermutlich diese verbreitetere Art bei irgendwelchen katastrophalen Entwicklungen, wohingegen ein absoluter Spezialist verloren geht. Nach katastrophalen Zeiten entstehen stets wieder neue Nischen und die kann dann der Artenzweig mit hoher geografischer Verbreitung nutzen und sich gegebenenfalls wieder in neue Arten aufspalten."* (Gould, 1994b). Einen ähnlichen Ansatz vermutete Brian Farrell, der wie Gould an der Harvard Universität forschte, wobei er sich explizit mit Käfern beschäftigte (Farrell, 1998).

Und tatsächlich gab es unter den Käfern immer viele Arten, die eine weite geografische Verbreitung aufwiesen, um sich nach katastrophalen Zeiten von allen Seiten wieder in die neuen Landschaftsräume auszubreiten (Coope, 1990). Viele Zweige der unterschiedlichen Käfergruppen verlieren dann während der normalen Phasen ohne Katastrophen sogar recht schnell wieder ihre Ausbreitungsfähigkeit und passen sich rasch in die neuen Nischen ein, was fast nach jedem großräumigen katastrophalen Ereignis in einer Region eine regelrechte Spezialisierungswelle dieser Insektengruppe nach sich zieht (Darlington, 1943; Den Boer et al., 1980; Niemelä & Halme, 1992; Oleksa et al., 2013). Demnach verwundert es nicht, wenn wir Käfer in nahezu allen

Strukturen eines Regenmoores antreffen können. Im freien Wasser wie in den Laggs oder vegetationsoffenen Kolken sind Käfer beheimatet, ebenso wie in den verschiedensten trockeneren terrestrischen Bereichen. Die meisten Arten sind jedoch kurzzeitig (ephemer) und nur als fertige Imagines anzutreffen, nicht als Larven, was für keine bodenständige Entwicklung in Regenmooren spricht, sondern eben nur für eine Form von Trittsteinen beim generellen Ausbreitungsverhalten der einen oder der anderen Art. Zum Beispiel treten die kleinen Wassertreter (*Haliplidae*), die ausgesprochen gute Flieger sind, sehr häufig in den Gewässern der Regenmoore auf, aber auch fast genauso häufig in einem Gartenteich, was ihre enorme Ausbreitungslust unterstreicht, aber nicht die Besiedlungsfähigkeit von vielen Gewässertypen. Bodenständig wird fast keiner dieser Wasserkäfer in den Regenmooren, denn dafür gibt es zu wenige Nahrungsgrundlagen in diesen Gewässertypen. Wir erinnern uns an den Kreislauf mit den Mykobakterien; nur in diesem Nahrungszirkel können einzelne Arten in Regenmooren überleben, aber fast nie zahlreich. Steigt die Anzahl der Wasserkäfer in einem Regenmoor, dann ist das ein Zeichen von rapider Veränderung im Nahrungskreislauf, was meist auf eine Zerstörung dieses speziellen Lebensraumes hinweist oder auf schon längst zerstörte Bereiche wie die Torfstiche.

Ein typischer größerer Wasserkäfer der Regenmoore ist der Lappland-Gelbrandkäfer (*Dytiscus lapponicus*), der aus der Familie der großen Schwimmkäfer stammt. Aus der gleichen Familie geht der viel größere Gemeine Gelbrandkäfer hervor, den viele Menschen aus ihrem heimischen Gartenteich kennen. Die Larven dieser Käferfamilie sind sehr aggressive Räuber und erbeuten mit ihren extrem kräftigen Mandibeln sogar Nahrung, die genauso groß ist wie sie selbst. Kleine Fische oder Großlibellenlarven sind vor diesen Räubern nicht sicher. Wenn sie die großen Larven der Moorlibellen jagen, dann stehen sie am Ende der Mykobakterienkette und erhalten dadurch in hoher Quantität die überlebenswichtigen Mineralien, die die Mykobakterien in den entsprechenden Moorgewässern recycelt haben. Natürlich brauchen große Wasserkäfer auch eine größere räumliche Bewegungsfreiheit als kleinere Käfer, wonach sich zwangsläufig die örtliche Verteilung der Wasserkäfer im Regenmoor ergibt. *Dytiscus lapponicus* ist wiederum ein typisches Faunenelement der Tundralandschaft. Bis heute ist er nahezu über die gesamte Tundralandschaft verbreitet.

Mit hoher Wahrscheinlichkeit hat auch er die Eiszeit in dem mitteleuropäischen Tundrastreifen zwischen den nördlichen und südlichen Gletschermassen überdauert und wanderte nach dem Abtauen der Gletscher mit der Tundrazone nach Norden oder in die südlichen tundraähnlichen alpinen Gebirgszonen, von wo aus er sich dann relativ rasch in die neu entstandenen Regenmoore entfalten konnte. So ist er sowohl in den alpinen mitteleuropäischen Regenmooren als auch in den nördlicheren Regenmooren von Holland bis nach Polen zu finden und natürlich in zahlreichen Mooren Skandinaviens (Klausnitzer, 1984).

In den terrestrischen Bereichen der Regenmoore kann man die meisten Käferarten finden, allein schon deshalb, weil die meisten Käferarten von der Gruppe der terrestrisch lebenden Arten abstammen. Eine Gruppe sind die Kurzflügler (*Staphylinidae*), die zu den artenreichsten Käferfamilien auf der Welt gehören. Trotz ihres Namens sind sie meist sehr gute Flieger, womit ihrer Verbreitung nie etwas im Wege stand. Diese Käfer sind zudem sehr winzig. Sie können die kleinsten kryptischen Mikrohabitate bevölkern, weshalb wohl gerade die Kurzflügler mit mehreren Arten in den Mikrostandorten der Torfmoosbulten zu finden sind (Peus, 1928). Wirklich bodenständig sind natürlich nur wieder die Arten, die in der Tundra ihre Anpassung auf Nässe und Kälte entwickelt haben (Andersen, 2011) und von dort in die neuen Regenmoore eingewandert sind. Aber gerade in den vielen mitteleuropäischen gestörten oder gar zerstörten Regenmooren sind auch viele andere Arten aus der Gruppe der Kurzflügler zu finden. Gerade nach dem Motto: Kleinste ökologische Unterschiedlichkeiten bieten Möglichkeiten, die die Kurzflügler stets testen.

Ähnliches gilt für die Laufkäferfauna (*Carabidae*), aus deren Reihe es ebenfalls viele gute Flieger gibt, und die sich eben arealbedingt aufgrund der zonalen Verschiebungen von Ursprungshabitaten auf die Regenmoore begrenzen oder sich einfach aufgrund ihrer guten Ausbreitungsfähigkeiten hier und da bei günstigen Konstellationen der Standortfaktoren einfinden und auch rasch wieder verschwinden. Der Hochmoor-Glanzflachläufer (*Agonum ericeti*) ist einer von mehreren Laufkäfern, die die Regenmoore wohl wegen der Standortähnlichkeit zu ihren Primärhabitaten, den Tundrasteppen (Frank, 2002; Spitzer & Danks, 2006), besiedelten. Ein Teil dieser Arten ist hygrobiont, das bedeutet, er benötigt hohe Feuchtigkeit in Boden und Luft. Andere Arten finden in Regenmooren einfach nur die gleiche Raumstruktur und die dadurch hervortretenden Raumeigenschaften wie in ihren Ursprungshabitaten wieder (Peus, 1950a; Heydemann, 1957). So trifft es wohl auf den Heidelaufkäfer (*Carabus nitens*) zu, den man sowohl in Regenmooren als auch in trockenen Heidelandschaften in hohen Individuenzahlen finden kann. Ist die physiologische Grundplastizität einer Art noch gegeben, reicht manchmal die kleinste Standortähnlichkeit für einen Sprung in einen neuen Lebensraum, was für viele Käferarten der Fall sein dürfte. Bei so manch einem Käfer wird diese Grundplastizität aller Wahrscheinlichkeit nach sogar zu kleinen evolutionären Schritten geführt haben, die eine spezifischere Einnischung in ihrem neuen Lebensraum ermöglichten, um die neue Nische optimal zu nutzen.

Aber warum gibt es gerade so viele Käferarten in Regenmooren, wenn diese doch so nährstoffarm sind? Alle – sowohl die Wasserkäfer als auch die meisten terrestrischen Käfer – leben räuberisch, sie ernähren sich also von anderen kleineren Tierchen. Für die terrestrischen Käfer dürften die Springschwänze (*Collembola*) die Hauptbeute darstellen. Springschwänze gibt es überall auf der Erde, selbst auf Gletschern, und demnach auch in den noch so nassen und kalten Regenmooren. Diese winzigen Tierchen fressen den Detritus, also das Pflanzenmaterial, was von Bakterien schon etwas vorzerlegt ist. Pflanzliches Material können selbst kleinste herangewehte Algen sein, die zum Beispiel auf den Oberflächen von Gletschern oder auf den Torfmoosdecken der Regenmoore zu finden sind. Alles, was irgendwie im Begriff ist, sich zu zersetzen, wird von den Springschwänzen gefressen. Die Käfer jagen diese winzigen Springschwänze bis in die kleinste Ecke ihres Territoriums hinein und decken damit in den ansonsten so nährstoffarmen Lebensräumen ihren Bedarf an Proteinen und sonstigen Nährstoffen. Möglicherweise ist diese Ernährungsweise sogar der Grund, warum es generell weltweit so viele Käferarten gibt, denn Springschwänze gibt es wirklich überall, weil überall Detritus anfällt, auch wenn er dort nur hingeweht wurde.

Heuschrecken: Singende Regenmoor-Bewohner

Die Raumstruktur und die dadurch entstehenden Raumeigenschaften locken auch kleine singende Bewohner in die Regenmoore, wobei ich mich hier auf die Heuschrecken (*Orthoptera*) beschränken möchte, wenngleich ebenso schön die Zikaden (*Hemiptera*) singen und hier und da in diesen Mooren vorkommen (Rabeler, 1931; Freese & Biedermann, 2005).

Wie für die meisten terrestrischen Käferarten ist für die Kurzflügelige Beißschrecke (Metrioptera brachyptera) die Raumstruktur der Regenmoorvegetation mit ihren spezifischen Eigenschaften die Voraussetzung für eine Regenmoorbesiedlung gewesen.

Bei den Heuschrecken handelt es sich aber nicht mal mehr um eine arealbedingte Tyrphobiontie, sondern allein um eine Hygrophilie oder Raumphilie. Es gibt keine strikte Konsistenz zur Bodennässe von Regenmooren, sondern bei den Heuschrecken ist es wirklich nur die Raumähnlichkeit zu ihren Ursprungshabitaten, weshalb sie in ihrem Areal auch Regenmoore besiedeln können. Wenn man es ganz genau nimmt, lebt von den Heuschrecken eigentlich nur die Kurzflügelige Beißschrecke (*Metrioptera brachyptera*) mittendrin und tatsächlich bodenständig in Regenmooren. Am Rand, im Lagg, wo es noch einen deutlichen Übergang vom Niedermoor zum Regenmoor gibt, lebt gelegentlich die Sumpfschrecke (*Stethophyma grossum*). Findet man Vertreter der Sumpfschrecke mittig im Regenmoor, sind es Kurzausflügler, aber keine dort bodenständig lebenden Individuen. Oder man befindet sich in einem gestörten Regenmoor, welches wiedervernässt wurde und sich gerade wieder im Versumpfungsstadium befindet. Warum ist das so?

Beide Heuschreckenarten kommen ursprünglich aus dem asiatischen Steppenraum mit seinen Durchströmungsmooren entlang der Flüsse, konkret aus dem Raum um die Angara in Sibirien (Bei-Bienko & Mishchenko, 1963; Bei-Bienko & Mishchenko, 1964), weshalb man in Wissenschaftlerkreisen vom angarischen Ursprungsgebiet spricht (Ingrisch & Köhler, 1998). Ob dieser Raum wirklich der Ursprungsraum der beiden Arten war, sei dahingestellt. Die Vorfahren der heute in Mitteleuropa vorkommenden Individuen dieser beiden Arten dürften die Eiszeiten jedenfalls ähnlich wie viele andere Tierarten in den Tundrasteppenzonen zwischen den Gletschermassen des Nordens und Südens überlebt haben, und sind nicht erst nach dem Abtauen der Gletscher aus dem sibirischen Raum bis nach Mitteleuropa eingewandert (Sonneck et al., 2008). Wie und wo auch immer, sie haben ihre Fähigkeiten in trockenen oder nassen Tundra- und Steppenlandschaften evolviert, was ihnen den Sprung in Regenmoore oder an dessen Ränder ermöglichte. Der Prozess ist also immer der Gleiche, nur die Details unterscheiden sich voneinander.

So sind die Lebensraumansprüche der Sumpfschrecke zum Beispiel eindeutig hygrobiont, also an Feuchtigkeit gebunden (Zacher, 1917; Coulianos, 1958;

Die Sumpfschrecke (Stethophyma grossum) lebt gelegentlich am Rand von Regenmooren, wo sie nährstoffhaltige Pflanzennahrung in den Laggs finden kann.

Storozhenko & Otte, 1994; Bönsel & Sonneck, 2011b). Die Kurzflügelige Beißschrecke fühlt sich nicht an Feuchtigkeit gebunden, sondern kann ebenso und genauso gut in trockenen Lebensräumen gedeihen (Detzel, 1998; Baur et al., 2006; Poniatowski & Fartmann, 2010), weshalb man ihr den ökologischen Status von xerophil bis hygrophil lebend zusprach (Oschmann, 1973; Ingrisch & Köhler, 1998).

Gerade diese Beißschrecke, die völlig losgelöst von Bodenfeuchte auch in Trockenlebensräumen vorkommen kann, findet man in intakten Regenmooren. Die Art allerdings, die unbedingt Bodenfeuchte benötigt, lebt dort gerade nicht. Die Nahrung macht den Unterschied. Die Sumpfschrecke frisst ausschließlich pflanzliche Nahrung, weshalb sie nur am Rand der Regenmoore als bodenständige Art überleben kann. Im Moor selbst liefern die Pflanzenteile nicht genügend mineralien- und vitaminhaltige Nahrung. Vor allem fehlen ihr dort die Proteinressourcen, um Eipakete zu bilden. Es handelt sich also um das gleiche Phänomen, das wir schon bei den Schmetterlingen erfahren haben. Die Kurzflügelige Beißschrecke ernährt sich hingegen omnivor. Sie frisst neben Pflanzen auch Kleinstlebewesen und deckt damit ihren Proteinbedarf. Die Beißschrecke macht ihrem deutschen Namen also alle Ehre und kann wie bei den Pflanzen der Sonnentau durch ihre Ernährungsweise der Protein- und Mineralknappheit trotzen. Ähnliche Knappheit wird die Beißschrecke auch in den Steppenlandschaften vorgefunden haben, weshalb sie stets omnivor leben musste.

Nun braucht jede Heuschreckenart etwas Feuchte und Wärme für die Entwicklung ihrer Eier und für den Transpirationshaushalt der Imagines selbst (Ingrisch, 1983; Ingrisch, 1988). Die unterschiedlichen Bedürfnisse der einzelnen Arten sorgen für die unterschiedlichen Nischen, die sie besetzen, wenn man es so vereinfacht auf den Punkt bringt. Von unseren beiden Arten benötigt die Sumpfschrecke zweifellos die meiste Feuchtigkeit, weshalb sie ihre Eier unmittelbar an der Basis von Pflanzen in den tropfnassen Boden ablegt. Damit die Eier bei Überflutungen des Standortes nicht abdriften, werden sie in den Wurzelraum von Pflanzen platziert. Die meisten Standorte der Sumpfschrecke überfluten nämlich im hydrologischen Halbjahr von Herbst bis Frühling und trocknen erst danach wieder ab. Beim Abtrocknen bekommen die Eier ihre Wärme. Genau diesen spezifischen Standort, an dem die Eier genügend Feuchtigkeit und Wärme im Laufe eines Jahres bekommen, finden die Weibchen im Sommer vor. Damit sich die Eier eben genau an diesem vermuteten

optimalen Standort entwickeln, müssen sie vor dem Verdriften geschützt abgelegt werden.
Unsere Beißschrecke im Regenmoor braucht kein Verdriften zu befürchten, dafür aber ein Überwachsen von Torfmoosen, weshalb sie ihre Eier dort erst gar nicht in den Boden, sondern ins Mark von Pflanzenstängeln ablegt. In ihrer ursprünglichen Steppenlandschaft legte sie die Eier auch in den Boden. Natürlich platziert sie die Eier im Regenmoor nicht aus der Kenntnis des Überwachsens nicht in den Boden. Vielmehr spürt die Beißschrecke im Sommer die Kälte im bodennahen Medium ihres Regenmoorstandortes. Die Eier der Heuschrecken benötigen aber viel Wärme, und die ist im Regenmoor eben eher etwas oberhalb der durchnässten Mooroberfläche zu finden. Im Pflanzenmark ist bei entsprechender Wärme auch gleich die richtige Feuchtigkeit vorhanden. In den Steppenstandorten dürfte sich dieses Verhältnis je nach Exposition und Windverhältnissen unterscheiden, weshalb sie dort ihre Eier manchmal in den Boden und ein anderes Mal ebenfalls ins Pflanzenmark ablegt.
Dem aufmerksamen Leser wird aufgefallen sein, dass die Raumstruktur und die Eigenschaften des gebildeten Raumes in einem Regenmoor für die Kurzflügelige Beißschrecke sogar günstiger sind als in ihren Ursprungsstandorten der Steppen. Findet man diese Heuschrecke vielleicht genau deshalb so häufig in Regenmooren? Der Sprung aus der postglazialen Tundrasteppe Mitteleuropas in die neu entstandenen Regenmoore dürfte ihr jedenfalls nicht schwergefallen sein. Selbst das eigentliche Dispersal war für sie einfacher als zum Beispiel für die Sumpfschrecke. Die Kurzflügelige Beißschrecke hat in der Regel kurze Flügel, mit denen sie zwar fliegen kann, aber dabei nur sehr kurze Strecken bewältigt. Doch es gibt auch langflügelige Formen bei dieser Art (Poniatowski & Fartmann, 2009). Vermutlich bedient sich die Evolution dieser Lebensform, um größere Räume für die Ausbreitung von Arten nutzen zu können. Gerade wenn eine Art in ihrem gesamten Artenlebenslauf immer wieder von einem auf einen anderen Standort ausweichen musste, weil sich auf natürliche Art und Weise durch Sukzession der Vegetation über kurz oder lang ungünstige Standorteigenschaften einstellten, gab und gibt es stets oder zumindest kurzzeitig ausbreitungsfähige Art-Individuen (Mathias et al., 2001; Kisdi, 2002). Auch die Kurzflügelige Beißschrecke entkam dem Zwang zum Ausweichen in ihren Ursprungslandschaften, den Steppen, und den heutigen besiedelten Heideland-

schaften nicht (Poniatowski & Fartmann, 2010). Im Regenmoor bräuchte sie diese Fähigkeit der Ausbreitung eigentlich nicht, zumal es wohl kaum einen anderen Lebensraum gibt, der so beständig ist. Vielleicht findet man im Regenmoor auch keine langflügeligen Formen dieser Art? Eine Überprüfung würde sich lohnen! Die Sumpfschrecke war einfach nur da, als die Regenmoore entstanden sind. Sie lebte nämlich in den Niedermooren. Ursprünglich dürften gerade die Niedermoore, zu denen die Durchströmungsmoore und Auen entlang aller Flüsse der Nordhemisphäre gehören, ein riesiges zusammenhängendes Netz im Areal der Sumpfschrecke gebildet haben, weshalb sie heute an den verschiedensten Stellen zu finden ist (Bönsel & Sonneck, 2011b).

Doch mittlerweile lebt die Art vielerorts isoliert und kann von ihren Standorten nicht mehr weg, wenn sich nicht wieder ein Netz aus Feuchtgebieten durch Revitalisierung auftut (Sonneck et al., 2008). Das Dispersal dieser Art ermöglicht keine Sprünge über ungünstige Habitate hinweg, dazu sind die festgestellten Bewegungsradien viel zu gering (Marzelli, 1994; Griffioen, 1996; Sörens, 1996; Malkus, 1997; Bönsel & Sonneck, 2011b). Die Flugfähigkeit der Sumpfschrecke ist sehr eingeschränkt. Sie braucht definitiv Verbindungsrouten. Deshalb könnte man bei der Sumpfschrecke tatsächlich von einer Reliktart am Rande von Regenmooren sprechen. Diese Art findet sich nur an Stellen ein, an denen sich ein Regenmoor auf einem bereits von ihr bewohnten Niedermoor entwickelt hat. Und sie ist seitdem so lange dort reliktisch, wie die Fläche des ursprünglichen Niedermoores im Lagg des Regenmoores für die Existenz ausreicht. In Regenmooren, die sich über das ursprüngliche mineralische Niedermoor hinweggeschoben haben, ist die Sumpfschrecke nicht zu finden. Es fehlt ihr dort die Nahrungsgrundlage. Andererseits können sich die Sumpfschrecken in neuzeitig wiedervernässten Regenmooren einfinden, da sich in solchen Fällen ein flächiges Versumpfungsstadium einstellt, welches optimale Standortbedingungen für die Art liefert.

Mücken und Zecken: Quälgeister und Plagegeister

Zum Schluss dieses tierischen Kapitels will ich noch zu den stechenden Quälgeistern, den Mücken (*Nematocera*), die ebenfalls zur großen Gruppe der Insekten zählen, und zu den plagenden Zecken (*Ixodida*), die mit ihren acht Beinen nicht mehr zu den Insekten, sondern zu den Milben, die wiederum zu den Spinnentieren (*Acari*) gehören, kommen. Die Mücken werden der Ordnung der Zweiflügler (*Diptera*) zugeteilt, zu denen auch die Fliegen (*Brachycera*) gehören. Zecken sind sehr große Milben, die allesamt blutsaugende Ektoparasiten sind.

Bleiben wir vorerst noch bei den Insekten und beginnen das Kapitel mit den Mücken. Von dieser Insektengruppe gibt es wiederum keine einzige Art, die ganz speziell auf Regenmoore spezialisiert ist, also gar vom seichten Wasser der Torfmooslachen abhängt (Becker et al., 2010). Es gibt einzelne Arten, die das huminsäurehaltige Wasser auch in den von Torfmoosen durchwachsenen Lachen ertragen und deshalb selbst in Regenmooren vorkommen. Generell ist dieser Wasserlebensraum der Torfmoose in intakten Regenmooren aber eher pessimal für die Mücken, weshalb sie dort nicht in den Mengen wie beispielsweise in seichten Wasserlachen der Niedermoore vorkommen. So sind Mücken eigentlich nur in gestörten Regenmooren oder in denen, wo noch ausgedehnte flache Lagg- und Kolkbereiche existieren, plagend. Wiedervernässte Regenmoore mit großen, flachen, sonnenbeschienenen Wasserflächen, die dem Typ eines Niedermoores entsprechen, sind nicht mit intakten Re-

In intakten Regenmooren leben nicht viele Mückenarten und -individuen. Nur in gestörten – wie den wiedervernässten – Mooren, wo niedermoorartige Verhältnisse auftreten, können manchmal beachtliche Individuenzahlen hervorschweben.

genmooren zu vergleichen. Den Unterschied zwischen Niedermoor und Regenmoor macht das Mikroklima aus, wonach sich der Jahresverlauf der Wassertemperatur und die Wasserüberspanntheit der möglichen Brutgewässer für Mücken unterscheiden.

Mücken, die in echten Regenmooren hier und da vorkommen, haben ihre Ursprungshabitate in Wasserlebensräumen der Wälder, wie beispielsweise in flachen Waldlachen. Diese beschatteten Lachen erwärmen sich im Jahresverlauf ganz allmählich. Durch den Wasserzug der Waldbäume werden sie flacher und flacher, wodurch sie sich immer mehr erwärmen, was den Schlupf der Mückenlarven auslöst. In den Sommermonaten sind die Waldlachen häufig oberflächig abgetrocknet. In diese abgetrockneten Lachen legen die Mückenweibchen ihre Eier, aus denen erst im nächsten Jahr die folgende Generation schlüpft. In nassen Jahren können diese Lachen aber auch im Sommer wasserführend sein, und dann kommt es manchmal zu einer zweiten Mückengeneration im selben Jahr.

Ähnliche Entwicklungen durchlaufen die Torfmoosschlenken, weshalb die Mücken der Regenmoore in der Regel Waldarten sind. Die Torfmoosschlenken erwärmen sich allmählich nach dem Winter und werden dann sukzessive zu regelrechten Wärmeinseln im Regenmoor. Wenn die Torfmoose kein Wasser mehr aufnehmen und speichern können, beginnt die Verdunstung des übrigen Wassers in den Torfmoosschlenken, was in sehr sonnenreichen und niederschlagsarmen Frühjahren dazu führt, dass die Torfmoosschlenken im Sommer ebenfalls oberflächig abgetrocknet sind. In solchen Jahren trifft man im Sommer fast keine Mücke mehr im Regenmoor an. Die Eier überdauern dann wie im Waldlebensraum bis zum nächsten Frühjahr. Mit ihrer derben Hülle überstehen Waldmückenlarven selbst Frosttemperaturen, aber vor allem entwickeln sie sich im Verlauf einer großen Temperaturspanne vom Ei bis zur fertigen Mücke. Genau diese Fähigkeiten ließen den Sprung in den Regenmoorlebensraum zu.

Erwärmt sich das Wasser im Frühjahr, schlüpfen die Larven aus den vorjährig abgelegten Eiern. Je nach Erwärmungsfortschritt schlüpfen dann aus den Larven die uns plagenden erwachsenen Mückenweibchen. Die Männchen jagen nicht unser Blut, sie erfüllen allein die Funktion des Befruchters. Im Regenmoor schlüpfen dieselben Mückenarten der Wälder meist noch etwas später als in den Waldlachen, da das gespeicherte Wasserreservoir der Torfmooslachen umfangreicher ist und deshalb etwas länger braucht, um die Schlupftemperatur zu erreichen. Sind die Torfmooslachen aber erst einmal erwärmt, stellen sie regelrechte Wärmeinseln in dem Kältestandort dar. Gibt es in einem Regenmoor tiefere Lachen, bleiben diese meist über den gesamten Sommer mit Wasser überspannt. Aus solchen Lachen können einzelne Arten dann eine zweite Generation hervorbringen, wodurch in derartigen Regenmooren auch im Sommer Mücken nach unserem Blut trachten.

Sind die Mücken einmal geschlüpft, läuft immer wieder der gleiche Prozess ab. Die Weibchen suchen Blutspender. Finden sie keine, müssen sie sterben, ohne zur Fortpflanzung zu kommen, was bei der Masse von Mückenindividuen aber nie ins Gewicht fällt. Blutgesättigte Mückenweibchen haben hingegen ihren Proteinbedarf für die Eierentwicklung gedeckt. Mücken holen sich also ihre Proteine von den Blutspendern und können deshalb auch in den so proteinarmen Lebensräumen wie Regenmooren existieren. Die erwachsene Mücke ist im Gegensatz zu ihren Larven nicht derb, sondern eher sehr zart und muss sich deshalb sofort nach der Mahlzeit wieder an einen schattigen, warmfeuchten Standort zurückziehen. Diese Orte zu finden fällt den Mücken in einem sommerlichen Wald nicht schwer. Im Regenmoor ziehen sie sich ebenfalls in die Kraut- oder Baumschicht zurück, wo sie Verdunstungsfeuchte spüren. Haben sich die Eier im Leib des Mückenweibchens entwickelt, sucht es geeignete Eiablagestandorte. Dies müssen nicht zwangsläufig wasserüberspannte Schlenken sein. Viele Arten bevorzugen zur Eiablage abgetrocknete Lachen. Die Weibchen spüren schlichtweg, dass sich am Standort der Eiablage zur gegebenen Zeit wieder Wasser auffüllen wird, da es im Untergrund immer noch feucht ist. Möglich machen das Auffinden von Eiablagestandorten und Blutspendern die hochsensiblen Sensillen in den Antennchen der Mücken (Dettner & Peters, 1999).

Haben die Eier die Trockenphasen überstanden, schlüpfen in aufgefüllten und sich allmählich erwärmenden Lachen im nächsten Jahr aus ihnen die Larven. Die Sauerstoffarmut in den rasch sich erwärmenden flachen und deshalb extrem sauerstoffverbrauchenden Waldlachen überbrücken die Larven mit ihren Atemröhrchen, die aus dem Wasser herausragen und die es ihnen ermöglichen, frische Luft zu atmen (Peus, 1950b). Die Waldmücken sind also auch an Sauerstoffarmut angepasst, was wiederum eine wichtige Anpassungsfähigkeit für die Regenmoore ist. Denn die flachen und im Sommer sehr warmen Torfmoosschlenken verbrauchen

ebenfalls extrem viel Sauerstoff, so dass sie im zeitigen Frühjahr nahezu sauerstofffrei sind.
Von den Waldmückenarten ist *Aedes punctor*, zwischenzeitlich von den Taxonomen als *Ochlerotatus punctor* benannt, wohl die häufigste Mückenart in Regenmooren. Die Larve erträgt eine hohe Acidität von unter pH 4 und zudem sehr unterschiedliche Temperaturen bei der Larvalentwicklung, weshalb sie holarktisch in nahezu allen Klimazonen und Lebensräumen zu finden ist (Becker et al., 2010). Die optimale Entwicklungstemperatur liegt bei ungefähr 25 Grad Celsius. Bei diesen Verhältnissen können sich die Larven bis zur Verpuppung in nur 10 Tagen entwickeln. Die hohe Acidität des Regenmoorwassers verträgt auch *Aedes cinereus*, wenngleich diese Art deutlich sensibler gegenüber Besonnung ist (Becker et al., 2010). Die fertige *Aedes cinereus* braucht noch mehr Schatten als *A. punctor*, weshalb man sie in dichteren Wäldern und demnach nur in Regenmooren mit deutlicher Kraut- und Baumschicht findet, also in jenen Inlands-Regenmooren, die hier und da schon als Waldmoore bezeichnet werden. Das Temperaturoptimum für die Larvalentwicklung ist bei dieser absolut schattenliebenden *Aedes cinereus* deutlich geringer (< 20 Grad Celsius) als bei *A. punctor*, weshalb sich die Larven aus den Eiern schon im sehr zeitigen Frühjahr entwickeln, die geschlüpften Weibchen ihre Eier noch in vorhandene Schlenken ablegen können und somit häufig noch eine zweite Generation hervorbringen. In Regenmooren mit *A. cinereus* sind zweite Generationen aber nicht unbedingt typisch, da sich die stark beschatteten Torfmoosschlenken im Frühjahr viel langsamer erwärmen als Waldlachen und außerdem im Sommer kaum noch Wasser führen, woraus die zweite Generation von Mücken schlüpfen könnte.
Kommen wir jetzt zur Zecke, umgangssprachlich häufig als Holzbock benannt. In manchen Regenmooren kann man sich eine oder gleich mehrere Zecken einfangen, und in wieder anderen offenbar kaum eine bis gar keine. Der Unterschied ist aber nicht auf die Großsäuger wie Hirsch, Reh oder Wildschwein zurückzuführen, die in dem einen Moor häufiger und im anderen weniger häufig vorkommen. Der Grund ist unabhängig vom Ort ein ganz anderer, den Richard Ostfeld im Zusammenhang mit der Lyme-Krankheit eindrucksvoll ergründete (Ostfeld, 2011). Im europäischen Raum ist diese Krankheit als Borreliose bekannt. Der Erreger ist ein Bakterium aus der Gruppe der Spirochäten, und zwar *Borrelia burgdorferi*. Die Krankheit, die von diesem

Großsäuger wie der Elch sind nicht die quantitativ relevanten Träger von Zecken, aber Spender von organischer Masse, in denen sich die Schirmmoose entwickeln.

Eine elektronenmikroskopische Aufnahme macht den speziellen Stechrüssel einer Zecke sichtbar: erkennbar links und rechts des Rüssels die fürchterlichen Widerhaken, die mit ihrer Schärfe erst einmal die Haut des Opfers problemlos durchschneiden und dann kaum wieder loszuwerden sind.

Erreger hervorgerufen wird, hat eine lange Geschichte (Quammen, 2012). Richtig erkannt wurde dieser Erreger erst von Ärzten der medizinischen Fakultät in Yale. Dort forschte ein Ärzteteam an den eigentümlichen Arthritisfällen bei Jugendlichen aus Lyme und fand schließlich diesen Erreger als Verursacher. Deshalb heißt die Borreliose auch Lyme-Krankheit. Mir geht es aber vorerst um die Erkenntnisse zur Entwicklung und Verbreitung der Zecken, nicht um die Borreliose, deren Vorkommen in einem Regenmoor nämlich wieder auf einem ganz anderen Blatt Papier steht.

Lange Zeit dachte man, die Borreliose korreliere mit der Häufigkeit von Hirschen, da die ersten Borreliose-Forscher aus Yale die Zecken mit dem Borreliose-Erreger nur an Hirschen fanden. Schnell war der Begriff „Hirschzecke" geprägt und ein falscher Zirkelschluss nahm seinen Lauf. Nachdem der vermeintlich Schuldige gefunden wurde, begann in manchen Regionen der USA eine gnadenlose Jagd auf Hirsche. In manchen Gegenden hatte man die Hirsche fast ausgerottet, doch die Borreliose nahm nicht ab, was den Querdenker und Ökologen Richard Ostfeld auf den Plan rief. Ostfeld fand rasch heraus, dass man bei den bisherigen Feldstudien nur die Großsäuger untersucht, allerdings dabei die ganzen Kleintiere, die Nutzung der Landschaft, die Veränderung der Landschaftsstrukturen, die kleinklimatischen Schwankungen und viele weitere Faktoren ausgeklammert hatte (Ostfeld et al., 2005). Ostfeld und sein Team waren hingegen schon seit Jahren damit beschäftigt, die kleinsten Säuger zu fangen, um zum Beispiel herauszufinden, wie die Schwankungen von Mäusepopulationen zu erklären sind. Dabei war dem Forscher schon mehrfach aufgefallen, dass gerade Mäuse zahlreich von Zecken befallen waren, und er nahm sich unaufgefordert der Sache mit der Borreliose-Häufigkeit an.

Ostfelds Team sammelte über zwanzig Jahre hinweg Zecke für Zecke von jedem erdenklichen Säugetier und von sonstigen Kleinsttieren wie beispielsweise Eidechsen und Vögeln, welche sie mit zahlreichen Spezialfallen (für fast jede Art hatten sie eine eigene Falle) gefangen hatten (Ostfeld, 2011). So kamen sie zu einer gewaltigen Menge an ökologischen Informationen. Die winzigen Spitzmäuse (*Soricidae*), die je nach Art nur zwischen zwölf und fünf Gramm wiegen, trugen im Durchschnitt 55 bis 63 Zecken an ihrem Leib. Nach Ostfelds Hochrechnungen kommen so ganz schnell mal auf einem einzigen Acre (4.046 m^2) bis zu 550 Zecken allein auf Spitzmäusen vor, da in einem strukturierten Acre problemlos zehn Spitzmäuse leben können. Aber nicht nur auf Mäusen fanden die Forscher die Zecken, sondern selbst auf Eidechsen (*wie auf dem Bild ein paar Seiten zuvor zu sehen*) und auf den am Boden nistenden Vögeln.

Ein ausgewachsenes Zeckenweibchen kommt mit einem Bauch voll Blut über den Winter und legt erst im Frühjahr die Eier, aus denen im laufenden Jahr je nach Temperaturverlauf die Larven schlüpfen. Die Proteine für die Eier holt sich die Zecke wie die Mückenweibchen aus dem Blut ihrer Opfer. Die Voraussetzung für die Besiedlung eines proteinarmen Standortes ist diesen Tierchen demnach durch ihre parasitische Lebensweise gegeben. Doch Zecken, ob jung oder ausgewachsen, kommen weder schnell noch weit voran. Stattdessen lungern sie in absoluter Bodennähe, wo die Weibchen die Eier abgelegt haben, schwerfällig herum. Die kleinen Zeckenlarven brauchen Blut, um zu überleben, und deshalb kriechen sie nach dem Schlupf aus dem Ei so schnell als möglich auf einen Grashalm, um sich von dort auf ein vorbeilaufendes Opfer fallen zu lassen. In Bodennähe sind die Opfer größere Mäuse, winzige Spitzmäuse, Eidechsen, Igel und bodenbrütende Vögel.

Die Großsäuger wie Hirsch und Wildschwein haben eine ganz andere Funktion. Sie tragen sowohl die ausgewachsenen Weibchen als auch die geschlechtsreifen Männchen und stellen im Allgemeinen den Rendezvousplatz für die Zecken dar, denn auf den kleineren Säugern wäre die Wahrscheinlichkeit für ein Treffen von Männern und Weibern viel zu gering. Trafen sich beide Geschlechter auf einem entsprechenden Träger und haben sich gepaart, lassen sie sich wieder von ihm fallen. So kann ein einzelner Hirsch oder ein einzelnes Wildschwein mit seinem Blut in der nur wenige Wochen anhaltenden Zecken-Paarungssaison für die Produktion von Millionen von befruchteten Zeckeneiern sorgen, wie Ostfelds Team herausfand. Für diese millionenfache Produktion ist aber nicht die Häufigkeit der Großsäuger entscheidend. Allein ein Hirsch oder ein Wildschwein kann Millionen von Zeckenlarven heranreifen lassen.

Nun muss es in einem Regenmoor nicht zwangsläufig Zecken geben, nur weil irgendwann einmal ein Hirsch oder ein Wildschwein mit reifen Zeckenweibchen durchs Moor gelaufen ist, die sich dort herunterfallen lassen haben. Der Lebenszyklus von Zecken beträgt zwei Jahre (Westheide & Rieger, 2004). Wie Insekten durchlaufen sie eine Metamorphose: vom Ei über die Larve hin zur Nymphe bis zur geschlechtsreifen Zecke. Wie die reifen Zecken müssen auch Larve und Nymphe Blut saugen, um sich weiterzuentwickeln. Die winzigen Larven und selbst die Nymphen ernähren sich dabei vom Blut der kleinsten Tierchen, die sie irgendwie durch plumpes Herunterfallen erreichen können. Da sich in einem intakten, sehr nassen und kalten Regenmoor aber nur wenige und manchmal auch gar keine Kleinstlebewesen aufhalten, weil diese dort kaum Nahrung finden, fehlt es in solchen Mooren den Zeckenlarven an geeigneten Blutspendern. Sich fallenlassende Weibchen, die dort ihre Eier ablegten, laufen ins Leere. Nur in den trockener werdenden Inlands-Regenmooren und vor allem in den gestörten Regenmooren nehmen Kleinstlebewesen zu, vor allem Spitzmäuse und Reptilien wie die Waldeidechse, die beide die Springschwänze oder Kurzflüglerkäfer jagen. Und genau in solchen Regenmooren habe ich mir selbst schon häufig Zecken eingefangen. In intakten und nassen Regenmooren hingegen nie, obwohl in so manchen wiedervernässten Regenmooren sogar mehr Hirsche vorkommen als in trockeneren gestörten, da sich durch die Vernässung eine Baumfreiheit entwickelt hat und damit die Steppenähnlichkeit für die Hirsche zutage getreten ist. Großsäuger allein haben eben keinen Einfluss auf das dauerhafte Vorkommen von Zecken.

Gibt es in spezifischen Regenmooren wie den gestörten Regenmooren eine gewisse Dichte von Kleinstlebewesen als Blutspender für Zeckenlarven und Nymphen sowie von Großsäugern für die reifen Zecken, muss aber keinesfalls gleich eine Gefahr für die Ansteckung mit Borreliose lauern, womit ich hier noch einmal kurz auf diese ansonsten zweifellos in vielen Regionen der Welt zunehmende Krankheit (Landbo & Flöng, 1992; Ostfeld, 2011) zurückkomme. Eine Infektion mit *Borrelia burgdorferi*, dem besagten Bakterium, erfolgt nicht vertikal von Zecke zu Zecke. Jede frisch geschlüpfte Zeckenlarve muss sich erst wieder neu mit dem Erreger über irgendeinen Blutspender anstecken, auch wenn ihre Mütter mit dem Bakterium infiziert waren. Eine Zeckenlarve muss also erst das Blut einer infizierten Spitzmaus oder dergleichen aufsaugen, um sich mit diesem Bakterium zu infizieren. Die Nymphe kann dann wiederum diesen Erreger auf einen neuen Blutspender übertragen, der dann wiederum für eine neue Zeckenlarve der Überträger sein kann. Damit dieser Umlauf in Gang kommt, muss ein Pool von Kleinstlebewesen mit dem *Borreliose*-Erreger für längere Zeit in einem spezifischen Regenmoor vorkommen, ansonsten ist die Übertragungsrate rasch wieder versiegt.

Möglich ist es also, sich in einem Regenmoor über einen Zeckenbiss mit dem Borreliose-Erreger anzustecken. Am höchsten ist die Wahrscheinlichkeit in gestörten Regenmooren, wo ein stetiger Austausch von Kleinstlebewesen zwischen Umgebung und Moor stattfindet. Ein Übertragungspotenzial besteht aber wiederum nur, wenn infizierte Tiere regelmäßig nachrücken. Das stetige Nachrücken hängt von der Populationsgröße ab. Werden Mäuse als Kleinstlebewesen von ihren Prädatoren stark dezimiert, verringert sich folglich die Reservoirkompetenz für den Erreger. Für Mäuse beispielsweise sind Füchse die Prädatoren, die seit geraumer Zeit kaum noch das Feindbild Nummer eins für Jäger sind. Die Zahl der Füchse nimmt deshalb zu und Mäusepopulationen bleiben vielerorts auf einem normalen Level, was die Ausbreitung des Krankheitserregers nicht gerade fördert. Es müssen also schon viele Zufälle und Umstände zueinander passen, um ein Regenmoor für diese Krankheit empfänglich zu machen.

Die Zukunft der Regenmoore

Von Torfabbau, Grabschmuck und Kartoffelanbau

Der letzte Abschnitt des Buches ist ein Ausblick auf die Zukunft der Regenmoore. Erst wer die Vergangenheit kennt, wird die Zukunft verstehen können. Deshalb folgen einleitend ein paar Worte dazu, wie Regenmoore genutzt wurden, wie sie vielerorts bis in die Gegenwart genutzt oder von uns Menschen berührt werden. Eine vollständige Unberührtheit von Regenmooren ist in der gegenwärtigen Welt eine Fiktion, denn selbst die nicht abgetorften Regenmoore sind von uns Menschen in irgendeiner Form berührt, was sich auf den Zustand der Moore auswirkte – und wenn es „nur" durch die Veränderung des Klimas geschieht, an der wir auch in gewisser Weise beteiligt sind. Die größten Beeinträchtigungen entstanden aber zweifellos durch die verschiedenen Formen des Nutzens von Regenmooren. Dass Moore wichtige Landschaftseinheiten der Erde sind, sogar globale biogeochemische Prozesse mitbestimmen, ist der Wissenschaft schon seit einigen Jahren und Jahrzehnten bekannt. Trotzdem werden bis heute zahlreiche Gartenfachgeschäfte mit Torf beliefert. Natürlich nicht blanko, sondern aufwendig aufbereitet als Pflanzerde, ansonsten wäre er viel zu sauer. Es gibt mittlerweile viele Alternativen zu torfdurchsetzter Pflanzerde. Doch überall werden die Arbeitsplätze ins Feld geführt, um einen weiteren Torfabbau zu rechtfertigen.

Tatsächlich arbeiten in allen heute noch industriell abgetorften Regenmooren nur eine Handvoll Arbeiter. Gewinne schöpfen die Besitzer der Abbaurechte allerdings erst jetzt ab, da durch die Industrialisierung die Personalkosten sanken, die noch zum Anfang des Torfabbaus die Gewinne nahezu wieder auffraßen. Und das Bergrecht ist das Instrument, welches den Torfabbau über viele Jahrzehnte sichert. Ist der Torfabbau einmal festgesetzt, dann gilt dieser Grundsatz als unantastbar, zumindest in Deutschland. Die Bürokraten der Bergbauämter nötigen die Torfstecher regelrecht dazu, dass sie ihr Bergbaurecht einhalten und die rechtlich festgesetzten Kubikmeter Torf allesamt abbauen. Ohne vollständigen Abbau endet das Bergrecht nicht. Würde ein Torfbauer frühzeitig das Moor verlassen, ohne seine einmal genehmigten Kubikmeter Torf abgebaut zu haben, schließt das Bergbauamt das Bergrecht (Abtorfrecht) bis zum Sankt-Nimmerleins-Tag nicht. Ein solches Regenmoor könnte dann nicht einmal problemlos revitalisiert werden, weil das Bergrecht hier weiter einen Torfabbau vorsieht – also quasi auf einen neuen, mächtigeren Torfstecher mit mehr Industriepower und Profitgier wartet. Naturschützer und selbst Naturschutzbehörden können sich am Bergrecht im wahrsten Sinne des Wortes die Zähne ausbeißen. Was da einmal genehmigt wurde, ist nicht wieder umzustoßen, selbst wenn Einsicht bei den Zerstörern eintritt oder falsche Wirtschaft zur Aufgabe zwingt. Hier leidet das Recht unter einer Altlast aus diktatorischen Zeiten, was Bergbauämter jeden Bürger spüren lassen und dabei ihre ganze Macht genüsslich ausspielen. Was hätte wohl der große Naturforscher und erste holistisch denkende Ökologe Alexander von Humboldt, der gelernter Bergbau-Inspektor und staatstragender Mahner vor Umweltausbeutung war (Wulf, 2016), zu diesen fatalen Machenschaften gesagt? Letztlich nutzen ein paar Torfabbaufirmen genau diese Engstirnigkeit des Bergrechtes, um noch ein paar Jahrzehnte Profit zu machen. Was die Torfabbaufirmen über Jahrzehnte nicht schafften, ermöglichen industrieller Fortschritt und das Bergrecht jetzt in kürzester Zeit: reich werden. Und zwar so reich, dass die Macher hinter diesen Firmen nach ihrem Raubbau an der Natur Richtung Osten weiterziehen. Häufig unter anderem Namen kaufen die Firmen im baltischen Raum dann weitere Abbaurechte, um die dort bis dato erhaltenen Regenmoore auch noch abzutorfen. Alles unter dem Vorwand: Wir sichern und schaffen Arbeitsplätze. Wer um seine nackte Existenz kämpft, hält sich eben an jedem Strohhalm fest, der Aussicht auf Arbeit verspricht, ohne lange über die Folgen nachzudenken. Genauso geht es vielen Bevölkerungsschichten in den Torfabbaugebieten, vor allem in den baltischen Regionen, worauf die Torfbauern mit Erfolg immer wieder abzielen. Der wahre Existenzkampf und damit der Grund, warum die Menschheit früher in die Regenmoore gezogen ist, ist aber längst vorbei. Heute muss kein Mensch mehr vom Torf oder von den Torfmoosen leben. Heute ist es nur der Gewinn, der die Regenmoore weiter zerstört. Als um das Mittelalter herum nahezu sämtliche Wälder Mitteleuropas abgeholzt waren, da mussten die Menschen in die Regenmoore ziehen, denn dort fanden sie noch brennbares Material: den Torf (Küster, 1999; Küster, 2003). Menschliches Leben im Mittelalter war geprägt vom ständigen Kampf ums Überleben, da nie ausreichend Nahrung oder Rohstoffe für die Zubereitung der Nahrung oder für den Bau von Behausungen zur Verfügung standen (Achilles, 1989). So mussten die Menschen alles nutzen, was irgendwie ging. Es zog sie in die so verhassten Moore, wo sie Torf mit Handwerkzeugen herausstachen. Torfstiche bezeugen dieses Zeitalter. In vielen kleinen Regenmooren sind diese Zeugen der Vergangenheit bis heute erhalten geblieben. In den großen Mooren sind diese historischen Torfstiche mit weggebaggert, da man heutzutage durch viel tiefere Entwässerungsgräben den Torf noch tiefgründiger abbauen kann. Kleine Regenmoore blieben für die industriellen Torfbauern stets uninteressant, weshalb hier meist nur kleine Torfstichkomplexe die Not der damaligen Menschheit und damit die historischen Eingriffe demonstrieren. Aus manch einem Regenmoor sammelten die Frauen der umliegenden Dörfer auch Torfmoose, um aus ihnen Kränze für Grabschmuck zu flechten.

In manchen Regionen der Erde mit Vorkommen von großflächigen Regenmooren zog sich der Kampf um die reine Existenz noch bis ins 19. Jahrhundert hinein, womit ich auf die besondere Nutzung der Regenmoore in Irland zu sprechen kommen will. Die Iren wohnen auf einem Land mit für Landwirtschaft denkbar schlechten Böden. Große Teile der Insel waren mit Mooren bedeckt, und zwar größtenteils mit Deckenmooren, die durch die vielen Niederschläge, die ihnen wiederum die Nähe zum Ozean lieferte, entstanden sind. Der Rest des Landes ist von Hügellandschaft bis zu richtigen Bergen gekennzeichnet. Weder in den Bergen noch auf nassen Moorböden kann man richtig ertragreiche Landwirtschaft betreiben. Die meisten Wälder Irlands waren schon zum frühen Mittelalter abgeholzt und die Nicht-Moorböden durch Landwirtschaft nahezu vollständig ausgelaugt, was die Vermoorung und Verheidung der irischen Landschaft förderte. Die stets gewollte Abschottung von den Nachbarn und dem europäischen Festland tat ihr Übriges. So wurden die Iren immer ärmer, was schon im 17. Jahrhundert eine große Flüchtlingswelle in Richtung Amerika auslöste. Aus der Gegenrichtung kam die Kartoffel ins Land und brachte zumindest für ein paar Jahre eine kleine Genesung für die Landbevölkerung (Hobhouse, 2001). Die Bevölkerung konnte jetzt ihr eigenes Nahrungsmittel im Moor anbauen und musste nicht mehr rein vom Torfstechen leben. Ein Hügelbeet ließ sich rasch im Torf errichten. Ein solches Beet entwässert sich selbst. Als Dünger nutzte man Seetang, der mit Torf vermischt ein optimales Substrat für die Kartoffel darstellte. Aus den Anden Südamerikas kommend war die Kartoffel (*Solanum tuberosum*) bestens an karge

Industrieller Torfabbau lässt viele Regenmoore der nördlichen Hemisphäre zu Torfwüsten werden.

Böden, mäßige Temperaturen und sogar mittlere Nässe gewöhnt (Pimm, 2004), weshalb sie prächtig auf diesen nährstoffarmen, vorentwässerten Torfböden Irlands gedieh. Die Hütten bauten die Einheimischen aus Torfziegeln und für die Kartoffel als Nahrung mussten sie gar nicht viel tun (Hobhouse, 2001). Doch diese eigentümliche Nutzung von Regenmooren fand schon ein Jahrhundert später wieder ihr jähes Ende. Eine monotone Nutzung birgt immer Gefahren. Bei der Kartoffel waren es die Fäulniskrankheiten, die von Pilzen übertragen und von Bakterien ausgelöst werden (Sembdner, 1959), sowie die Virenkrankheiten, die von Blattläusen verbreitet werden. In den Fünfzigerjahren des 18. Jahrhunderts tauchte vermehrt die Trockenfäule auf, eine Krankheit, die die eingelagerten Knollen befällt. Ein paar Jahre später hatten die Blattläuse fast alle Kartoffelfelder der Iren mit der Kräuselkrankheit angesteckt, und dann kam noch die Schwarz- und Rotfäule hinzu. Viele Iren mussten verhungern, weil sie nichts mehr zu essen hatten, und die nächste große Flüchtlingswelle, vorrangig nach Amerika, begann.

Im Verhältnis zum industriellen Torfabbau waren diese Nutzungsformen der Regenmoore allesamt harmlos, wenn die Moore danach wieder sich selbst überlassen worden wären. Leider holte der Torfabbau nach dem Zweiten Weltkrieg aber erst so richtig aus und zerstörte viele der bis dato nur gering beeinträchtigten Regenmoore – und dies weltweit. Selbst viele kleine Regenmoore, für die die Industrie eigentlich keinen Nutzen sah, blieben nicht unberührt. Mancherorts legte man sogar auch hier neue Meliorationsgräben an, um die Entwässerung für einen möglichen Torfabbau vorzubereiten. Die Industrialisierung ebnete eben auch der Melioration neue Wege und Möglichkeiten, die man verstärkt zur Mitte des 20. Jahrhunderts nutzte. Ob ein Entwässern sinnvoll war oder nicht, wenn z. B. ein industrielles Abtorfen in kleinen Mooren nie infrage kam, wurde von den Funktionären der Melioration nicht hinterfragt, sondern wieder nur die Sicherung von Arbeitsplätzen als Vorwand genommen. Diese unterschiedlichen Formen von Nutzungen hinterließen ganz unterschiedliche Zustände der Regenmoore, die wiederum ganz unterschiedliche „neue" Arten in die Regenmoore brachten und stets noch weiter bringen werden. Will man Regenmoore revitalisieren, sind diese Unterschiede der historischen

Aufgelassene Handtorfstiche können Inseln für typische Regenmoorvegetationseinheiten werden, wie hier zu sehen. Nach dem Verlanden eines Handtorfstichs wurde sogar das selten gewordene Weiße Schnabelried (Rhynchospora alba) aspektbildend.

Nutzungen durchaus entscheidend. Denn nur mit dieser Kenntnis können wirklich erreichbare Ziele bei der Revitalisierung beschrieben werden.

Durch das Nutzen und Zerstören hervorgebrachte Vegetationsformen

In genutzten Regenmooren sind regenmoortypische Vegetationsformen lediglich in Handtorfstichen zu finden. Nur dort haben sich bei konstanten Wasserverhältnissen naturnahe Bulte-Schlenken-Regenerationskomplexe wiederentwickeln können und sind bis heute erhalten. Dabei sind die Wasserstände in solchen Torfstichen nur konstant, wenn diese mittig in ehemals mächtigen Regenmooren liegen. Dort schützt die mächtige umliegende Torfschicht das Biotop lange Zeit vor dem Ausbluten, selbst wenn das übrige Moor allmählich mineralisiert. Mineralisation bedeutet: Das ganze Regenmoor wird zu einem einzigen Katotelm, bis es komplett wegmineralisiert ist. Das Katotelm lässt mit seinen winzigen Porenräumen kein Wasser hinaus, und genau dieser Effekt schützt die mittig zurückgelassenen Torfstiche über eine gewisse Zeit.

Randliche Torfstiche bluten hingegen rasch aus. Schwankende Wasserstände sorgen dort für eine völlig andere Vegetation, die eher einer Verlandungsmoor- oder Versumpfungsmoorvegetation entspricht als der eines Regenmoors. Natürlich kann eine solche Entwicklung auch in mittigen Torfstichen eintreten. Die standörtliche Genese hängt von den spezifischen Standortfaktoren ab. Manche größere Regenmoore waren nie mächtig, sondern eher flachgründig, wo selbst durch Handtorfstiche der mineralische Untergrund angestochen wurde. In solchen Fällen entwickelt sich selbst in mittig gelegenen Handtorfstichen und ehemals großflächigen Regenmooren eher ein Versumpfungsstadium als ein Regenerationskomplex von Bulten und Schlenken. Klammert man diese Differenziertheit aus, kann man sagen, dass isolierte Handtorfstiche sekundäre Bulte-Schlenke-Mosaike bilden können, die aber in der Regel in einem Bultenstadium enden und über kurz oder lang bewalden, wenn der Rest des Moores ebenfalls durch Melioration und Austrocknung bewaldet. Denn selbst bei nur schwacher Entwässerung stellen sich das Wachstum und damit die Selbstregulation in einem Regenmoor ein.

Schließlich sind es immer nur winzige Inseln in historisch großflächigen Regenmooren, wo einzelne regenmoortypische Vegetationsstadien für eine bestimmte Zeit wunderschöne Aspekte bilden und so manchen Geobotaniker in Ekstase versetzen, weil diese Vorkommen durch die weltweite Zerstörung der Regenmoore so selten geworden sind. Häufig enden solche geobotanischen Ekstasen in einer Teil-Unterschutz-Stellung oder gar in einer Ausweisung dieses Areals zu einem Naturschutzgebiet. Eine kollektive Genugtuung tritt zutage, wenn man ein solches Gebiet unter Schutz gestellt hat (Linse, 1986; Auster & Behrens, 2001; Schmoll, 2004). Kleinteiliger, unaufgeklärter Aktionismus versucht dann, diese winzigen Inseln zu erhalten, bis der Elan irgendwann erlischt (Radkau, 2011), weil beispielsweise in solchen Regenmooren die Bewaldung einfach nicht aufzuhalten ist. Eine kollektive Einsicht, warum es so ist, wie es ist, tritt in der Regel aber nicht ein. Vielmehr finden sich sogar wissenschaftliche Ansätze, die diese Bewaldung meinen zu erklären, wobei das große Ganze ausgeklammert wird. Dazu komme ich aber noch später. Jetzt wollen wir erst noch die weitere Entwicklung in gestörten Regenmooren verfolgen.

Welche Nutzungsform auch immer für die Regenmoore gewählt wird: Das Nutzen geht stets einher mit dem Entwässern, wenngleich mit unterschiedlicher Intensität. Ein Entwässern führt in einem Regenmoor dazu, dass die Selbstregulation durch die komplexen Wachstumsprozesse der unterschiedlichen Torfmoosarten nicht mehr funktioniert. Ein solches Regenmoor wird künstlich trockener. Handelt es sich nur um das Trockenerwerden, dann wandelt sich die Vegetation eines solchen Regenmoores zu Pflanzenarten der trockeneren Bultenformationen. Ein solches Regenmoor verheidet und beginnt zu mineralisieren. Die Vegetationskundler bezeichnen diesen Zustand als Moorheidestadium. Welche Pflanzenarten dieses Stadium mitbestimmen, hängt von der Lage des jeweiligen Moores ab. In küstennahen Regenmooren, den Deckenmooren, bilden andere Pflanzenformationen die Heide aus als in Inlands-Regenmooren. Vereinfacht ausgedrückt ist die Verheidung auf Inlands-Regenmooren artenreicher, weil dort auch in intakten Regenmooren mehr Arten auf den Bultenformationen wachsen. Ob in Küstennähe oder im Inland zeigen großflächige Aspekte vom Scheidigem Wollgras (*Eriophorum vaginatum*) mit nur noch wenigen Torfmoosen dazwischen stets eine schwache Entwässerung an. Bei Luftfeuchte der Küsten mischen sich die Schwarze Krähenbeere (*Empetrum nigrum*) und später das Gemeine Heidekraut (*Calluna vulgaris*) dazwischen. Im Inland prägt nach der Blütezeit des Wollgrases die Glockenheide (*Erica tetralix*) ein schwach entwässertes Regenmoor. Sie setzt sich auf die Bulten und genießt die schwache, aber etwas vorhandene Nährstoffversorgung durch die Mineralisation des Torfes. In dieser Phase des Zerfalls lebt die Glockenheide auf. Nimmt die Mineralisation zu, sind mehr Nährstoffe vorhanden und andere Pflanzen kommen hinzu. So verschwinden schließlich die wunderschönen Blüten der Glockenheide wieder.

Bei fortschreitender Entwässerung und damit ausgedehnter Mineralisation nimmt die Population des Blauen Pfeifengrases (*Molinia caerulea*) zu. Ist dies zu beobachten, findet man bereits kaum bis gar keine Torfmoose mehr, und dann steht der atmosphärischen Verbrennung von Torf (Mineralisation) nichts mehr entgegen. In diesem Zustand beschleunigt sich der Zerfall eines Regenmoores. Die Evapotranspiration dieses Grases ist enorm hoch. Wo flächig Pfeifengras auf Torfboden steht, kann der Moorwasserstand im Verhältnis

So schön es auch aussieht: Aspekte mit Glockenheide (Erica tetralix) oder dem Gemeinen Heidekraut (Calluna vulgaris) sind immer Anzeichen für eine Verheidung eines Regenmoores und zeigen eine Entwässerung an.

zu nackten Torfböden ohne Pfeifengras um bis zu 70 Zentimeter mehr absinken (Schouwenaars, 1993). Dieses Gras hat keine derben, eingerollten oder durch eine spezielle Kutikula vor Verdunstung geschützten Blätter wie die meisten Heidekrautarten, weshalb es einerseits enorm viel Wasser verdunstet und andererseits für mehrere Insektenarten als Fraßpflanze dient. Pfeifengras in Regenmooren ist ein deutlicher Anzeiger für die totale Entwässerung und damit ein Vorbereiter für die anschließende Bewaldung. Das Pfeifengras ist in der sonstigen Landschaft mittlerweile auch selten geworden, weshalb es bei vielen Artenschützern eine gewisse Verzückung auslöst, wenn einige Regenmoore größere Bestände mit diesem Gras ausbilden. Trotzdem ist und bleibt es der Anzeiger für zerstörte Regenmoore.

Je nach Entwässerungsgrad besteht eine Pfeifengraswiese lange oder kurze Zeit. Früher oder später siedeln sich jedoch auf dieser Wiese Bäume an, da der Torf immer trockener wird und damit Bäumen den Weg bereitet. Meist sind es die Pionierarten wie die Moor-Birke (*Betula pubescens*) und der Faulbaum (*Frangula alnus*), die bestandsbildend werden, unter die sich die Kiefer

Das endgültige Zerfallsstadium eines Regenmoores ist der Wald, der mit einem artenarmen Moorwald aus Birken beginnt und in einem typischen Waldstadium der jeweiligen Klimazone enden kann.

(*Pinus rotundata* oder *Pinus sylvestris*) als heimische Baumart des historischen Regenmoores noch mischt. Auf jeden Fall läutet das Waldstadium die endgültige Zerfallsphase eines Regenmoores ein.

Das erste ohne menschliches Zutun entstandene Waldstadium ist noch artenarm. Im Untergrund dominiert meist nur das Pfeifengras, die Baumschicht wird von einer Baumart, häufig von der Birke, gebildet. In manchen Regenmooren unterstützte der Mensch die Waldbildung, wodurch dann auch andere Baumarten – meist Nadelbäume – den Bestand auffüllen. Nadelbäume pflanzte man, um die Entwässerung zu beschleunigen. In Regenmooren der Gebirgsregionen gesellen sich Nadelbäume auch auf natürliche Art und Weise in die Moorwälder. Wo allein die Entwässerung den Zerfall auslöste und sich ansonsten alles natürlich fortentwickelt, bleibt das artenarme Waldstadium ähnlich lange erhalten wie das vorhergehende Pfeifengrasstadium, denn diese Standorte sind im Verhältnis zur Umgebung meist immer noch recht nährstoffarm und damit eher artenfeindlich.

Ganz allmählich sortieren sich andere Pflanzenarten in den Moorwald ein. Sogenannte Ruderalpflanzen, die mit einer breiten Amplitude der unterschiedlichsten ökologischen Faktoren auskommen, mischen sich sukzessive in die Krautschicht eines solchen Waldes. Insbesondere die Brombeere (*Rubus sectio*) ist solch eine Pflanzenart, die sowohl in vorentwässerte Moorwälder als auch in Industriebrachen einzieht. Neben den kleinen und großen Entwässerungsgräben entziehen die Bäume und Kräuter durch die Transpiration ihrer Blätter dem Moorboden zusätzlich Wasser. Durch den Bewuchs wird das Regenmoor trockener und trockener, was gleichzeitig die Mineralisation des Torfes immer mehr beschleunigt. Gingen in den ersten Jahren nach der leichten Entwässerung jährlich nur ein paar Millimeter an Torf durch die atmosphärische Verbrennung in die Luft, geht dieser Verlust mit dem aufgekommenen Moorwald in Zentimeter-Dimensionen über. Das aufgewachsene Moor verpufft förmlich. Je nach historischer Mächtigkeit des Torfes vollzieht sich diese Verpuffung unterschiedlich schnell. In manch einem weniger mächtigen historischen Regenmoor wachsen heute neben den Birken schon Buchen und Eichen, weil deren Wurzeln schon jetzt bis in den mineralischen Untergrund reichen, um sich dort zu versorgen. Nur wo immer noch relativ mächtige Torflager bestehen, fassen Buche, Eiche und Co auf dem Torf nicht Fuß und es beherrschen dort weiterhin die Birken-Moorwälder das Landschaftsbild. Ob Birke oder sonstige Baumart: Im gesamten Verbreitungsgebiet der Regenmoore sind viele und vor allem die kleinflächigen Moore mittlerweile bewaldet (Lindsay

& Immirzi, 1996; Gunnarsson & Rydin, 1998; Owen, 1999; Rochefort et al., 2003; Vasander et al., 2003; Bönsel & Sonneck, 2012; Wildermuth, 2016b).

Beim industriellen Einfluss auf Regenmoore ist es wieder anders. Er hinterlässt als erstes eine Torfwüste, auf der anfangs gar nichts wächst. Der Torf verbrennt und erinnert in diesem Zustand an Kohlestaub, dessen Verwandtschaft auch gar nicht so weit weg ist. Und je nachdem, was mit dem abgetorften Regenmoor nach dem Ende des Abbaus passiert, entwickelt sich dann die Vegetation. Ohne menschliches Zutun würde sich wieder ein Moorwald bilden. Doch die Trockenheit auf dem nackten Torf lässt vorerst wieder eine Verheidung entstehen, die lange Zeit eher an eine Trockenheide erinnert, die auch auf sandigen oder steinigen Böden entstanden hätte sein können.

Manche industriell abgetorften Regenmoore werden geflutet und es entstehen Gewässerflächen in unterschiedlicher Tiefe, je nachdem, wie mächtig das historische Moor war und wie tief das Moor abgetorft wurde. Je nach Tiefe der neuen Wasserflächen stellt sich ein Versumpfungs- oder Verlandungsprozess ein. Ob die Vegetation in diesen Flächen einen mesotrophen, eutrophen oder gar in Teilen oligotrophen Charakter aufweist, hängt davon ab, ob im Untergrund noch Reste vom ehemaligen Regenmoortorf anliegen oder ob das Moor bis auf den mineralischen Untergrund abgebaut wurde. Liegt kein Torf mehr im Untergrund und an den Rändern der zurückgelassenen Badewanne, dann sorgt der Nährstoffgehalt der jeweiligen Landschaft für die sich einstellenden Prozesse. Der Puffer gegenüber dem Zufluss von mineralischem Grundwasser oder Umgebungswasser fehlt und es stellt sich eine Vegetation ein, die typisch ist für nährstoffreiche Verlandungs- und Versumpfungsmoore.

In Regenmooren, in denen noch Torf im Untergrund ansteht und flach abgetorfte Bereiche existieren, kann sich hingegen ein schwimmender Torfmoosrasen auf diesen wiedervernässten Flächen einstellen. Hier läuft dann der Prozess ab, den ich eingangs für die Handtorfstiche beschrieben habe.

Die absolute Perversion des Möglichen als Nutzungsform von Regenmooren ist der Maisanbau auf abgetorften Regenmoorflächen. Die Vegetationsform bei einer solchen Nutzung ist die Monokultur: Mais. Der nackte Torf ist nährstoffarm und braucht deshalb möglichst viele Nährstoffgaben. So ist der Maisanbau als Nachnutzung von abgetorften Regenmooren die ideale Nutzungsform im historisch größten Regenmoorgebiet von Deutschland – dem Emsland –

Maisanbau auf nackten Regenmoortorf zeigt nicht die erneute Armut einer Gesellschaft an wie noch im 18. Jahrhundert, als die Iren Kartoffeln im Regenmoor anbauten, sondern die Hemmungslosigkeit der heutigen Gesellschaft und deren fehlendes Umweltbewusstsein.

und in großen Teilen der ehemals riesigen holländischen Regenmoore geworden. Denn genau dort befindet sich der Schweinegürtel Europas, womit die höchste Dichte von Schweinemastbetrieben gemeint ist (Reichholf, 2011).
Die riesigen Schweinemastanlagen produzieren viel Gülle. Die Gülle kann auf den nährstoffarmen Torfböden ausgebracht werden. Der Mais wächst dadurch prächtig und dient den dortigen Landwirten als Mastfutter für ihre millionenhaft gehaltenen Schweine. Damit ist diesen Regenmooren endgültig und für immer ihre Existenz genommen.

Die Mineralisation schreitet in gewaltigen Schritten voran, so dass in diesen Regionen nicht nur enorme Mengen an Stickstoff- und Methanemissionen durch die Gülleproduktion der Schweine in die Luft aufsteigen, sondern gleichermaßen mindestens genauso viel Kohlendioxid-Emissionen aus der Torfmineralisation der ehemaligen Regenmoore austreten. Man könnte jetzt noch die positiven Dinge herauspicken und sagen: Zum Glück liegt noch genügend Torf im Untergrund, der die Masse an Gülle auffängt und an den Mais sukzessive wieder abgibt. Andernfalls würden gewaltige Mengen von Stickstoff-Verbindungen aus der Gülle ins darunterliegende Grundwasser gelangen, da die Maispflanzen so viele Nährstoffe gar nicht sofort nach dem Ausbringen aufnehmen können. Also schützen die nackten Torsi der ehemaligen Regenmoore noch vor der totalen Grundwasserverseuchung, wenn sie die Luftverschmutzungen mit NO_x, CH_4 und CO_2 schon nicht aufhalten. Doch wie lange noch? Irgendwann sind alle Torfreserven durch Mineralisation verbraucht. Dann wird die fatale Zerstörung von nährstoffarmen Landschaften durch Ausbringen von Nährstoffübermengen ihren Höhepunkt finden.

„Alte neue" Arten

Dass die Arten der intakten Regenmoore aus den Tundra- und Steppenlandschaften der Erde stammen, wurde bereits mehrfach beschrieben. Wer sich ein Bild davon machen will, wie es aussieht, wenn Tundra-(Steppen-)Landschaften in Nachbarschaft zu Regenmooren bis heute vorkommen und ein Übertreten von einem Standort in den anderen geradezu dazu einlädt, weil die Standorteigenschaften sich nahezu gleichen, der muss nur nach Kanada, Norwegen, Patagonien oder Neuseeland reisen und dort selbst von dem einen in den anderen Standort wandern. Ich bin überzeugt: Jeder, der vor dem Lesen dieses Buches diesen Zusammenhang des Ursprungs von Regenmoorarten noch nicht kannte, wird dies spätestens nach einer solchen Reise und dem eigenen Beobachten als logisch empfinden.

Nun will ich aber in diesem Abschnitt von den „neuen" Arten der Regenmoore berichten, die kamen, weil vielerorts die ursprünglichen Landschaften gestört oder gar zerstört wurden. Es entstanden keine wirklich neuen Arten, sondern es sind Arten aus wieder ganz anderen Landschaften, die aber wie die ursprünglichen Tundra-Steppen-Arten ebenfalls sofort jedwede Chance nutzen, um neue Nischen zu besetzen. Dabei ist die ökologische Nische an sich natürlich auch nicht neu, sondern es tut sich nur plötzlich eine artspezifische Nische an einem Standort auf, an dem es diese zuvor nicht gab. Dieses Phänomen ist der typische Ausbreitungsmotor der biologischen Welt, da Evolution stets neue Gegebenheiten und Möglichkeiten prüft. Manchmal führt die Prüfung sogar zu einem neuen evolutionären Sprung. Meistens aber bedeutet eine neue ökologische Gegebenheit einfach nur, dass sich in der Landschaft etwas verändert und ursprünglich Vorhandenes verlorengeht. Tritt dieser Fall ein, müssen Arten ausweichen oder an dieser

Pfeifengraswiesen in ehemaligen Regenmooren bekunden die Austrocknung und die Mineralisation. Sie sind aber auch Magneten für Arten mesotropher Standorte, da das Pfeifengras mit seiner Struktur typische Standortfaktoren von sonstigen mesotrophen Standorten hervorbringt.

Stelle aussterben. Um das Ausweichen und die Nutzung neuer Chancen auf dem Wanderpfad der Ausbreitung geht es bei den „alten neuen" Arten.

Die meisten dieser neuen Regenmoorarten kommen aus mesotrophen Standorten. Denn nahezu auf der gesamten nördlichen und südlichen Hemisphäre stehen diese Standorte mindestens seit dem Ende des 20. Jahrhunderts unter dem Druck des Verschwindens (Bürger-Arndt, 1994; Rosén & Borgegard, 1999; Rosin et al., 2012). Das Überdüngen der Landschaft lässt sie zuwachsen, wodurch sie nicht mehr den Charakter von mesotrophen, sondern von eher eutrophen Standorten aufweisen (Rosén & Van der Maarel, 2000).

Die Flut von Nährstoffen bringt die moderne, industrielle Landwirtschaft des 21. Jahrhunderts (Verhoeven et al., 2006) sowie das menschliche Bewegungsverhalten mit Fahrzeugen und Flugzeugen, welches enorme Mengen an NO_x ausstößt und in manchen Regionen der Erde der landwirtschaftlichen Düngung in nichts mehr nachsteht. Der Leser möge sich an dieser Stelle an den Dieselskandal erinnern, der mit Volkswagen begann und sich dann als Mogelpackung bei fast jeder Fahrzeugmarke herausstellte. Bei diesem Skandal ging es um die manipulierten Werte der von Autos ausgestoßenen NO_x, die weltweit die Eutrophierung der Landschaften fördern. Die neuartigen Stickstofffrachten wirken sich besonders auf die historischen Kulturlandschaften aus. Dort schaffte die historische Nutzung in Form von einer exzessiven Entnahme von Biomasse, ohne dabei Nährstoffe zurückzugeben, viele sekundäre mesotrophe Standorte (Schiess & Schiess-Bühler, 1997), die nach dem Aufgeben der Nutzung noch schneller zuwachsen und ebenfalls keine mesotrophen Standorteigenschaften mehr aufweisen (Schreiber, 1997; Poschlod et al., 2005; Lovejoy, 2006).

So können wir heutzutage in vielen gestörten Regenmooren aus fast allen Tiergruppen die Arten finden, die ehemals auf Trockenrasen, Küstendünenstandorten oder historischen Kulturstandorten wie Heidestandorten oder Sandmagerrasen gelebt haben, und selbstverständlich die zahlreichen Arten, die einst auf den weltumspannenden Niedermooren mit oder ohne Nutzung aufgetreten sind. Vor allem die Durchströmungsmoore, die Niedermoore der Flusstalniederungen, haben in historischen Zeiten ein riesiges zusammenhängendes Netz gebildet, was im Fachjargon Biotopverbund genannt wird. Dieser Verbund existiert kaum noch, weil es weder die ursprünglichen noch die historisch genutzten Niedermoore mehr gibt. Deshalb springen die Arten in die veränderten Regenmoore, um überhaupt noch zu überleben. Teilweise stellen die gestörten und zerstörten Regenmoore ein letztes Refugium für diese Arten dar (Damer et al., 1996). Es klingt verrückt, doch wenn die gesamte Umgebung eines Regenmoores nahezu monoton geworden ist, kann ein einziges gestörtes Regenmoor als Miniaturausgabe die Artenfülle einer historischen Landschaft abbilden, weil es das letzte strukturreiche Refugium ist. Das ursprünglich artenarme Landschaftsgebilde wird damit zum letzten artenreichen Refugium (Eigner, 2003).

Allein die Pfeifengraswiesen in gestörten Regenmooren beherbergen zahlreiche Arthropoden, zu denen die Spinnen und Insekten zählen, da gerade dieses Gras eine Struktur hervorbringt, die Standortfaktoren wie in sonstigen nährstoffarmen (mesotrophen) Standorten erzeugt (Tomassen et al., 2004). Das Pfeifengras bildet eine lockere Struktur, die genügend Wärme bis an den Boden, aber auch in alle anderen Schichten dieser Vegetationseinheit lässt und gleichzeitig Schutz vor zu viel Wärme und Licht sowie strukturellen Schutz vor Fressfeinden bietet. Viele andere Standorte der gemäßigten Zonen sind heutzutage hingegen nährstoffgesättigte Standorte: eutroph bis hypertroph. Dort wächst die Biomasse dicht und lässt kaum genügend Sonnenwärme in alle Vegetationszonen und schon gar nicht bis an den Boden. Damit ist es zahlreichen Insektenarten der gemäßigten Klimazonen in diesen eutrophen und erst recht in den hypertrophen Standorten einfach zu kalt, um eine Entwicklung der Eier bis zum fertigen Insekt zu ermöglichen. Schwinden die mesotrophen Standorte in den gemäßigten Klimazonen, verschwinden auch zahlreiche Insekten, sofern sie nicht auf Refugien ausweichen können.

Das Ausweichen auf letzte potenzielle Refugien hängt natürlich von der Entfernung eines schwindenden Lebensraumes zum jeweiligen Refugium und dem jeweiligen artspezifischen Vermögen, sich auszubreiten, ab. Fliegende Arten haben deutlich größere Chancen als sich nur zu Fuß langsam fortbewegende Arten. Und fliegen ist nicht gleich fliegen. Manche Art fliegt kilometerweit über Wälder und Gebirge hinweg und eine andere Art bewegt sich gerade einmal wenige Meter durch die Luft, was man aber auch fliegen nennt. Diese unterschiedlichen Voraussetzungen für das Besiedeln von plötzlich neu auftretenden Nischen bestimmen, welche Arten sich in gestörten Regenmooren wo und wann einfinden. So entdeckt man als erstes in den veränderten Regenmooren die sogenannten Pionierarten, die ursprünglich aus hochdynamischen Landschaften stammen, wo sie sich mit ihrer enormen Beweglichkeit auf die stetigen Veränderungen in ihren Ursprungslebensräumen angepasst haben. Diese in anderen Standorten evolutionär entstandene enorme Ausbreitungsfähigkeit macht es möglich, dass sie gestörte Regenmoore relativ rasch finden und – wenn auch nur kurzzeitig – besiedeln.

Für das Entstehen der Regenmoore waren diese Pionierpflanzen zunächst die ausbreitungsfähigsten Moose, die Torfmoose, die sich problemlos über den Wind weltweit verbreiten. Beim Zerstören der Moore sind es wiederum die Ausbreitungskünstler, die solche Regenmoore zuerst besiedeln. Hier sei erwähnt, dass die ausbreitungsfähigen Torfmoose auch jederzeit den Zustand eines Moores wieder verändern können. Nur deshalb ist ein Revitalisieren von Regenmooren unter bestimmten Voraussetzungen möglich, was für die vielen anderen ursprünglich nährstoffarmen Standorte wie Trockenrasen, Heidelandschaft oder Hutewälder nicht so einfach gilt.

Was die Pionierarten ebenfalls befähigt, als Erste solche sich verändernden Landschaftsgebilde zu besiedeln, ist die wenig konkrete Einnischung in bestimmte ökologische Faktoren. Sie ertragen eine breite Amplitude der jeweiligen standortspezifischen ökologischen Faktoren. Auch die Ernährung ist meist unspezifisch. Die artübergreifende Grundvoraussetzung für die Existenz dieser Arten ist meist nur die Wärme, die für die Entwicklung des Eies bis zur Imago gegeben sein muss. Deshalb sind die Refugialstandorte solcher Arten die mesotrophen Standorte, wo die Vegetation so lückig bleibt, dass stets genügend Sonnenwärme für die Entwicklungsstadien der Arten zur Verfügung steht. Durch die Nährstoffe liefernde Mineralisation des Torfes entwickelt sich auf jedem entwässerten Regenmoor langsam eine lückige Vegetation und später wie in allen anderen mitteleuropäischen Landschaften, die entwässert sind, bildet sich ein Wald (Remmert, 1992; Litt, 1994; Litt, 2000). Nur verläuft dieser Prozess auf Regenmoortorf viel langsamer als auf an-

Der Sandlaufkäfer (Cicindela campestris) ist eine Art, die eigentlich, wie der Name schon sagt, auf sandigen Standorten lebt, durch seine Flugfähigkeit aber auch relativ rasch trockengelegte, vegetationsarme, abgetorfte Regenmoorflächen besiedelt.

deren Standorten, weshalb viele Regenmoore noch als letzte Refugien im mesotrophen Zustand bestehen können, wenn andere Landschaftsteile schon längst zu dichten Busch- oder gar Waldlandschaften zugewachsen sind.

Parallel zu diesen pflanzensoziologischen Entwicklungen wandern nach den tierischen Pionierarten weitere tierische Arten in die gestörten Regenmoore ein, da durch die aufkommenden neuen Vegetationsstrukturen neue Amplituden der verschiedenen Standortfaktoren entstehen, die wiederum spezifischer eingepassten Arten eine neue Nische bieten. Die Entwicklung und Neubesiedlung solcher Regenmoore geht so lange, bis sich durch die Mineralisation des Torfes ein Wald gebildet hat, der mit den Standortfaktoren eher einem kälteren eutrophen Standort entspricht und in den gemäßigten Klimazonen dann wieder artenärmer wird. Diesen Prozess des Artenschwunds kann man sowohl in den trockneren terrestrischen als auch in den aquatischen Bereichen der gestörten Regenmoore beobachten. Aber auch in terrestrischen und aquatischen Bereichen außerhalb der Regenmoore ist dieser Prozess zu beobachten, wobei ein Artenschwund in – vor allem kleineren – eutrophen Gewässern noch schneller als in terrestrischen Bereichen abläuft, weil nicht nur eine Abnahme der Wärmesummen im Gewässer eintritt, sondern auch die Sauerstoffabnahme hinzukommt, da enorme Biomassen sauerstoffverzehrend sind.

Gestörte Regenmoore können im 21. Jahrhundert potenziell mehr Libellenarten beherbergen als riesige Landschaftsausschnitte um diese Regenmoore zusammen, weil nahezu alle Kleinstgewässer in Mitteleuropa dem Druck der Eutrophierung unterliegen (Bönsel, 2005; Wildermuth, 2016a). Ähnliches gilt für die Heuschreckenfaunen der historischen Kulturlandschaften, die sich teils auf abgetorfte Regenmoore zurückziehen müssen, um überhaupt noch kleine lokale Vorkommen zu bilden (Bönsel, 2005). Gleichgelagerte Zusammenhänge sind für die Zikaden (Freese & Biedermann, 2005), für die Käfer (Röhl, 2005) sowie für die Tag- und Nachtfalter dargestellt worden (Meineke, 1982; Kelm & Wegner, 1988; Thiele et al., 2011; Heinecke et al., 2013). Dasselbe gilt im Prinzip für die Vögel, von denen heutzutage viele Arten sogar nur noch in degenerierten Regenmooren zu finden sind (Blüml & Sandkühler, 2015). Bei den Pflanzen treten nicht ganz so deutliche Effekte auf, da selbst mineralisierender Regenmoortorf immer noch säuerlich ist und damit den Pflanzenwurzeln mehr Anpassungen als den meisten neuen Tierarten, die sich hier ansiedeln, abverlangt werden. Aber dennoch sind Einzeleffekte selbst bei den Pflanzen zu vermerken, vor allem bei Arten, die ursprünglich in den ersten Vegetationsstadien der sich bildenden Niedermoore lebten. Sie existieren heute - mancherorts nur noch - in degenerierten oder wiedervernässten Regenmooren (Wildermuth, 2016b); man denke dabei zum Beispiel an das Pfeifengras.

Die Wespenspinne: Die Schönsten kommen auf acht Beinen

Jetzt möchte ich noch zu einer für mich ganz besonders schönen neuen Art kommen, der Wespen- oder Zebraspinne (*Argiope bruennichi*). Sie zählt nicht zu den Insekten, sondern gehört mit ihren acht Beinen zur großen Gruppe der Arthropoden, von denen es mittlerweile zahlreiche neue weitere Arten in den gestörten Regenmooren gibt. Ich belasse es aber bei der einen Spinnenart. Sie ist schön und groß, somit sehr auffällig und wird vermutlich deshalb in Publikationen gern erwähnt. Dabei wird vor allem ihre besondere Ausbreitung thematisiert. Da ihr Ursprung im wärmeren Südosten von Europa bis Asien vermutet wird, wird die Ausbreitungstendenz gern im Zusammenhang mit dem Klimawandel diskutiert (Kumschick et al., 2011; Krehenwinkel & Tautz, 2013; Krehenwinkel et al., 2015). Und dieser Aspekt bringt mich dazu, diese Art und ihre Vorkommen in gestörten Regenmooren separat zu betrachten.

Die Wespenspinne, aufgrund ihrer Zeichnung auch Zebraspinne genannt, gehört mit zu den größten Radnetzspinnen, den *Araneidae*. Die Radnetzspinnen sind weltweit sehr artenreich und prinzipiell recht große Tiere. Die Gattung *Argiope* aus dieser Familie der Radnetzspinnen ist ebenfalls weltweit verbreitet und umfasst mehr als 80 Arten, wovon die meisten Vertreter in den Tropen leben. Die Arten, die außerhalb der Tropen vorkommen, sind dort fast durchweg auf die Subtropen beschränkt. Nur ein paar wenige Arten leben in den gemäßigten Klimazonen, und dort wiederum in den Steppenzonen oder steppenähnlichen Gebirgsregionen (Levi, 1983; Tiunov & Esyunin, 2015). Diese schöne Wespenspinne hat wie die anderen typischen Regenmoorarten ihren Ursprung in steppenartigen Landschaften. Daher ist es nicht verwunderlich, dass auch diese Spinne in entsprechend strukturierte Regenmoore einwandert, die ihrem Ursprungshabitat ähneln. Die Voraussetzung liegt hier wiederum in der Struktur, die nämlich die entsprechenden Standorteigenschaften schafft, um als artspezifische Nische zu dienen.

In der lockeren Pfeifengrasstruktur eines gestörten Regenmoores finden Zebraspinnen fast nahezu dieselben ökologischen Bedingungen vor wie in ihren Ursprungslebensräumen, den Steppen.

Nun wurde die Wespenspinne auf ihrem Ausbreitungsweg aber nicht gleich in Regenmooren entdeckt, sondern ist über viele Jahrzehnte hinweg hier und da immer mal wieder beobachtet worden, und zwar vorerst in verschiedensten ruderalen – also von Menschenhand veränderten – Standorten. Einzelne Beobachtungen wurden dabei meist nur in kleinen lokalen Zeitschriften publiziert. Erst zwei größere Publikationen Ende der 70er-Jahre des 20. Jahrhunderts machten die offensichtliche Ausbreitungstendenz der Zebraspinne kollektiv bekannt (in Ostdeutschland durch Martin, 1978, und in Westdeutschland durch Guttmann, 1979). Wenn nicht schon vorher, so blieb die Ausbreitung dieser Spinne spätestens seit Martin und Guttmann in den verschiedensten Ecken von Mitteleuropa unter intensiverer Beobachtung (Köhler & Schäller, 1987; Sacher & Bliss, 1989; Retzlaff, 1993; Renker & Kappes, 2000; Kleukers & Reemer, 2003; Reichholf, 2005; Brehm & Winkler, 2006). Und nicht selten wurde das Phänomen ihrer Ausbreitung mit der globalen Klimaveränderung in einen Kontext gebracht (Kumschick et al., 2011; Bruggisser et al., 2012; Krehenwinkel & Tautz, 2013). In den letzten Jahren kam noch der genetische Aspekt von Ausbreitungstendenzen bei veränderten Klimabedingungen ins wissenschaftliche Diskussionsfeld (Krehenwinkel et al., 2016). Und schließlich interessierte man sich gerade bei dieser Spinnenart für ihren Fortpflanzungserfolg (Uhl et al., 2007; Uhl et al., 2010; Wawer & Kostro-Ambroziak, 2016), weil sie ohnehin im Fokus der wissenschaftlichen Diskussion stand und damit Spielball von Theorien wurde.

Wie schnell sich die Wespenspinne wo ausbreitete, kann niemand sagen, denn letztlich ist jeder Wissenschaftler, der sich mit solchen Arealgeschichten auseinandersetzt, davon abhängig, wie viele Leute wann ihre Beobachtungen genau publizieren oder auf anderem Wege für jedermann zugänglich machen. Trotz dieser Mängel lässt sich mit Fug und Recht sagen, dass sich die Wespenspinne in Standorte mit gleichen Nischenfaktoren ausbreitet und heute mit zu den weit verbreitetsten Spinnenarten gehört. Weit verbreitet heißt dabei nicht, dass die Art überall vorkommt und in dichten Individuenzahlen zu finden ist, sondern dass sie in einer riesigen Region mit lokalen Vorkommen zu beobachten ist, die alle in einem relativ geringen Abstand zueinander bestehen. Genetische Untersuchungen belegen sogar, dass die einzelnen Vorkommen während ihrer Ausbreitungsgeschichte immer stark im Verbund gestanden haben, wodurch sich der ursprüngliche genetische Pool immer wieder mit den Auswanderern vermischt hat (Krehenwinkel et al., 2015). So sieht die Gruppe um Henrik Krehenwinkel (2016) heute gar nicht mehr den Klimawandel als hauptsächlichen Auslöser für die Ausbreitung der Wespenspinne, sondern eher die enorme genetische Vermischung bei dieser Art, die schnelle genetische Veränderungen als Anpassung an den jeweiligen Standort ermöglicht.
Das potenzielle Vermischen oder überhaupt das Ausbreiten der Spinnen ist generell über das „Fadenfliegen" bei allen Spinnen möglich, weshalb sie auch stets mit zu den ersten Kolonisten von neuen Lebensräumen zählen, zum Beispiel auf Inseln, die erst durch einen Vulkanausbruch entstanden sind (Mac Arthur & Wilson, 1967). Ob sich eine Art nach einem solch abenteuerlichen Flug dann wirklich an dem Standort ansiedelt, an dem sie durch nachlassende Winde oder dergleichen gelandet ist, steht auf einem ganz anderen Blatt. Für eine erfolgreiche Ansiedlung entscheidet das genetische Grundgerüst, und dieses bleibt auf dem Weg der Ausbreitung am flexibelsten, wenn die Vorrücker gut mit ihren Vorgängern im Austausch stehen (Wiens & Donoghue, 2004; Wiens

& Graham, 2005). Man könnte sagen, dass das evolutionäre Artgedächtnis immer wieder aufgefrischt werden muss, damit es bei jedem Individuum in Erinnerung bleibt. Dafür muss das Netz von Vorkommen eng bleiben, was nur geht, wenn überhaupt entsprechende Strukturen, die der ursprünglichen Nische einigermaßen entsprechen, in relativ kurzen Abständen bestehen. Denn das Fliegen und Landen der Jungspinnen passiert nicht gerichtet und nicht über unendliche Strecken, sondern vollzieht sich rein zufällig, weshalb entsprechende Standorte schon dicht beieinander bestehen müssen, um die Wahrscheinlichkeit einer Besiedlung zu erhöhen.

Die Ursprungshabitate der Wespenspinne waren Steppenstandorte mit höheren, aber nicht total dichten Vegetationsstrukturen. Welche Faktoren dort eigentlich die genauen artspezifischen Ansprüche stellen, ist bislang für die Wespenspinne gar nicht hinreichend geklärt. Es ist davon auszugehen, dass es Umstände wie die entsprechende Nahrungsverfügbarkeit, der Wärmehaushalt und die geringere Dichte von Prädatoren sind, denn selbst eine Wespenspinne hat Feinde und überlebt nur, wenn diese nicht unaufhörlich vorkommen. Als Feinde sind mehrere tierische und pilzliche Eierparasiten zu nennen und für die Spinne selbst die Hornisse (Wawer & Kostro-Ambroziak, 2016). Viele solcher Eierparasiten benötigen eine gewisse Grundfeuchtigkeit, die in der oberen Vegetationsschicht von steppenähnlichen Vegetationseinheiten natürlich fehlt. Die Spinneneier selbst brauchen aber auch eine gewisse Feuchtigkeit, die wiederum zur entsprechenden Entwicklungszeit der Eier durch Verdunstung aus dem Boden aufsteigen könnte. Hornissen wiederum sind auf Höhlen und Holz für ihren Nestbau angewiesen, was in mehr oder weniger baumfreien steppenartigen Landschaftsausschnitten nicht vorhanden ist. So lässt sich erklären, warum die Wespenspinne in mesotrophen, also lückigen, aber mindestens kniehohen Vegetationseinheiten vorkommt, die auch unsere gestörten Regenmoore mit ihren Pfeifengraswiesen liefern.

Ungestörte Regenmoore bilden keine kniehohen und lückigen Strukturen aus, weshalb die Wespenspinne nicht wie die anderen typischen Regenmoorarten aus der Steppe sofort in die benachbarten Regenmoore eingezogen ist. Erst als in den entwässerten Regenmooren das Nutzen durch Torfabbau und/oder später ein Nutzen als Weide aufgegeben wurde und sich das Pfeifengras ausbreitete, entstanden neue Standortnischen für die Wespenspinne, und diese bestehen so lange, bis diese Pfeifengraswiesen entweder durch Vernässen oder aufkommenden Baumwuchs wieder verschwinden, wonach dann auch diese Spinne wieder verschwinden würde. Deshalb begegnet vielen Menschen diese Spinnenart erst seit den letzten Jahrzehnten in Regenmooren, nämlich seitdem viele Regenmoore verlassen werden und vor sich hin schlummern.

Ich würde sogar so weit gehen und behaupten, dass diese Spinnenart in vielen Teilen ihres heutigen Verbreitungsareals bei ihrer Ausbreitung erst richtig Fahrt aufnahm, als viele historische Nutzungsformen aufgegeben wurden und sich auf nährstoffärmeren Ausgangsböden danach sukzessive kniehohe und doch lückige Vegetationsstrukturen bildeten. Zu denken ist an die vielen Sandmagerrasen und Heidegebiete, wo die Wespenspinne heute zu finden ist. Diese Strukturen wurden früher wegen ihrer intensiven Nutzung kurz gehalten, hingegen werden sie heute sich selbst überlassen. Desgleichen sind gern von der Wespenspinne eingenommene Lebensräume die verlassenen Truppenübungsplätze, die vielen Industriebrachen, ferner ungenutzte Gewerbegebiete oder die zurückgelassenen und nicht mehr genutzten Gleistrassen und ganze Gelände, wo früher mal Bahnverkehr stattfand. Oder man denke an die Niedermoorstandorte, die ausnahmsweise nicht in Maisäcker oder Intensivdauergrünland umgewandelt wurden, sondern teils wie in den Regenmooren Pfeifengraswiesen aufweisen, weil man diese Bereiche nicht mehr als Mäh- oder Weidewiese nutzt. Dieses Aufgeben von historischen Nutzungsformen und der Wandel der dortigen Vegetation sowie das Ankommen der Wespenspinne dort kann man in allen Bereichen ihres Areals beobachten, ob im Osten, Süden, Westen oder Norden. Vermutlich ist also der Wandel der Landschaft, den wir Menschen ständig verursachen und seit der Industrialisierung beschleunigen, mit ein Grund dafür, warum sich die Ausbreitung so mancher Art, wie eben auch die der Wespenspinne, beschleunigt.

Artenschutz, Umweltschutz oder alles Naturschutz?

Artenschutz meint den Schutz von einzelnen Arten, ob Pflanze oder Tier. Sogar die Bakterien müssten dabei gemeint sein, denn erst sie ermöglichen das komplexe Leben auf der Erde. Spricht man vom Schutz in der Natur, wird es mit der Definition von Wörtern aber stets schwierig, selbst wenn man sich nur über einen spezifischen Standort mit seinen Arten und speziellen Faktoren auseinandersetzt. So spricht man im internationalen und nationalen Recht von Naturschutz und Umweltschutz. In vielen Ländern der westlichen Welt (oder sagen wir Welt der Industrieländer) ist aus diesen zwei Wörtern meist ein übergreifendes Natur- und Umweltschutzgesetz hervorgegangen, woraus sich spezifische Landesschutzgesetze entwickelten (Gassner, 1995; Louis, 2003; Uekötter, 2003).

Faktisch kann man Natur als eine Art von Objekt aber nicht schützen. Natur ist der Überbegriff für alles Biologische auf der Erde, und alles kann man nicht schützen. Biologische Gebilde stehen zudem niemals still, die Entwicklung (Evolution) ist geradezu die Erklärung für alles, was wir als Leben auf der Erde sehen oder gesehen haben. Was sich einmal entwickelt hat, kann nicht mehr zurück. Es gibt in der Biologie keine Umkehrung wie in der Physik und der Chemie. Wie will man Natur als Ganzes, das sich ständig weiterentwickelt und nicht wieder umgekehrt werden kann, schützen? Einen Status quo zu schützen ist in Wirklichkeit unmöglich. Der Begriff Naturschutz ist einfach ungünstig gewählt worden. Bei zukünftigen Novellierungen der sogenannten Naturschutzgesetze, ob national oder international, müsste es eigentlich Artenschutz und Umweltschutz heißen, um das Dilemma mit dem Überbegriff Natur zu vermeiden. Denn wie will man etwas schützen im Sinne von erhalten, was sich von ganz allein immer weiterentwickelt und damit in der Form, in der man es schützen will, niemals bleibt? Begnügte man sich mit den Begriffen Arten- und Umweltschutz, hätte man für die Zukunft noch genügend Widersprüchliches aufzuklären. Also trennen wir uns besser vom Begriff des Naturschutzes und sprechen von Arten- und Umweltschutz.

Aktiver Artenschutz schützt die Arten, die sich die Menschheit an einem jeweiligen politischen Ort gerade leisten kann. Dieses Sich-etwas-leisten-Können ist von weltlichen Religionen und weltlichen Wohlstandssituationen abhängig. In den hochindustrialisierten Ländern mit hohem Bruttosozialprodukt kann sich eine Bevölkerung und damit deren politische Kaste viel mehr Artenschutz leisten als bitterarme Länder. In ärmeren Ländern entscheidet allein die Religion im Sinne von kulturell gewachsener Sensibilität, welche Arten geschützt werden. Nur deshalb schützen zum Beispiel die buddhistisch geprägten Länder in ihren Nationalparks so viele Arten, obwohl sie es sich eigentlich aufgrund ihrer fürchterlichen Armut (noch) gar nicht leisten können. In unserer christlichen Welt haben wir uns den Artenschutz erst vor wenigen Jahrzehnten per Gesetz auferlegt. Kulturell ist er hier überhaupt nicht verankert. Das Christentum hatte nie ein Erbarmen für andere Arten als für den Menschen (Precht, 2016). Da die kulturelle Verankerung für Artenschutz fehlte, wurde als Erstes und bis heute viel ernsthafter der Umweltschutz im gesellschaftlichen Leben integriert (Uekötter, 2003).

Das Blaukehlchen (Luscinia svecica) ist ein Strauch- und Röhrichtbrüter der Tundra- und Steppenlandschaft und findet sich auch in Laggbereichen von Regenmooren ein, aber vor allem in wiedervernässten Regenmooren, die verbuscht waren und jetzt durch das Vernässen einen Strauchtundra-Charakter bekommen.

In der industrialisierten Welt konnte man sich von Zeit zu Zeit immer mehr den Schutz von sonstigen Arten neben dem des Menschen leisten, weshalb der „*Naturschutzgedanke*" zumindest auf dem Blatt Papier entstand. Und weil man mit dem Umweltschutz für uns Menschen gleichzeitig schon immer einzelne Arten zufällig förderte, wurde der Umweltschutz mit dem Naturschutz vermischt. Man denke an die Rieselfelder, die im 18. und 19. Jahrhundert vor den Großstädten entstanden sind, um das Abwasser zu reinigen und um damit das Grundwasser für den Menschen zu schützen, was wiederum tausende Vögel in diese neuen Standorte lockte. Dies ist nur eines der vielen Beispiele, wie Maßnahmen eigentlich nur dem Schutze des Menschen dienten oder bis heute dienen und die nur zufällig die eine oder andere Art dadurch fördern. Die Naturschützer sahen und sehen aber die gesamte Natur geschützt. Aufwachen und die wahren Zusammenhänge erkennen tun viele Menschen aber erst, wenn sich die Dinge durch den Lauf der Zeit verändern. Die Rieselfelder braucht heute kein Mensch mehr, weil es Klärwerke gibt. Mit den Rieselfeldern aber verschwinden die sich dort angesiedelten Vögel auch wieder.

Bis heute propagieren Naturschutzverbände und politische Institutionen aber Umweltschutzmaßnahmen, die eigentlich ganz allein nur für den Schutz des Menschen verwirklicht wurden und zufällig andere Arten förderten, als große komplexe Naturschutzmaßnahmen. Viele dieser Institutionen wollen nicht erkennen, dass Umweltschutz nichts mit dem Schutz der Natur zu tun hat, sondern dass er nur ein weiterer Faktor ist, der Natur verändert und damit Neues hervorbringt (Bönsel & Hönig, 2001). Und viel Neues ist für andere Arten als den Menschen keinesfalls gut. Man denke dabei an die vielen Mais- und Rapsäcker, die allein für sogenannte Bio-Brennstoffe bestellt werden, um auf die fossilen Brennstoffe allmählich verzichten zu können. Umweltschutz im Sinne von Nutzung von Bio-Brennstoffen wird vielerorts als Klimaschutz und damit als weltweiter Schutz von Arten gepriesen. Tatsächlich sind Mais-, Raps- oder Sojaäcker sowie die riesigen Palmenplantagen der Tropen die größten Artenvernichter. Es stellt sich sogar die Frage, ob dieser menschliche Umweltschutz nicht sogar mehr Arten vernichtet als die globale, von vielen Menschen als fatal prophezeite Klimaveränderung.

Das Paradoxe zwischen Umwelt- und sogenanntem Naturschutz kann man auch von der anderen Seite, von der Artenseite, betrachten. So bringen zerstörte (abgetorfte) Regenmoore eine neue Vielfalt in ehemals artenarme Landschaften. Die Biotoptypen der einzelnen Degenerationsstadien und selbst zahlreiche Arten in diesen Biotopen sind nach deutschem Bundesnaturschutzgesetz und nach internationalen Richtlinien wie der Flora-Fauna-Habitat-Richtlinie (FFH-RL) geschützt. Die Formalien haben Juristen in Gesetzen und Richtlinien formuliert, den Anstoß dazu hat aber stets die öffentliche Meinung gegeben (Radkau, 2011). Diese öffentliche Meinung bildet sich bekanntlich nicht unbedingt aus reinem Fachwissen heraus, sondern häufig dadurch, dass über bestimmte Dinge nur lang genug kollektiv geredet werden muss (Potthast, 2003), damit sie vermeintlich wahr werden (Bönsel & Hönig, 2000), wie der Klimaschutz, weshalb wir heute weltweit Biotreibstoffe produzieren.

Nun kann man über Schutzkriterien von degenerierten Regenmoor-Vegetationsstadien und deren Tierarten theoretisch diskutieren, wie es vielerorts getan wird (Bretschneider, 2010; Edom et al., 2010; Wendel, 2011), doch gehen die meisten Diskussionen an der Praxis vorbei. Denn in einem Rechtsstaat mit entsprechender Bürokratie haben solche Gesetze und Richtlinien erhebliche Folgen, die sich nicht an der Praxis orientieren, sondern die Bürokratie folgt und folgte schon immer strikt der jeweiligen Gesetzeslage. So ist eine Revitalisierung eines Regenmoores nach dem Ende der Abtorfung nicht einfach möglich. Erst recht nicht, wenn das Moor schon mehrere Jahre nach dem Ende der Abtorfung in die verschiedensten Vegetationsstadien übergegangen ist. Da muss erst juristisch einwandfrei geprüft werden, ob die neuen Vegetationsformen und Arten nicht viel schützenswerter sind als eine Revitalisierung. Außerdem unterliegt ein entstandener Moorwald der Bürokratie der Förster, die gemäß ihrem Waldgesetz dann dort einen Wald sehen, und die, wenn sie überhaupt einer Revitalisierung zustimmen, im Gegenzug einen Waldausgleich fordern. Dass ein Wald an diesen Stellen nie ohne die vorherige Entwässerung dieses Landschaftsgebildes entstanden wäre, tut da nichts zur Sache. Dass der Wald in vielen ungenutzten degenerierten Regenmooren bis dato nicht genutzt wurde, spielt ebenfalls keine Rolle. Wird Wald durch Vernässen absterben und sich wieder ein Moorstadium entwickeln, muss für die Förster ein neuer Wald her – und dabei beruft man sich ganz juristisch auf die bestehenden Gesetze. Naturschützer berufen sich im Falle von degenerierten Regenmooren auf ihre Naturschutzgesetze mit den dort erwähnten Arten, die Förster pochen auf das Waldgesetz. Dass degenerierte Regenmoore täglich mehrere tausend Kubikmeter CO_2 in die Luft blasen und damit genauso wie die Autos, die fossile Brennstoffe vergasen, die prophezeite fatale Klimaveränderung vorantreiben, wird ausgeklammert, solange die anderen Belange nicht geklärt sind.

Ein weiteres großes Problem des Artenschutzes, der aus den internationalen und nationalen Richtlinien und den daraus abgeleiteten Gesetzen entstanden ist, ist das Trennen von wichtigen (seltenen) und weniger wichtigen Arten (häufigeren). Wahrscheinlich spielen sogar die Schönheit und Bekanntheit einer Art bei der Aufnahme in ein Gesetz oder Richtlinie eine Rolle. Oder warum findet man keine Bakterien, Milben oder Raubfliegen in den internationalen und nationalen Richtlinien und Gesetzen als besonders schützenswerte Arten?

Sicher sind Bakterien, Milben und Co keine Aushängeschilder, mit denen man viele Leute für den Schutz von Landschaftsräumen gewinnen kann, denn man kann nicht von jedem Menschen eine umfangreiche ökologische Bildung verlangen. Doch will man nur Leute gewinnen und nimmt deshalb die schönen und bekannten Arten als Schutzziele, dann muss man das auch ganz klar artikulieren, sich aber auf wissenschaftlicher Fachebene mit den wirklich entscheidenden Zusammenhängen und Arten auseinandersetzen, um entsprechend schlüssige Entscheidungen herbeizuführen. Bekanntlich kommt man nämlich mit der Wahrheit am weitesten und nicht mit aufgeblasenen Hiobsbotschaften (Uekötter & Hohensee, 2004).
Aus der ökologischen Wissenschaft ist seit geraumer Zeit bekannt, dass gerade die häufigen Arten die Taktgeber in der Natur sind und die meisten selteneren Arten nur in deren Schatten leben können (Routledge, 1980;

Raubfliegen verweisen vielerorts und auch in Regenmooren auf Artenvielfalt, die entweder aus der Umgebung eingewandert sein kann oder am jeweiligen Standort gerade neu entsteht.

Hubbell, 2001). Selbstverständlich wechseln die häufigen Arten. Wer früher einmal häufig war, kann heute der Seltenere sein. Dieses Wechselspiel gehört zur Natur und ist Grundvoraussetzung für artenreiches Leben (Gould, 2002). Um dieses Leben zu erhalten, müssten eigentlich stets die häufigeren Arten den höchsten Schutzstatus genießen und nicht die selteneren Arten als die für den Artenschutz wichtigen gelten (Kinzelbach, 1995).

Der verwissenschaftlichte Naturschutz hat diese Erkenntnisse schon mancherorts versucht in seiner Debatte aufzunehmen. Es wird von Schirm- oder Kernarten geredet (Launer & Murphy, 1994; Lambeck, 1997). Der administrative Naturschutz und die Naturschutzverbände verfahren jedoch nach wie vor nicht nach diesem Muster, sondern halten sich strikt an die gesetzlichen Vorgaben der internationalen Richtlinien wie an die Flora-Fauna-Habitat-Richtlinie, die Vogelschutz-Richtlinie oder an die Seltenheitskriterien der IUCN (International Union for Conservation of Nature, Weltnaturschutzunion). Man könnte es wie folgt auf den Punkt bringen: Es wird viel diskutiert, und das zunehmend von Leuten, die sich mit der Materie nie umfassend auseinandergesetzt haben, wodurch vieles behindert wird, was eigentlich ganz leicht umzusetzen wäre. Unwissenheit über komplexe Zusammenhänge ist vielerorts auf der Welt der wahre Grund, warum viele Arten verschwinden, obwohl sie hätten geschützt werden können, zumal gerade in der industrialisierten Welt genügend Naturschutzgebiete existieren und Finanzressourcen für Maßnahmen zur Verfügung stünden (Reichholf, 2006). Doch es passiert in den Naturschutzgebieten, wie beispielsweise in vielen geschützten Regenmooren, nichts. Sie liegen einfach nur da. Allein darauf, dass keine anderen Menschen als die privilegierten Naturschützer selbst dort hineingehen, achtet man und bestraft andere Menschen für das unerlaubte Betreten. Dass sämtliche Arten, die in Naturschutzgebieten leben, zurückgehen und dies auch noch die Arten sind, deretwegen man die Gebiete überhaupt einmal unter Schutz gestellt hat, scheint niemanden aus der Naturschützer-Kaste zu interessieren. Für das Verschwinden der Arten sind stets alle anderen Menschen sündig. Es sind aber nicht immer alle anderen Menschen und die Globalisierung an sich für den Artenschwund schuldig, sondern für vieles ist der internationale und nationale Umwelt- und Naturschutz selbst verantwortlich (Reichholf, 2008). So steht gerade beim Revitalisieren von Regenmooren eigentlich als wirkliche Voraussetzung einer

Wiedervernässung immer nur die eine Frage, ob man damit andere Menschen – also unsere eigene Spezies – irgendwo gefährdet oder nicht. Hat sich die Menschheit bis heute bis an den Laggbereich von Regenmooren mit Wohnhäusern herangebaut oder das Moor in landwirtschaftliche Flächen umgewandelt, kann man nicht mehr wiedervernässen. Besteht keine direkte Wohnbebauung um diese Moore, ist von dem Moor überhaupt noch etwas da (gemeint ist eine Torfauflage) und besteht keine existenzielle Nutzung mehr auf dem Moor, kann man wiedervernässen. Und dann dürfte normalerweise keine Bürokratie über Machen oder Nicht-Machen entscheiden dürfen, zumal die Sukzession in den ehemaligen Regenmooren dann von Ort zu Ort sowieso ganz unterschiedliche Verläufe nehmen wird. Denn in den Regenmooren wurde in unterschiedlichem Maß und vor unterschiedlich langer Zeit genutzt und getan, wodurch überall ganz unterschiedliche Grundvoraussetzungen für die zukünftige Entwicklung in den jeweiligen Mooren entstanden. Dadurch erhöht sich bei jeder Vernässung die Artenvielfalt und es stellt sich nicht unmittelbar wieder ein flächendeckendes artenarmes Regenmoor ein. Vielmehr leben in vollständig wiedervernässten Regenmooren die ursprünglichen typischen Regenmoorarten zusammen mit den „Neuen" in einem Moor, allerdings in unterschiedlichen Vegetationsbereichen (Bönsel, 2005).

Der Schutzgedanke von degenerierten Moorstadien ist im Sinne eines Status-quo-Gedankens überhaupt nicht hilfreich, da Arten von ganz allein in degenerierte Moorstadien einwandern – ob ohne oder mit Revitalisierung – und nach einer gewissen Zeit so oder so wieder verschwinden.

Der Schutz von Wald an sich ist sinnvoll. Allerdings gilt dies nicht für auf Regenmoor-Torfböden entstandenem Wald, da Torf mindestens genauso viel CO_2 speichert wie Holz, eine Vernässung aber sogar die Mineralisation von Torf stoppen würde und damit Emission von NO_x und CO_2 verringert.

Und als gäbe es nicht schon genug Debatten über Umweltschutz, kommen seit ein paar Jahren noch die Methangas-Diskussionen in den kollektiven Raum, die hier und da ebenfalls nach der Sinnhaftigkeit von Wiedervernässungsmaßnahmen fragen, da Methan ein Antreiber für Klimawandel ist (Lloyd et al., 1998).

Wenn man sich diese einzelnen Diskussionsgrundlagen Schritt für Schritt vor Augen hält, muss man nach der Ernsthaftigkeit fragen. Ich zumindest kann mich kaum des Eindrucks erwehren, dass das Lamentieren der Neuzeit eine Art von Kultur geworden ist, wo jeder gegen jeden diskutiert – nur des Diskutierens wegen –, wobei aber eine Trägheit des komplexen Nachdenkens eintritt, was vermutlich als evolutionärer Selbstschutz für uns Menschen einzustufen ist. Denn Trägheit ist der Schutz vor Veränderung, und die will kaum ein Mensch, zumindest nicht vor seiner eigenen Haustür.

Das Revitalisieren

Hat man sich schließlich nach Umweltschutz-, Waldschutz- und/oder Artenschutzdebatten auf eine Revitalisierung eines Regenmoores geeinigt, treten unterschiedliche Ansätze über das „*Wie*" des Revitalisierens von Regenmooren zutage. Ursache für diese Unterschiede ist, dass sich natürlich erst einmal eine gewisse wissenschaftliche Erkenntnis über das richtige Vorgehen hinsichtlich einer Revitalisierung des einen oder anderen Standortes herauskristallisieren muss. Die Revitalisierung von Regenmooren begann weltweit ungefähr in den 60er-und 70er-Jahren des 20. Jahrhunderts (Joosten, 1995; Wheeler et al., 1995; Eiseltova, 2010). Es war die Zeit, in der in vielen mittelgroßen und einigen größeren Regenmooren der nutzbare Torf abgebaut war und die Menschheit damit begann, sich generell mit der Kultivierung von zerstörten Landschaftseinheiten zu beschäftigen (Cramer et al., 2008). Durch die verschiedenen Abkommen zwischen den Industriestaaten (wie der Ramsar-Konvention von 1975 oder dem Kyoto-Vertrag von 1997) verwissenschaftlichte sich die Debatte zur Revitalisierung von gestörten Landschaften immer mehr, bis sich die Diskussionen sogar auf einzelne Gebilde wie Moore, Tagebaulandschaften, Küstengebiete, Mangroven, Regenwälder aufsplitterten (Roulet, 2000). Hinzu kam vielerorts noch die Erkenntnis, dass viele Landschaften einen wichtigen Beitrag zur Gesundheit der Menschheit liefern (Dale & Connelly, 2012).

Leider stehen sich bei nahezu allen Bestrebungen zur Revitalisierung der verschiedenen Landschaftsgebilde die Gedanken von Naturschutz und reiner Ökologie meist kontrovers gegenüber (Talbot, 1997). Die verschiedenen Gesetzgebungen der Länder zum Naturschutz tun ihr Übriges dazu, und besonders misslich wird es mit der Flora-Fauna-Habitat-Richtlinie (FFH-RL), die eigentlich zum Schutz von Lebensräumen und Arten, die in Europa besonders gefährdet sind, verabschiedet wurde. In dieser europäischen Richtlinie wurden verschiedene Lebensraumtypen definiert, für die ein Schutz und ein Management festzuschreiben sind, zumindest für einen gewissen Prozentsatz einer jeweiligen Landesfläche mit solch vorkommenden Lebensraumtypen. Für die ausgewiesenen prozentualen Schutzflächen mit solchen Lebensraumtypen der FFH-RL muss jedes Land Managementpläne erarbeiten. Lebensraumtypen, die Regenmoore betreffen, gibt es in dieser Richtlinie mehrere. Und nun könnte man glauben, dass es doch positiv für diejenigen Regenmoore sei, die unter den Schutz der besagten Richtlinie gefallen sind.

Genau das Gegenteil ist aber der Fall. Die Bürokratie macht jeglichen effektiven Schutz von solchen Regenmooren zunichte. Die Länder haben Richtlinien verabschiedet, wonach Managementpläne zu erarbeiten sind. Damit beginnt das Klein-Klein des bürokratischen Naturschutzes. Jedes Moor wird nach seinen aktuell vorkommenden Lebensraumtypen, die es nach der FFH-Richtlinie gibt, unterteilt. Anschließend werden diese Lebensraumtypen jeweils separat bewertet, um danach Vorschläge für eigene Maßnahmen zum Erhalt oder zum Verbessern der aktuellen Zustände jedes erfassten Habitattyps zu erhalten. Für jede erfasste Tierart des Moores, die ebenfalls in der FFH-Richtlinie steht, wird das gleiche Procedere durchlaufen. Dabei ist es egal, ob diese Tierart typisch ist für ein Regenmoor oder nicht. Hat irgendjemand irgendwann einmal zum Beispiel einen Fischotter in einem zerstörten Regenmoor gesehen – was nicht ungewöhnlich wäre, denn in vielen dieser gestörten Regenmoore gibt es Torfstiche und ebenso viele Gräben, in denen mittlerweile auch Fische leben –, dann müssen selbst für diese Tierart spezielle Maßnahmen vorgesehen werden. Der groteske Wirrwarr von Maßnahmen ist vorprogrammiert. Ein Regenmoor ist ein einziges Landschaftsgebilde, eine biologische Einheit, wenn man so will. Wie will man da einzelne Maßnahmen für einzelne Lebensräume und einzelne Tierarten entwickeln, wenn man doch eigentlich den gesamten Lebensraum, das Regenmoor, schützen will? Oder will man es gar nicht? Man muss das Regenmoor und seine Umgebung als Ganzes sehen. Ich glaube, jeder Leser hat diesen Zusammenhang begriffen, aber Bürokratie ist eben etwas anderes als Begreifen.

Und so muss man sich kaum wundern, dass es weltweit mehrere Gedankenschulen gibt, wie und warum ein Regenmoor revitalisiert werden soll. Grob zusammengefasst könnte man sagen, es gibt zwei Denkströme zum Revitalisierungsansatz von Regenmooren. Der eine Strom sieht den parzellierten Schutz von Regenmooren als ausreichend, um die restlichen Arten in den verbliebenen noch re-

genmoortypischen Parzellen zu schützen (Eggelsmann, 1987; Precker & Knapp, 1990; Precker, 2013). Viele behördlich tätige Menschen schließen sich diesem Gedanken an, allein um nicht selbst in den Mühlen der Bürokratie zermahlen zu werden. Denn selbst wenn der eine oder andere es besser wissen sollte und sich zum Beispiel beim Vernässen eines Moores darum kümmert, dass die Fragen des Eigentums auch außerhalb eines Moores geklärt werden, selbst wenn solche Eigentumsflächen nicht in den Grenzen eines besagten FFH-Schutzgebietes liegen, dann erlebt dieser Mensch die ganze Engstirnigkeit der Bürokratie. Jeder kann sich jetzt selbst ausrechnen, wie häufig er den Kopf hinhalten würde, um für eine gute Sache zu kämpfen. Die Bürokratie erfüllt einen Zweck häufig leider ohne Zweckmäßigkeit. Ist die Bürokratie damit nur das Spiegelbild der Evolution? Man könnte es fast glauben. Auf jeden Fall bringt Bürokratie nichts für den Schutz von Lebensräumen, sie behindert allzu häufig vielmehr.
Der andere Gedankenstrom zum Revitalisieren von Regenmooren sieht einen langfristigen Schutz der verbliebenen Regenmoorpflanzen und Tiere als nur möglich, wenn das jeweilige Regenmoor als Ganzes revitalisiert wird, also bis hin zum ehemaligen Laggbereich. Dieser Ansatz hat sich übrigens mittlerweile als international anerkannt durchgesetzt (Morgan-Jones et al., 2005; Bönsel & Sonneck, 2011a; Howie & Tromp-van Meerveld, 2011; Rydin & Jeglum, 2013). Diese Gedankenschule sieht eine Revitalisierung ohne den Gesamtansatz als sinnlos an und würde nur für einen finanziellen Einsatz plädieren, wenn das Moor im Ganzen betrachtet und das Projekt nur dann dauerhaft erfolgversprechend sein wird. Alles andere wären verschwendete Finanzressourcen.

Wie bereits beschrieben, ist das Wasser im Laggbereich das Überschusswasser eines Regenmoores, was sich dort mit dem Wasser der Umgebung – dem mineralischen Grundwasserstand – vermischt. Das Regenmoor selbst wächst je nach klimatischen Bedingungen mehr oder weniger in die Höhe und in die Fläche, was konzentrisch passiert, und je nach Aufwölbung eines solch entstandenen Regenmoores entsteht ein Abflussgradient von überschüssigem Wasser zum Lagg. Wird der Außenbereich eines Regenmoores später von tiefgreifenden Meliorationsmaßnahmen durch tiefe Gräben entwässert, erhöht sich der jährliche Abflussgradient aus dem Moor, da er nicht mehr

Ursprünglich wächst ein Regenmoor von innen nach außen – also konzentrisch. Die Revitalisierung muss aber vom Laggbereich ausgehen, damit sich wieder ein regenmoortypischer Abflussgradient einstellen kann. Nach einer erfolgreichen Revitalisierung sind die meisten Laggbereiche ganzjährig wasserführend. Erst dann beginnt die eigentliche Genesung eines Regenmoores.

sanft auslaufend am Lagg endet. Die Degeneration eines Regenmoores entwickelt sich deshalb stets vom Rand zum Zentrum, also genau entgegengesetzt zur eigentlichen Entwicklung eines Regenmoores. Am Rand hat ein Regenmoor stets die geringste Torfauflage. Das schützende Katotelm ist deshalb hier rasch mineralisiert, wodurch sich eine Vergrasung und folgend eine Bewaldung vom Rand her einstellt. Dieser Prozess ist weltweit zu beobachten, und eben auch in nur parzelliert vernässten Regenmooren. Grabenverbaue im Moor verhindern nicht, dass die Mineralisation in der Fläche weitergeht. Der flächige Abfluss wird mit einzelnen Verbauen nämlich nicht gestoppt, da ein Abfluss stets in der gesamten Fläche stattfindet und nicht nur in den Gräben (Bönsel & Sonneck, 2012). Solche Moore entwickeln sich trotz parzellierter Schutzmaßnahmen zu einem Moorwald, nur vielleicht langsamer als ein gar nicht durch Grabenverbaue geschütztes Moor (Bönsel, 2011).

Entstandener Moorwald ist für eine langfristig erfolgreiche Revitalisierung von Regenmooren auch nicht hinderlich, wie es häufig diskutiert wird. Wird das Lagg wieder auf sein ursprüngliches Niveau eingedämmt, staut sich das Wasser in Regenmooren mit verbliebenen Moorkörpern zurück und es entwickelt sich vom Rand her eine Torfmoosdecke, die die Bäume ausgesprochen rasch absterben lässt. Gerade die Torfmoose *Sphagnum fallax* und *S. cuspidatum* re-kolonisieren sich bei gleichmäßig stimulierten Wasserständen relativ schnell (Smolders et al., 2003). Danach ist auch eine Re-Kolonisation von flächigen Sphagnen-Rasen bis in die zentralen ursprünglichen Regenmoorbereiche, sogar mit Ausbildung von bunten Torfmoosrasen auf Bulten, möglich (Bönsel & Sonneck, 2012).

Nun gibt es viele Regenmoore, auf denen mittlerweile Wald wächst. Tendenziell werden immer mehr Waldformen entstehen (Gunnarsson & Flodin, 2007). Doch diese Tendenz liegt nicht am Klimawandel, sondern daran, dass diese Moore nicht oder noch nicht vollständig revitalisiert worden sind – also vom Lagg ausgehend –, oder dass sie gar nicht mehr vollständig zu revitalisieren sind. Die Landschaftsveränderungen und Eigentumsfragen werden allzu häufig ausgeklammert, rasch ist als Ursache für eine bestimmte Entwicklung die aktuell propagierte Klimaveränderung ausgemacht (Breeuwer et al., 2009). Die wirklichen Ursachen für jedes einzelne Regenmoor werden gar nicht recherchiert. Tatsächlich hat jede Revitalisierung ihre eigenen Tücken. Meistens sind es menschliche Befindlichkeiten, die sich auf grundrechtliche oder rein zwischenmenschliche Aspekte beziehen, weshalb so manches Regenmoor eben nicht vom Lagg bis ins historische Zentrum revitalisiert werden kann.

Lässt der oder lassen die Eigentümer im Moor ein Vernässen zu, ohne dass die Verhältnisse des Eigentums um das Moor herum das gewähren, bekommt man ein solches Regenmoor nicht wieder in einen Zustand mit autarker Wasserbilanz, egal wie viele Gräben man im Moor verschließt. Denn der Abflussgradient eines Regenmoores betrifft das ganze Moor und nicht nur die Entwässerungsgräben. Werden nur die Gräben im Moor verschlossen, läuft immer noch zu viel Wasser aus der übrigen Fläche des Moores zur tieferen Umgebung. Dieser Prozess vollzieht sich besonders rasch, wenn die Umgebung durch entsprechend tiefe Gräben gekennzeichnet ist, was auf nahezu jede Umgebung eines Regenmoores in Europa zutrifft. An der Regenbilanz für den jeweiligen Ort mit dem zu revitalisierenden Regenmoor hat sich in den letzten 100 bis 150 Jahren aber gar nicht so viel geändert. Trockenphasen und Nassphasen hat es immer gegeben, und damit kommen intakte Regenmoore klar.

Wir Menschen müssen eine Revitalisierung an dem jeweiligen Ort nur wollen, das ist das Grundproblem. Liegt ein Moor schon mehrere Jahrzehnte trocken, ist für viele Menschen ein Nasswerden ihrer Umgebung eine Form von Bedrohung, da die Moore vielerorts schon so lange trocken sind, dass die heutige Generation den nassen intakten Zustand gar nicht mehr kennt. Und wie schon erwähnt wollen die meisten Menschen eine Veränderung in ihrer Umgebung nicht. Für diese Menschen sind dann nicht zu Ende gedachte Analysen von angeblich unumgänglichen, weil natürlichen, klimabedingten Entwicklungen der Regenmoore hin zu Waldmooren die schlagenden Argumente, um einer Revitalisierung von Regenmooren nicht zuzustimmen.

An dieser Stelle sei aber noch einmal jedem Leser in Erinnerung gerufen, dass bei der Genese von zahlreichen Mooren am Anfang ein Wald stand. Die Humusschicht verklebte, eine wasserstauende Schicht entstand und erste Torfmoose siedelten sich an und brachten den Lauf des Entstehens eines Regenmoores in Gang. Ein solcher Prozess würde auch in heute bewaldeten Regenmooren ablaufen, wenn wir Menschen es nur zulassen, indem wir die Randgräben um die Moore verschließen, um den gewaltigen Abflussgradienten allmählich wieder abzubauen. Es gibt mittlerweile Beispiele, bei denen ein solcher Prozess belegt ist. Dabei brachen Wälder zusammen, weil man dort das komplette Regenmoor und seine Umgebung wiedervernässte (Bönsel & Sonneck, 2012). Aus einem Waldstadium heraus könnten sogar in der Gegenwart noch neue Regenmoore entstehen, wenn der Mensch nicht überall eingreifen würde. Denn viele historische Senken haben jetzt in der Gegenwart erst ihr Verlandungs- oder Versumpfungsstadium erreicht, wo momentan Wald wächst und im Untergrund das Pfeifengras die Mineralisation des Niedermoortorfes anzeigt. Doch entwickeln sich auf diesen Standorten keine neuen Regenmoore, weil zumindest in Europa all diese Standorte entwässert sind. Gräben durchziehen diese Standorte entweder direkt oder es wirken die Gräben der Umgebung entwässernd genug. Und nur deshalb entstehen in vielen Gebieten der Erde aktuell keine neuen Regenmoore mehr. Klimatisch wäre in vielen Regionen sowohl ein Neuentstehen als auch ein Revitalisieren von historischen Regenmooren möglich. Niederschlag fällt nämlich vielerorts noch genug.

Klimatische Veränderungen und ihre Folgen für das Regenmoor

Was passiert in unseren Regenmooren bei steigenden globalen Jahresdurchschnittstemperaturen und steigenden Stickstoffemissionen aus der Luft? Die nicht wiedervernässten oder einfach aus den verschiedensten Gründen nicht vollständig vernässten Regenmoore werden in den verschiedenen Waldformen der jeweiligen Regionen mit ihren typischen Baumarten aufgehen. Selbst die Regenmoore, die momentan noch Pfeifengrasfluren oder Heidekrautstrukturen aufweisen, werden sich ohne Vernässungsmaßnahmen langfristig in Waldformationen umwandeln. Regenmoore, die flächig abgetorft wurden und keine typische

Das Beispiel des Grenztalmoores, ein Regenmoor in Mecklenburg-Vorpommern, was im Grenzgebiet mit positiver Wasserbilanz besteht, damit geradeso noch im Gebiet für Regenmoore liegt, zeigt, wie ein gestörtes und deshalb ehemals bewaldetes Moor nach einer vollständigen Revitalisierung von Torfmoosen zurückerobert wird. Die vielen weißen Striche auf dem Bild sind die abgestorbenen Birken und das flächige Hellgrün ist der geschlossene Torfmoosteppich, der schon nach einem Jahrzehnt alte Torfstiche, alte Dämme und die verbliebenen, stets unberührten Restaufwölbungen gleichmäßig überdeckt (Bönsel & Sonneck, 2012).

Regenmooraufwölbung mehr aufweisen, werden selbst nach Vernässungsmaßnahmen in ein Versumpfungs- oder Verlandungsstadium übergehen, so wie man es aus der Genese von Niedermooren kennt. Regenmoorvegetation wird sich auf solchen Standorten erst wieder nach vielen Jahrhunderten einstellen. Hier muss die Verlandung der von Menschenhand geschaffenen Geländemulde erst wieder abgeschlossen sein, bevor sich erneut ein Regenmoor auf das Niedermoor aufsetzen kann. Und diese sekundäre Entwicklung wird kaum weniger Zeit als die primäre Genese nach dem Ende der Eiszeiten in Anspruch nehmen.
Wiedervernässte Regenmoore mit verbliebenen Resttorfkörpern, die noch eine gewisse Aufwölbung aufweisen, dürften die einzigen Regenmoore sein, in denen sich sofort wieder eine Entwicklung hin zu einem intakten Regenmoor etabliert. Dabei ist die Entwicklung nicht mit der Entstehung von Regenmooren nach der Eiszeit zu vergleichen, schließlich haben wir jetzt ganz andere Standortfaktoren, nämlich höhere Jahrestemperaturen und mehr verfügbaren Stickstoff für die torfbildenden Pflanzen.

Die Temperatur ist schon in historischen Zeiten immer wieder angestiegen und danach abgefallen, was das Regenmoorwachstum beschleunigte und wieder bremste (Blackford, 2000). Doch kommt in der heutigen Zeit noch die erhöhte Stickstoffverfügbarkeit für die Pflanzen hinzu, die wir Menschen durch verschiedene Aktivitäten zusätzlich in die Luft zaubern. Wie schon erwähnt wachsen die Binnenland-Regenmoore durch die höheren Temperaturen im Laufe eines Jahres generell mehr in die Höhe als die Küsten-Regenmoore, das heißt, sie wölben sich mehr auf. Durch die Stickstoffgaben werden sie noch schneller wachsen. Nur besiedeln in den Binnenland-Regenmooren jetzt andere Torfmoose den Boden als dies bei der primären Entwicklung dieser Moore der Fall war, denn nicht jedes Torfmoos verträgt diese erhöhte Stickstofffracht aus der Luft. Das Ziel einer Revitalisierung darf also niemals die genaue Wiederherstellung eines ehemaligen Regenmoores sein, denn wie schon gesagt: ob mit oder ohne erhöhte Stickstoff- und Temperaturgaben – jede Entwicklung in biologischen Gebilden ist neu und niemals umkehrbar. Was gewesen ist, ist gewesen und kommt nicht wieder.
Einige Torfmoose sind richtig zäh und gehen, ganz plakativ ausgedrückt, bei erhöhten Stickstofffrachten geradezu auf. Bei entsprechend günstigen Standortbedingungen – wie kontinuierlichen, flachgründigen Wasser-

ständen auf Resten von Regenmoortorf ohne Waldbedeckungen – wuchern manche Torfmoose alles zu. Aus diesem Grund hat sich sogar ein neuer potenzieller Wirtschaftszweig, die Paludikultur, entwickelt (Wichtmann et al., 2010; Wichtmann & Wichmann, 2011; Wichtmann et al., 2016). Dabei werden Torfmoose auf solchen spezifischen Standorten zur Gewinnung von Biomasse angebaut und wieder abgebaut. Die höchste Produktion von Biomasse in ursprünglichen Regenmooren erreichen die Torfmoose aus der Sektion der *Cuspidata* (*Sphagnum cuspidatum, S. majus, S. fallax,* oder *S. riparium*), und zwar bei nassen oligotrophen Standortbedingungen. Es sind auch genau diese Torfmoose, die bei erhöhten Stickstofffrachten ihre Biomasseproduktion noch einmal steigern können (Lamers et al., 2000; Smolders et al., 2001; Gabka & Lamentowicz, 2008) und die deshalb für die Paludikultur genutzt werden (Wichtmann et al., 2016). Prinzipiell reagieren alle Torfmoose auf Stickstofffrachten, und insbesondere dann, wenn sie als Ammonium-Ionen verfrachtet sind, da diese auch in intakten Regenmooren eher vorhanden sind (Millett et al., 2012). Durch das erhöhte Wachstum können diese Torfmoose sogar ein Auslöser für eine rasche Revitalisierung von wiedervernässten Regenmooren werden (Buttler et al., 1998).

Dennoch werden eben nicht alle Torfmoose und regenmoortypischen Pflanzen von den von Menschen gemachten Stickstofffrachten in den übriggebliebenen oder wiedervernässten Regenmooren gefördert (Svennsson, 1995; Gunnarsson & Rydin, 2000). Gerade die Bultenpflanzen, ob Torfmoose oder Gefäßpflanzen, vertragen erhöhte Temperaturen, die immer das Wachstum fördern. Bei gleichzeitig steigenden Stickstoffgaben wird deren Wachstum aber wieder eingebremst oder sie wachsen sich förmlich tot. Die dritte Komponente zum Wachsen fehlt nämlich: das ausreichend vorhandene Wasser, was auf der Bulte bei erhöhten Temperaturen und damit erhöhter Verdunstungsrate knapper wird. Bei solchen Konstellationen übernimmt dann plötzlich das Frauenhaarmoos (*Polytrichum strictum*) das Wachstum auf den Bulten, da es eine erhöhte N-Deposition besser bewältigt (Berendse et al., 2001). Ohne die durch den Menschen verursachten Stickstoffgaben überlebt dieses Moos ja auch schon nur auf den wirklich sehr hoch gelegenen Bulten, dort, wo eine gewisse Mineralisation des Torfes einsetzt und damit Stickstoff freigesetzt wird. Es verwundert demgemäß nicht, wenn dieses Moos bei erhöhten Stickstofffrachten auf den Bulten die Oberhand gewinnt. Aber auch wenn sich dieses Moos auf den Bulten durchsetzt, kann ein ansonsten wassergesättigtes Regenmoor selbst bei erhöhten, durch Menschen verursachten Stickstofffrachten ein typisches Regenmoor bleiben; manchmal werden solche Bulten mit dem Frauenhaarmoos sogar wieder von unten durch Torfmoose überwachsen.

Der Hauptfaktor für das Wachstum von Torfmoosen bleibt die Wasserverfügbarkeit. Diese Verfügbarkeit variiert in jedem intakten Regenmoor innerhalb eines Jahresverlaufs, da die Niederschlagsmengen unregelmäßig über das Jahr verteilt sind. Wie eingangs erläutert, können intakte Regenmoore dank der Torfmoose mit dieser Variation umgehen. In gestörten Regenmooren wird die Verfügbarkeit von Regenwasser im Jahresverlauf aber um ein Vielfaches unregelmäßiger. Je nachdem, wie lange ein Moor schon entwässert ist, ergibt sich die Vegetation, die auf dem Regenmoor gegenwärtig gedeiht. Und diese Vegetation saugt in unterschiedlichem Maße das Regenwasser auf. Gräser wie das Pfeifengras oder Kräuter wie die Heidekräuter saugen weniger Wasser als Bäume. Aber ob Gras, Kraut oder Baum: In allen Fällen wird auf dem mineralisierten Torf bei steigenden Temperaturen das Wachstum dieser Gefäßpflanzen angeregt. So schießen die Kräuter und Bäume regelrecht in die Höhe und saugen mehr und mehr Niederschlagswasser ab, sofern es nicht sowieso schon über die Entwässerungsgräben abläuft.

In einigen solcher gestörten Regenmoore kann man beobachten, wie sich gerade die Torfmoose, die stets auf den etwas trockeneren Bulten leben, vorerst sogar noch ausbreiten, bis sie dann vom aufkommenden Baumwuchs endgültig zurückgedrängt werden. Denn Torfmoose brauchen Licht als weiteren Faktor neben Wasser, Temperatur und Stickstoff. Fehlt das Licht durch eine zunehmende Bewaldung, gehen die Torfmoose zurück. Eine Förderung von spezifischen Torfmoosen ergibt sich dann nur, wenn sich eine gleichmäßige Vernässung auf dem verbliebenen Regenmoortorf einstellt und sich weniger lichtbedürftige Torfmoose wie *Sphagnum fallax* ansiedeln. Dann kann nämlich gerade dieses Torfmoos mit den aufgewachsenen Bäumen im wahrsten Sinne des Wortes um den Stickstoff wetteifern, wobei schließlich die Torfmoose siegen, denn sie versauern den Standort wieder nachhaltig. In Kombination mit dem Wasser aus der Wiedervernässung und dem sauren Resttorf machen die Torfmoose den Standort relativ rasch wieder komplett sauer, was die Bäume absterben lässt. Infolge dieses Vorgangs werden sich andere lichtliebende Torfmoose wieder ansiedeln (Buttler et al., 1998; Bönsel & Sonneck, 2012). Erhöhte Temperatur durch den weltweiten Klimawandel und höhere atmosphärische Stickstofffrachten durch unsere vielen Verbrennungsprozesse sind demnach keine Gefahr für Regenmoore, solange wir Menschen diesen Lebensräumen das Wasser gönnen und es ihnen nicht durch ständiges Entwässern vorenthalten.

Seeadler und auch Steinadler nutzen gerne Solitärbäume der Regenmoore für ihren riesigen Horst, da sie mit ihren breiten Schwingen hier besser anfliegen können als in einem dichten Wald.

Nachwort: Was wir lernten und noch lernen können

Wer bis hierhin gelesen hat, der weiß jetzt, dass Regenmoore sehr junge Landschaftsgebilde auf unserem Planeten Erde sind. Die Torfmoose, die eigentlichen Macher der Regenmoore, sind hingegen sehr alte Lebewesen, die es vor den Regenmooren schon gab. Ihre Fähigkeiten waren prädestiniert für das Bilden von Regenmooren, weshalb sie sich auf viele nacheiszeitlich entstandene Niedermoore gesetzt haben und die Regenmoore entstehen ließen. Alternativ bildeten sich nach den Eiszeiten in den gemäßigten Klimazonen der Erde mit eindeutigen Wasserüberschüssen und in extrem nährstoffarmen, flachen Senken sogleich wurzelechte Regenmoore. Die Regenmoore konnten meist nur in den gemäßigten Zonen entstehen, da sich in den Klimazonen mit höheren Jahresdurchschnittstemperaturen die Regenwälder bei deutlichen Wasserüberschüssen ausbildeten.

Viele Regenmoore haben wir Menschen nun in viel kürzerer Zeit, als sie entstanden sind, wieder zerstört oder zumindest erheblich gestört, nämlich innerhalb von nur 200 bis 300 Jahren. Zum Glück trifft dies längst nicht auf alle Regenmoore zu, und so manche gestörten Lebensräume könnten wieder zu Regenmooren werden. Für die Regenmoore muss man kein Trauerlied singen oder falsche Ökoalarme auslösen. Es ist für ihren Erhalt nicht zu spät, denn Niederschläge, die die Grundvoraussetzung für Regenmoore sind, fallen in den Regionen, in denen sie potenziell vorkommen, bis heute noch immer genug.

Wir sollten uns auch nicht blind der Hysterie um den Klimawandel hingeben. Es gibt zahlreiche Wissenschaftler, die eine gewisse Vorsicht gegenüber dieser Dramatik walten lassen. Klima hat sich auf der Erde immer geändert, mal weniger und mal mehr, und die Welt ist davon nicht untergegangen. Sicher sind einige Arten dadurch verschwunden, doch auch dieser Vorgang ist normal und nicht nur verwunderlich. Unsere Erde ist ein großes biologisches Gebilde mit vielen physikalischen und chemischen Einflussfaktoren geworden, welches sich stets verändert und verändern wird. Ob wir nun gerade die Klimaveränderung beschleunigen, bezweifeln zahlreiche Wissenschaftler. Nur werden diese Personen kaum zitiert oder gehört, obwohl sie genauso zahlreich in den wissenschaftlichen als auch sozialen Medien zu finden sind wie die Verfechter von katastrophaler Klimaveränderung. Unter den Zweiflern gegen-

über dieser Dramatik sind selbst anerkannte Nobelpreisträger.
Die fatalistische Diskussion zum Klimawandel ist ein Fall von kollektivem Viel-reden-Darüber, wodurch das Fatale wahr werden solle. Was uns die sogenannten „Umweltaktivisten" beschert haben mit diesem Gerede sind die zahlreichen Biogasanlagen, die unendlichen Mais- und Rapsäcker und die alles vernichtenden Sojafelder und Palmplantagen, die Biokraftstoffe herstellen. Dadurch sind massenhaft Arten verschwunden und vielerorts schon ausgestorben. Allein deshalb sollte man ein allzu sehr medial befeuertes Phänomen, egal welches, stets hinterfragen. Was wir Menschen seit einiger Zeit aber zweifellos beschleunigen, ist die globale Landschaftsveränderung durch unser Tun oder an der einen oder anderen Stelle durch ein Nicht-mehr-Tun. Dadurch werden Rückgänge oder Ausbreitungen von spezifischen Tierarten ebenfalls beeinflusst. Menschen leben seit vielen tausend Jahren überall auf der Erde und gestalten sich die jeweiligen Standorte, so wie sie es gerade für ihre Existenzbedürfnisse brauchen. Ob diese menschlichen Tendenzen die Rück- oder Vorgänge von Arten beschleunigen, sei wieder dahingestellt. Auf jeden Fall beeinflussen wir unsere Umgebung, wenn vielleicht auch nur durch einen Auslösefaktor.

Wir Menschen brauchen die Regenmoore nicht mehr zwangsläufig zum eigenen Überleben. Brennstoffe beziehen wir andere und zum Düngen unserer Gärten gibt es mittlerweile sogar deutlich bessere Substanzen. Aber halt: Vielleicht brauchen wir die Regenmoore doch zum eigenen Überleben? In vielen Gegenden gibt es große Probleme mit Überschwemmungen, weil Niederschlagswasser schon bei zeitweisen kräftigen Regenschauern nur noch rasch abfließen kann. Es hat keinen Platz mehr, sich an einer Stelle zu sammeln. Intakte Regenmoore wären jedoch solche Sammelflächen für Regenwasser. Sie speichern nicht nur Kohlenstoff und Stickstoff, sondern eben auch Unmengen an Wasser. Wiedervernässte und in dessen Folge mit reichlich Torfmoosen bewachsene Regenmoore hätten demnach doch eine für uns lebensnotwendige Funktion zu erfüllen: Wasser zu speichern, damit es andere Bereiche, die wir zum Leben benötigen, nicht überflutet.
Wir sollten endlich anfangen, alle möglichen Regenmoore, an die keine Bebauung unmittelbar angrenzt, großflächig zu revitalisieren und richtig zu schützen. Mit Schützen ist nicht ein Diskutieren gemeint, sondern ein Handeln. Eine Revitalisierung müsste eigentlich auch nicht begründet oder der Menschheit als wichtig verkauft werden. Nein,

wir Menschen können es uns einfach leisten, diese faszinierenden Landschaftsgebilde mit den wundersamen Anpassungen zu erhalten, denn wir brauchen sie nicht mehr zum eigenen artspezifischen Überleben. Wir können es uns zumindest in der industrialisierten Welt problemlos finanziell leisten, die Regenmoore wieder zu vernässen. Es muss kein Grund vorgeschoben oder gar ein Ökoalarm ausgelöst werden. Wir können es uns einfach leisten, so wie sich nahezu jeder Mensch in den meisten Ländern dieser Erde mittlerweile ein Handy leisten kann, was noch vor wenigen Jahrzehnten undenkbar war.

Frank Uekötter und Jens Hohensee (2004) haben in ihrem Buch *„Wird Kassandra heiser? Die Geschichte falscher Ökoalarme"* dargelegt, welch negative Folgen hysterisch vorgetragene Ökowarnungen auslösen, die sich auf vermeintlich dauerhaft wahre wissenschaftliche Studi-

Der Autor bei Fotoarbeiten im Regenmoor

en stützen und doch nie wahr wurden, nämlich, dass in deren Folge bei neuen ökologischen Warnungen kein Mensch mehr diese Prophezeiung ernst nimmt. Tatsächlich ist Wissenschaft niemals etwas Endgültiges, sondern ein Pfad der Erkenntnis. Diese Erkenntnis kann sich durchaus mit der Zeit ändern. Technisch neue Methoden sorgen allzu häufig für ganz neue Ergebnisse, wodurch alte Erkenntnisse ad acta gelegt werden müssen. Dieser Vorgang ist etwas ganz Normales in der Wissenschaft, selbst wenn manch ein Wissenschaftler bei neuen Erkenntnissen dem früheren Wissenschaftler Unkorrektheit unterstellt, um sich selbst nur besser in den Vordergrund zu stellen (hierfür haben mehrere Wissenschaftler schon Beispiele aufgeführt, z. B. Popper, 1935; Mayr, 1983; Precht, 2007). Deshalb sollten Arten- und Umweltschützer das Revitalisieren von Regenmooren auch nicht mit dem Schutz für das Klima oder irgendwelchem Artenschutz zu erklären versuchen. Vielmehr wäre es sinnvoller einfach darzulegen, dass hier und da ein Schutz der Moore in Form von Vernässen keine negativen Folgen für die dort lebende Bevölkerung auslöst und wir es uns in der Gemeinschaft der heutigen Zeit einfach leisten können, diese Landschaftsgebilde zu erhalten.

Für solche Erkenntnisse wäre es zudem wichtig, dass wir auch andere Menschen als die vermeintlich auserwählten Naturschützer (nach dem Gesetz nur die Administrative) in die Regenmoore lassen, ohne dass sie für das Betreten von Naturschutzgebieten erst nach einer Genehmigung betteln müssen. Denn fast alle heute nicht mehr von Torfabbau betroffenen Regenmoore sind Naturschutzgebiete, in die Menschen nicht ohne Erlaubnis und meist nur mit einer ausführlichen Begründung hereindürfen. Wie soll aber die allgemeine Menschheit begreifen, wie schön diese Landschaftsgebilde sind, wenn keiner sie einfach so betreten darf, wenn er gerade Lust dazu hat? Ist diese Vorgehensweise nicht Irrsinn, wenn man sich kollektiv darüber beklagt, dass die heutige Jugend nur noch am PC, Tablet oder Handy sitzt und nicht mehr durch die Natur stöbert? Tatsächlich wird die Alterspyramide in sämtlichen Naturschutzverbänden, in ornithologischen wie sonstigen zoologischen oder botanischen Vereinigungen immer älter; und trotzdem sperren wir die Menschheit aus den Naturschutzgebieten aus, in denen sie noch interessante Dinge entdecken könnte und sich vielleicht der eine oder andere neue Kandidat für die Natur langfristig begeistern würde.

Wie schon der Philosoph Arthur Schopenhauer sagte: *„Jedes Problem durchläuft bis zu seiner Anerkennung drei Stufen. Zuerst wird es kaum beachtet oder lächerlich gemacht. Als nächstes wird es bekämpft. Und zuletzt gilt es als selbstverständlich."* Bis zum Anerkennen der besagten Probleme haben wir Menschen noch eine lange Reise vor uns. Ich hoffe jedenfalls, dass Schopenhauers These irgendwann Wirklichkeit wird und viele Regenmoore tatsächlich vollständig revitalisiert werden und nicht nur halbherzig parzelliert oder sie gar nur einfach unter den Schutzstatus eines Naturschutzgebietes fallen. Werden sie vollständig revitalisiert, würden sie in neuer Schönheit aufgehen. In diesem Sinne möchte ich das Buch, welches ich mit den Worten von Friedrich Ratzel begonnen habe, auch mit seinen Worten ausklingen lassen. *„Regenmoore ziehen einen Menschen tief in ihren Bann und wenn man nur tief genug in ihre Eigenart eingedrungen ist, fühlt man sich wie am Ende einer erlebnisreichen Reise."* Ich hoffe, so ergeht es bald vielen Menschen. Der Erhalt dieser lieblichen und ruhig daliegenden Landschaftsgebilde wäre gesichert.

Ein Birkhahn im Herbst bei der Sonnenbalz, wo Althähne die jungen Hähne ins Ritual der Balz einführen.

Literatur

Achilles, W., 1989. Umwelt und Landwirtschaft in vorindustrieller Zeit. in: Herrmann, B. (Ed.), Umwelt in der Geschichte. Kleine Vandenhoeck-Reihe, Göttingen, Seiten 77–88.

Adam, D. P., Bradbury, J. P., Rieck, H. J., Sarna-Wojcicki, A. M., 1990. Environmental changes in the Tule Lake Basin, Siskiyou and Modoc Counties, California, from 3 to 2 Million years before present. U. S. Geological Survey Bulletin, Seiten 1-13.

Amann, R., Ludwig, W., Schleifer, K.-H., 1995. Phylogenetic identification and in situ detection of individual microbial cells without cultivation. Microbiological Reviews, 59, Seiten 143–169.

Ananjeva, G. V., Melnikov, E. S., Ponomareva, O. E., 2003. Relict permafrost in the central part of West Siberia. in: Phillips, M., Springman, S. M., Arenson, L. U. (Eds.), Permafrost. A. A. Balkema Publishers, Abingdon, Seiten 5–8.

Andersen, J., 2011. Winter quarters of wetland ground beetles (Coleoptera, Carabidae) in South Scandinavia. Journal of Insect Conservation, 15, Seiten 799–810.

Anderson, N. J., Bugmann, H., Dearing, J. A., Gaillard, M.-J., 2006. Linking palaeoenvironmental data and models to understand the past and to predict the future. Trends in Ecology and Evolution, 21, Seiten 696–704.

Andren, C., 1982. Effect of prey dencity on reproduction, foraging, and other activities in the adder (*Vipera berus* L.). Amphibia-Reptilia, 3, Seiten 81-96.

Andren, C., Nilson, G., 1983. Reproductive tactices in an island population of adders *Vipera berus* (L.) with a fluctuating food resources. Amphibia-Reptilia, 4, Seiten 63-79.

Anschütz, I., Gessner, F., 1954. Der Ionenaustausch bei Torfmoosen (*Sphagnum*). Flora, 141, Seiten 178–236.

Askew, R. R., 1988. The Dragonflies of Europe. Harley Books.

Auster, R., Behrens, H., 2001. Naturschutz in den Neuen Bundesländern - ein Rückblick. 2 ed. Verlag für Wissenschaft und Forschung, Berlin.

Baguette, M., 2003. Long distance dispersal and landscape occupancy in a metapopulation of the cranberry fritillary butterfly. Ecography, 26, Seiten 153-160.

Baines, D., Hudson, P.J., 1995. The decline of Black Grouse in Scotland and northern England. Bird Study, 42, Seiten 122–131.

Baines, D., Wilson, I. A., Beeley, G., 1994. Timing of breeding in Black Grouse *Tetrao tetrix* and Capercaillie *Tetrao urogallus* and distribution of insect food for the chicks. Ibis, 138, Seiten 181–187.

Bartenef, A. N., 1930. Noch einmal über die Artengruppe *Aeshna juncea* (Odonata, Aeschninae) in der Palaearktik. Zoologischer Anzeiger 89, Seiten 229–245.

Barthlott, W., Porembski, S., Seine, R., Theisen, I., 2004. Karnivoren. Biologie und Kultur fleischfressender Pflanzen. Eugen Ulmer Verlag, Stuttgart.

Bätzing, W., 2005. Die Alpen. Geschichte und Zukunft einer europäischen Kulturlandschaft. C.H. Beck Verlag München.

Baur, B., Baur, H., Roesti, C., Roesti, D., 2006. Die Heuschrecken der Schweiz. Haupt Verlag, Bern.

Beck, J., Altermatt, F., Hagmann, R., Lang, S., 2010. Seasonality in the altitude-diversity pattern of Alpine moths. Basic and Applied Ecology, 11, Seiten 714–722.

Becker, N. et al., 2010. Mosquitoes and their control. Springer Verlag, New York, Berlin, London.

Behre, K.-E., 1978. Die Klimaschwankungen im europäischen Präboreal. Petermanns Geografische Mitteilungen, 122/2, Seiten 97–102.

Bei-Bienko, G. Y., Mishchenko, L. L., 1963. Locust and grasshopper of the USSR and adjacent countries. Akad. Nauk. SSSR, Moscow.

Bei-Bienko, G. Y., Mishchenko, L. L., 1964. Locust and grasshopper of the USSR and adjacent countries. Akad. Nauk. SSSR, Moscow.

Belyea, L. R., Baird, A. J., 2006. Beyond "The limits to peat bog growth'': Cross-scale feedback in peatland development. Ecological Monographs, 76, Seiten 299–322.

Beninca, E. et al., 2008. Chaos in a long-term experiment with a plankton community. Nature, 451, Seiten 822–825.

Bennett, K. D., Tzedakis, P. C., Willis, K. J., 1991. Quaternary refugia of north European trees. Journal of Biogeography, 18, Seiten 103–115.

Berendse, F. et al., 2001. Raised atmospheric CO^2 levels and increased N deposition cause shifts in plant species composition and production in *Sphagnum* bogs. Global Change Biology, 7, Seiten 591–598.

Berner, U., Streif, H., 2004. Klimafakten – Der Rückblick – Ein Schlüssel für die Zukunft. Schweizbart'sche Verlagsbuchhandlung Stuttgart.

Billquist, M., Smallshire, D., Swash, A., 2012. Svenska Trollsländeguiden. Hirschfeld media, Malmö.

Birch, L. C., Ehrlich, P. R., 1967. Evolutionary history and population biology. Nature, 214, Seiten 349–352.

Blackbourn, D., 2006. The conquest of nature. Water, Landscape and the Making of Modern Germany. Random House, London.

Blackford, J., 2000. Palaeoclimatic records from peat bogs. Trends in Ecology and Evolution, 15, Seiten 193–198.

Blüml, V., Sandkühler, K., 2015. Bedeutung niedersächsischer Hochmoore für Brutvögel. Informationsdienst Naturschutz Niedersachsen, 3, Seiten 119–179.

Boatman, D. J., 1977. Observations on the growth of *Sphagnum cuspidatum* in a bog pool on the Silver Flowe Natural Reserve. Journal of Ecology, 65, Seiten 119–126.

Bock, C. E., Ricklefs, R. E., 1983. Range size and local abundance of some North American songbirds: a positive correlation. American Naturalist, 122, Seiten 295–299.

Bönsel, A., 1999. Der Einfluß von Rothirsch (*Cervus elaphus*) und Wildschwein (*Sus scrofa*) auf die Entwicklung der Habitate von *Aeshna subarctica* (Walker 1908) in wiedervernäßten Regenmooren (Aeshnidae). Libellula, 18, Seiten 163–168.

Bönsel, A., 2003. Heuschreckenbeobachtungen und Notizen ökologischer Standortparameter aus Westsibirien und dem Altaigebirge. Articulata, 18, 35-50.

Bönsel, A., 2005. Ökologische Analyse der Libellen- und Heuschrecken-Taxozönosen (Odonata & Saltatoria) in nordostdeutschen Regenmooren und deren Umgebung als Grundlage zur Entwicklung von Landschaftsplanungszielen. Rostocker Materialien für Landschaftsplanung und Raumentwicklung, 6, 3-129.

Bönsel, A., 2011. Revitalisierung von Regenmooren in Nordostdeutschland: Überblick und Perspektiven. Telma, Beiheft, 4, Seiten 27–48.

Bönsel, A., Frank, M., 2014. Verbreitungsatlas der Libellen Mecklenburg-Vorpommerns. Verlag Natur und Text, Rangsdorf.

Bönsel, A., Hönig, D., 2000. Wovon Naturschützer träumen und womit Naturschutzgegner Politik machen. Landes- und Kommunalverwaltung, 11, Seiten 479–480.

Bönsel, A., Hönig, D., 2001. Die Zukunftsfähigkeit nationaler Schutzkategorien. Zeitschrift für angewandte Umweltforschung 14, Seiten 268–277.

Bönsel, A., Kühner, A., 2000. Die Libellen (Odonata) aus der Sammlung des Zoologischen Instituts der Universität Rostock. Libellula, 19, Seiten 199–211.

Bönsel, A., Runze, M., 2005. Natur und Naturschutz aus zweiter Hand. Herpetofauna auf ehemaligen Militärflächen bei Retschow (Mecklenburg). Natur und Landeskunde, 112, Seiten 133–141.

Bönsel, A., Sonneck, A.-G., 2011a. Effects of a hydrological protection zone on the restoration of raised bog: a case study from Northeast-Germany 1997-2008. Wetlands Ecology and Management, 19, Seiten 183–194.

Bönsel, A., Sonneck, A.-G., 2011b. Habitat use and dispersal characteristic by *Stethophyma grossum*: the role of habitat isolation and stable habitat conditions towards low dispersal. Journal of Insect Conservation, 15, Seiten 455–463.

Bönsel, A., Sonneck, A.-G., 2012. Development of ombrotrophic raised bogs in North-east Germany 17 years after the adoption of a protective program. Wetlands Ecology and Management, 20, Seiten 503–520.

Bönsel, A., Sonneck, A., 2016. Kleine Regenmoore helfen Hochmoor-Perlmutterfalter (*Boloria aquilonaris* Stichel, 1908) in Nordostdeutschland zu überleben. Telma, 46, Seiten 125–140.

Borchtchevski, V. G., Kostin, A. B., 2014. Seasonality and causes of Black Grouse (*Lyrurus tetrix*, Galliformes, Tetraonidae) death in Western Russia according to count of remains. Biology Bulletin, 41, Seiten 657–671.

Bornkamm, R., 1993. Ökoton. in: Kuttler, W. (Ed.), Handbuch zur Ökologie. Handbücher zur angewandten Umweltforschung Analytica Verlagsgesellschaft, Berlin.

Boudot, J.-P., Kalkman, V. J., 2015. Atlas of the European dragonflies and damselflies. KNNV publishing, Amersfoort, Netherland.

Bragg, O., Lindsay, R., Risager, M., Silvius, M., Zingstra, H., 2003. Strategy and Action Plan for Mire and Peatland Conservation in Central Europe. Wetlands International, Wageningen.

Bräu, M. et al., 2013. Tagfalter in Bayern. Eugen Ulmer Verlag, Stuttgart.

Breeuwer, A. et al., 2009. Decreased summer water table depth affects peatland vegetation. Basic and Applied Ecology, 10, Seiten 330–339.

Brehm, K., 1968. Die Bedeutung des Kationenaustausches für den Kationengehalt lebender Sphagnen. Planta, 79, Seiten 324–345.

Brehm, K., 1975. Mineralstoffernährung und Kationenaustausch auf Hochmooren. Biologie in unserer Zeit, 5, Seiten 85–91.

Brehm, K., Winkler, C., 2006. Die Wespenspinne (*Argiope bruennichi*), ein Neubürger in Schleswig-Holstein. Natur und Landeskunde, 113, Seiten 85–96.

Bretschneider, A., 2010. Moorwald oder Birkenstadium des degenerierten Hochmoores? Über den Umgang mit Birken im Moor. Coll. Tourbières, Ann. Sci. Rés. Bios. Trans. Vosges du Nord-Pfälzerwald 15, Seiten 171–178.

Bridgham, S. D., Richardson, C. J., 1992. Mechanisms controlling soil respiration (CO_2 and CH_4) in southern peatlands. Soil Biology and Biochemistry, 24, Seiten 1089–1099.

Brockhaus, T., 2007. Überlegungen zur Faunengeschichte der Libellen in Europa während des Weichselglazials (Odonata). Libellula, 26, Seiten 1–17.

Brockhaus, T., 2012a. Westpaläarktische Verbreitungsmuster von Libellen – Zeugnisse einer kaltzeitlichen Libellenfauna? Die Beispiele *Sympecma paedisca* und *Somatochlora metallica* (Odonata: Lestidae, Corduliidae). Libellula Supplement, 12, Seiten 211–226.

Brockhaus, T., 2012b. Wie kam *Somatochlora alpestris* (Selys) in die zentraleuropäischen Gebirge? Der Lebensraumwechsel einer stenothermen transpaläarktisch verbreiteten Kaltzeitart am Beispiel des Erzgebirges (Sachsen) (Odonata, Anisoptera, Corduliidae). Entomologische Nachrichten und Berichte, 1, Seiten 17–28.

Brockhaus, T. et al., 2015. Atlas der Libellen Deutschlands. Libellula Supplement, 14, Seiten 1–394.

Brown, A., Mathur, S. P., Kushner, D. J., 1989. An ombrotrophic bog as a methane reservoir. Global Biogeochemical Cycles, 3, Seiten 205–213.

Brown, J. H., 1971. Mammals on mountaintops: Nonequilibrium insular biogeography. American Naturalist, 105, Seiten 467–478.

Bruggisser, O. T. et al., 2012. Direct and indirect bottom-up and top-down forces shape the abundance of the orb-web spider *Argiope bruennichi*. Basic and Applied Ecology, 13, Seiten 706–714.

Brunzel, S., 2002. Experimental density-related emigration in the Cranberry Fritillary *Bolora aquilonaris*. Journal of Insect Behavior, 15, Seiten 739–750.

Burgeff, H., 1961. Mikrobiologie des Hochmoores mit besonderer Berücksichtigung der Erikazeen-Pilz-Symbiose. Fischer Verlag, Stuttgart.

Bürger-Arndt, R., 1994. Zur Bedeutung von Stickstoffeinträgen für naturnahe Vegetationseinheiten in Mitteleuropa. Dissertationes Botanicae, 220, Seiten 1–226.

Buttler, A., Grosvernier, P., Matthey, Y., 1998. Development of *Sphagnum fallax* diaspores on bare peat with implications for the restoration of cut-over bogs. Journal of Applied Ecology, 35, Seiten 800–810.

Carroll, S.-B., 2001. Chance and necessity the evolution of morphological complexity and diversity. Nature 409, Seiten 1102–1109.

Chirino, C., Campeau, S., Rochefort, L., 2006. *Sphagnum* establishment on bare peat: The importance of climatic variability and *Sphagnum* species richness. Applied Vegetation Science, 9, Seiten 285–294.

Clausnitzer, V. et al., 2009. Odonata enter the biodiversity crisis debate: the first global assessment of an insect group. Biological Conservation, 142, Seiten 1864–1869.

Clemens, T., 1990. Birkwild - Moorschutz = Artenschutz. Ein Pilotprojekt in Niedersachsen. Niederelbe Verlag, Huster.

Clymo, R. S., 1973. The growth of *Sphagnum* – some effects of environment. Journal of Ecology, 61, 849-869.

Clymo, R. S., 1978. Model of peat bog growth. Ecological Studies, Berlin, 27, Seiten 187–223.

Clymo, R. S., Hayward, P. M., 1982. The ecology of *Sphagnum*. in: Smith, A.J.E. (Ed.), Bryophyte Ecology. Chapman and Hall, London, Seiten 229–289.

Coope, G. R., 1990. The invasion of northern europe during the pleistocene by mediterranean species of coleoptera. in: Castri, F. d., Hansen, A. J., Debussche, M. (Eds.), Biological invasions in europe and the mediterranean basin. Kluwer Academic Publisher, Dordrecht, Seiten 203–215.

Coritico, F. P., Fleischmann, A., 2016. The first record of the boreal bog species *Drosera rotundifolia* (Droseraceae) from the Philippines, and a key to the Philippine sundews. Blumea, 61, Seiten 24–28.

Coulianos, C.-C., 1958. Temperatur- och evaporationspreferenda hos vissa marklevande insekter. Experiment med *Mecostethus grossus* L. (Orth.). Entomol. Tidskr., 78, Seiten 256–268.

Couwenberg, J., Joosten, H., 2005. Self-organization in raised bog patterning: the origin of microtope zonation and mesotope diversity. Journal of Ecology, 93, Seiten 1238-1248.

Cramer, V. A., Hobbs, R. J., Standish, R. J., 2008. What's new about old fields? Land abandonment and ecosystem assembly. Trends in Ecology and Evolution, 23, Seiten 104–112.

Czechowski, W., Radchenko, A., Czechowska, W., 2002. The ants (Hymenoptera, Formicidae) of Poland. Museum and Institute of Zoology, Warszawa.

Dale, P. E. R., Connelly, R., 2012. Wetlands and human health: an overview. Wetlands Ecology and Management, 20, Seiten 165–171.

Daly, R. A., 1934. The changing world of the ice age. Yale University Press, London.

Damer, G., Laurentzi, A., Stegner, J., Warnke-Grüttner, R., 1996. Errichtung und Sicherung schutzwürdiger Teile von Natur und Landschaft mit gesamtstaatlich repräsentativer Bedeutung. Naturschutzgroßprojekt: Presseler Heidewald- und Moorgebiet, Sachsen. Natur und Landschaft, 71, Seiten 324–329.

Damman, A. W. H., 1977. Geographical changes in the vegetation pattern of raised bogs in the Bay of Fundy region of Maine and New Brunswick. Vegetatio, 35, Seiten 137–151.

Darlington, P. J., 1943. Carabidae of mountains and islands: data on the evolution of isolated faunas, and on atrophy of wings. Ecology Monographs, 13, Seiten 37–61.

Den Boer, P. J., Van Huizen, T. H. P., Den Boer-Daanje, W., Aukema, B., Den Bieman, C.F.M., 1980. Wing polymorphism and dimorphism in Ground Beetles as stage in an evolutionary process (Coleoptera: Carabidae). Entomologia Generalis, 6, Seiten 104–143.

Dettner, K., Peters, W., 1999. Lehrbuch der Entomologie. Gustav Fischer Verlag, Stuttgart.

Detzel, P., 1998. Die Heuschrecken Baden-Württembergs. Ulmer Verlag, Stuttgart.

Dieckmann, U., 1998. Paläoökologische Untersuchungen zur Entwicklung von Natur- und Kulturlandschaft am Nordrand des Wiehengebirges. Abhandlungen aus dem Landesmus. Naturk. Münster Westfalen, 60, Seiten 3–156.

Dieckmann, U., Doebeli, M., Metz, J. A. J., Tautz, D., 2004. Adaptive Speciation. Cambridge University Press, Cambridge.

Dierssen, K., Dierssen, B., 2001. Moore. Ulmer-Verlag, Stuttgart.

Dijkstra, K. D. B., Kalkman, V. J., Ketelaar, R., Van der Weide, M. J. T., 2002. De Nederlandse Libellen (Odonata). Nationaal Natuurhistorisch Museum Naturalis, Utrecht.

Dodds, W. K., 2009. Laws, theories and patterns in ecology. University of California Press, Berkeley, Los Angeles, London.

Dolmen, D., 2008. Distribution, habitat ecology and status of the moor frog (*Rana arvalis*) in Norway. Zeitschrift für Feldherpetologie, 13, Seiten 167–178.

Doolittle, W. F., 1995. Of Archae and Eo: What's in a name? Proc. Natl. Acad. Sci. USA, 92, Seiten 2421–2423.

Ebert, G., Rennwald, E., 1993. Die Schmetterlinge Baden-Württembergs. Band 1: Tagfalter I. Eugen Ulmer Verlag, Stuttgart.

Edom, F., Dittrich, I., Kessler, K., 2010. Hydrogenetische und hydromorphologische Grundlagen der Bewertung von Moor- und Moorwald-Lebensräumen zur Umsetzung der FFH-Richtlinie der EU – Erfahrungen aus dem Erzgebirge. Coll. Tourbières, Ann. Sci. Rés. Bios. Trans. Vosges du Nord-Pfälzerwald 15, Seiten 230–250.

Eggelsmann, R., 1987. Ökotechnische Aspekte der Hochmoor-Regeneration. Telma, 17, Seiten 59–94.

Eigner, J., 2003. Möglichkeiten und Grenzen der Renaturierung von Hochmooren. Laufener Seminarbeiträge, 1, Seiten 23–36.

Eiseltova, M., 2010. Restoration of lakes, streams, floodplains, and bogs in Europe. Springer Verlag, Heidelberg.

Eldredge, N., 1997. Wendezeiten des Lebens. Katastrophen in Erdgeschichte und Evolution. Insel Verlag, Frankfurt a. M.

Eldredge, N., Gould, S. J., 1972. Punctuated equilibria: an alternative to phyletic gradualism. in: Schopf, T. J. M. (Ed.), Models in paleobiology. Freeman, Cooper & Company, San Francisco, Seiten 82–115.

Ellmauer, T., Steiner, G. M., 1992. Vegetationsökologische Untersuchungen an einem Kondenswassermoor in Tragöß (Steiermark). Ber. nat.-med. Verein Innsbruck, 79, Seiten 37–47.

Elmberg, J., 2008. Ecology and natural history of the moor frog (*Rana arvalis*) in boreal Sweden. Zeitschrift für Feldherpetologie, 13, Seiten 179–194.

Engmann, K. F., 1937. Pollenanalytischer Beitrag zur Geschichte eines mecklenburgischen Küstenhochmoores. Mittteilungen aus der Mecklenburgischen Geologischen Landesanstalt, 45, Seiten 25–32.

Ertl, G., Soentgen, J., 2015. N - Stickstoff - ein Element schreibt Weltgeschichte. Oekom Verlag, München.

Farrell, B.D., 1998. "Inordinate Fondness" Explained: Why are there so many beetles? Science, 281, Seiten 555–559.

Fedorov, Y. A., Garkusha, D. N., Shipkova, G. V., 2015. Methane emission from peat deposits of raised bogs in Pskov Oblast. Geography and Natural Ressources, 36, Seiten 70–78.

Fenchel, T., 2003. Biogeography for Bakteria. Science, 301, Seiten 925–926.

Fittkau, E. J., 1973. Artenmannigfaltigkeit amazonischer Lebensräume aus ökologischer Sicht. Amazoniana, 4, Seiten 321–340.

Foot, G., Rice, S. P., Millett, J., 2015. Red trap colour of the carnivorous plant *Drosera rotundifolia* does not serve a prey attraction or camouflage function. Biology Letters, 10, Seiten 1–5.

Fortey, R., 1999. Leben. Eine Biographie. Die ersten vier Milliarden Jahre. Beck Verlag, München.

Frahm, J.-P., Frey, W., 2004. Moosflora. Eugen Ulmer Verlag, Stuttgart.

Frank, J., 2002. Die Käfer Baden-Württembergs. Naturschutz praxis, 6, Seiten 1–521.

Frantz, A. C. et al., 2013. Limited mitochondrial DNA diversity is indicative of a small number of founders of the German raccoon (*Procyon lotor*) population. European Journal of Wildlife Research, 42, Seiten 1–10.

Franz, H.-J., 1973. Physische Geographie der Sowjetunion. VEB Hermann Haack, Gotha, Leipzig.

Freese, E., Biedermann, R., 2005. Tyrphobionte und tyrphophile Zikaden (Hemiptera, Auchenorrhyncha) in den Hochmoor-Resten der Weser-Ems-Region (Deutschland, Niedersachsen). Beiträge zur Zikadenkunde, 8, Seiten 5–28.

Friederichs, K., 1927. Grundsätzliches über die Lebenseinheiten höherer Ordnung und den ökologischen Einheitsfaktor. Die Naturwissenschaften, 15, Seiten 153-186.

Friederichs, K., 1934. Vom Wesen der Ökologie. Sudhoffs Archiv für Geschichte der Medizin und der Naturwissenschaften 27, Seiten 277-285.

Fukarek, F., 1994. Blütenpflanzen II. Urania Verlag, Leipzig.

Fukarek, F. et al., 1995. Vegetation. Urania Verlag, Leipzig.

Fukarek, F., Schultze-Motel, J., Siegel, M., 1992. Moose, Farne, Nacktsamer. Urania Verlag, Leipzig.

Futuyma, D. J., 1990. Evolutionsbiologie. Birkhäuser Verlag, Berlin.

Gabka, M., Lamentowicz, M., 2008. Vegetation-environment relationships in peatlands dominated by *Sphagnum fallax* in Western Poland. Folia Geobotanica, 43, Seiten 413-429.

Gassner, E., 1995. Das Recht der Landschaft. Gesamtdarstellung für Bund und Länder. Neumann Verlag, Radebeul.

Gates, D. M., 1962. Energy Exchange in the Biosphere. Harper & Row, New York.

Gavaud, J., 1983. Obligatory hibernation for completion of vitellogenesis in the lizard *Lacerta vivipara*. Journal of Experimental Zoology, 225, Seiten 397-405.

Gavaud, J., 1991. Cold entrainment of the annual cycle of ovarian activity in the lizard *Lacerta vivipara*: Thermoperiodic rhythm versus hibernation. Journal of Biological Rhythms, 6, Seiten 201-215.

Gavrilec, S., 2004. Fitness landscapes and the origin of species. Princeton University Press, Princeton.

Gelbrecht, J., Richert, A., Wegner, H., 1995. Biotopansprüche ausgewählter vom Aussterben bedrohter oder verschollener Schmetterlingsarten der Mark Brandenburg (Lep.). Entomologische Nachrichten und Berichte, 39, Seiten 183-203.

Glatzel, S., Forbrich, I., Krüger, C., Lemke, S., Gerold, G., 2008. Small scale controls of greenhouse gas release under elevated N deposition rates in a restoring peat bog in NW Germany. Biogeosciences, 5, Seiten 925-935.

Glatzel, S., Lemke, S., Gerold, G., 2006. Short-term effects of an exceptionally hot and dry summer on decomposition of surface peat in a restored temperate bog. European Journal of Soil Biology 42, Seiten 219-229.

Glaubrecht, M., 2014. Am Ende Archipels – Alfred Russel Wallace. Verlag Galiani, Berlin.

Godin, J., Rondel, S., Lemoine, G., Marchylle, M., 2008. The moor frog (Rana arvalis) in the North of France. Zeitschrift für Feldherpetologie, 13, Seiten 269-282.

Goffinet, B., Shaw, A. J., Cox, C. J., 2004. Phylogenetic inferences in the Dung-Moss family Splachnaceae from analyses of cpDNA sequence data and implications for the evolution of entomophily. American Journal of Botany 91, Seiten 748-759.

Goodwin, B., 1994. Der Leopard, der seine Flecken verliert. Piper Verlag, München.

Goodwin, B. C., 1990. Structuralism in biology. Science Progress, 74, Seiten 227-244.

Gorbach, V. V., 1998. Seasonal dynamics and sex ratio in a population of the Butterfly *Boloria aquilonaris* (Lepidoptera, Nymphalidae). Zool. Zh., 77, Seiten 576-581.

Gorbach, V. V., 2011. Spatial distribution and mobility of butterflies in a population of the Cranberry Fritillary *Boloria aquilonaris* (Lepidoptera, Nymphalidae). Russian Journal of Ecology, 42, Seiten 321-327.

Göttlich, K., 1980. Moor- und Torfkunde. E.Schweizerbart'sche Verlagsbuchhandlung, Stuttgart.
Goudie, A., 2002. Physische Geographie, Eine Einführung. Spektrum Verlag, Heidelberg.
Gould, S.J., 1972. Allometric fallacies and the evolution of Gryphaea: a new interpretation based on White's criterion of geometric similarity. Evolutionary Biology, 6, Seiten 91-119.
Gould, S. J., 1977. Ontogeny and phylogeny. Harvard University Press, Cambridge.
Gould, S. J., 1994a. Der falsch vermessene Mensch. Suhrkamp Taschenbuch Verlag, Frankfurt a. Main.
Gould, S. J., 1994b. Tempo and mode in the macroevolutionary reconstruction of Darwinism. Proceedings of the National Academy of Science USA, 91, Seiten 6764-6771.
Gould, S. J., 1996. Full house. The spread of excellence from Plato to Darwin. Harmony Books/ Crown Publishers. , New York.
Gould, S. J., 1997. Was ist Leben? als ein Problem der Geschichte. in: Murphy, M. P., O'Neill, L. A. J. (Eds.), Was ist Leben? Die Zukunft der Biologie. Eine alte Frage in neuem Licht - 50 Jahre nach Erwin Schrödinger. Spektrum Akademischer Verlag, Heidelberg, Seiten 35-52.
Gould, S. J., 2002. Illusion Fortschritt, Die vielfältigen Wege der Evolution. Fischer Taschenbuch Verlag, Frankfurt a. M.
Gould, S. J., Eldredge, N., 1977. Punctuated equilibria: the tempo and mode of evolution reconsidered. Paleobiology 3, Seiten 115-151.
Gremmels, H.-D., 1986. Das Verdauungssystem der Rauhfußhühner - Eine Übersicht zur Physiologie und Mikroanatomie dieses Organsystems. European Journal of Wildlife Research, 32, Seiten 96-104.
Griffioen, R., 1996. Over het dispersionsvermogen van het Moerassprinkhaan. Nieuwsbrief Saltabel, 15, Seiten 39-41.
Grosswald, M. G., Hughes, T.J., 2002. The Russian component of an Arctic Ice Sheet during the Last Glacial Maximum. Quaternary Science Reviews, 21, Seiten 121-146.
Gryllenberg, G., Rosengren, R., 1984. The oxygen consumption of submerged Formica queens (Hymenoptera, *Formicidae*) as related to habitat and hydrochoric transport. Annales Entomologici Fennici, 50, Seiten 76-80.
Gunnarsson, U., Flodin, L.-A., 2007. Vegetation shifts towards wetter site conditions on oceanic ombrotrophic bogs in southwestern Sweden. Journal of Vegetation Science, 18, Seiten 595-604.
Gunnarsson, U., Rydin, H., 1998. Demography and recruitment of Scots Pine on raised bogs in Eastern Sweden and relationships to microhabitat differentiation. Wetlands, 18, Seiten 133-141.
Gunnarsson, U., Rydin, H., 2000. Nitrogen fertilization reduces *Sphagnum* production in bog communities. New Phytologist, 147, Seiten 527-537.
Gutierrez, R. J., Barrowclough, G. F., Groth, J. G., 2000. A classification of the grouse (Aves: Tetroninae) based on mitrochondrial DNA sequences. Wildlife Biology, 6, Seiten 205-212.
Guttmann, R., 1979. Zur Arealentwicklung und Ökologie der Wespenspinne (*Arigiope bruennichi*) in der Bundesrepublik Deutschland und den angrenzenden Ländern (Araneae). Bonn. Zool. Beitr., 30, Seiten 454-486.
Hafellner, J., Magnes, M., 2002. Floristische und vegetationskundliche Untersuchungen in einem Kondenswassermoor in den Niederen Tauern (Steiermark). Stapfia, 80, Seiten 435-450.

Harder, L. D., Barrett, S. C. H., 2006. Ecology and Evolution of Flowers. Oxford University Press, Oxford.

Harnisch, O., 1929. Die Biologie der Moore. E. Schweizerbart'sche Verlagsbuchhandlung, Stuttgart.

Hassell, M. P., Comins, H. N., May, R.M., 1991. Spatial structure and chaos in insect population dynamics. Nature, 353, Seiten 255–258.

Hayward, P. M., Clymo, R., 1982. Profiles of water content and pore size in *Sphagnum* and peat, and their relation to peat bog ecology. Proceeding of the Royal Society of London B, 215, 299-325.

Heathwaite, A. L., 1993. Nitrogen cycling in surface waters and lakes. in: Burt, T.P., Heathwaite, A.L., Trudgill, S. T. (Eds.), Nitrate, Processes, Patterns and Management. Wiley, Chichester, Seiten 99–140.

Heinecke, C., Kastner, F., Freese, E., 2013. Die Großschmetterlinge (Makrolepidoptera) der Moore Oldenburgs (Deutschland, Niedersachsen) - Vorbereitung einer Langzeitstudie und erste Ergebnisse. Drosera, 2011, Seiten 81–97.

Hewitt, G. M., 1999. Post-glacial re-colonisation of European biota. Biological Journal of the Linnean Society, 68, Seiten 87–112.

Hewitt, G. M., 2000. The genetic legacy of the Quaternary ice ages. Nature, 405, Seiten 907–913.

Heydemann, B., 1957. Die Biotopstruktur als Raumwiderstand und Raumfülle für die Tierwelt. Verhandlungen der Deutschen Zoologischen Gesellschaft 21.-26. Mai 1956, Seiten 332–347.

Hobhouse, H., 2001. Sechs Pflanzen verändern die Welt. Klett-Cotta Verlag, Himberg.

Hölldobler, B., Wilson, E., 1990. The ants. Springer Verlag, Heidelberg.

Hoßfeld, U., Olsson, L., 2005. The history of the homology concept and the "Phylogenetisches Symposium". Theory in Biosciences, 124, Seiten 243–253.

Howie, S. A., Tromp-van Meerveld, I., 2011. The essential role of the lagg in raised bog function and restoration: a review. Wetlands, 31, Seiten 613–622.

Howie, S. A., van Meerveld, I., 2016. Classification of vegetative lagg types and hydrogeomorphic lagg forms in bogs of coastal British Columbia, Canada. The Canadian Geographer, 60, Seiten 123–134.

Hubbell, S.P., 2001. The unified neutral theory of biodiversity and biogeography. Princeton University Press, Princeton & Oxford.

Hueck, K., 1925. Vegetationsstudien auf brandenburgischen Hochmooren. Beiträge zur Naturdenkmalpflege, 10, Seiten 311–408.

Hueck, K., 1929. Die Vegetation und die Entwicklungsgeschichte des Hochmoores am Plötzendiebel (Uckermark). Beiträge zur Naturdenkmalpflege, 13, Seiten 1–230.

Huguet, V., Mergeay, M., Cervantes, E., Fernandez, M.P., 2004. Diversity of *Frankia* strains associated to *Myrica gale* in Western Europe: impact of host plant (*Myrica* vs. *Alnus*) and of edaphic factors. Environmental Microbiology, 6, Seiten 1032-1041.

Hupfer, P., Kuttler, W., Chmielewski, F.-M., Pethe, H., 1998. Witterung und Klima. B. G. Teubner Verlag, Stuttgart.

Ingram, H. A. P., 1978. Soil layers in mires: function and terminology. Journal of Soil Science, 29, Seiten 224–227.

Ingram, H. A. P., 1982. Size and shape in raised mire ecosystems: a geophysical model. Nature, 297, Seiten 300-303.

Ingrisch, S., 1983. Zum Einfluß der Feuchte auf die Schlupfrate und Entwicklungsdauer der Eier mitteleuropäischer Feldheuschrecken. Deutsche Entomologische Zeitschrift, 30, Seiten 1–15.

Ingrisch, S., 1988. Wasseraufnahme und Trockenresistenz der Eier europäischer Laubheuschrecken (Orthoptera: Tettigoniidae). Zool. Jb. Physiol., 92, Seiten 117-171.

Ingrisch, S., Köhler, G., 1998. Die Heuschrecken Mitteleuropas. Die Neue Brehm-Bücherei Magdeburg.

Itow, S., Weber, D., 1974. Fens and bogs in the Galapagos Islands. Hikobia, 7, Seiten 39-52.

Ivanov, K. E., 1981. Water movement in mirelands. Academic Press, London.

Jacobson, H., 1939. Die Ameisenfauna des ostbaltischen Gebietes. Z. ökol. Morphol. Tiere, 35, Seiten 389-454.

Jeschke, L., 1990. Der Einfluß der Klimaschwankungen und Rodungsphasen auf die Moorentwicklung im Mittelalter. Gleditschia 18, Seiten 115-123.

Joabsson, A., Christensen, T. R., Wallen, B., 1999. Vascular plant controls on methane emissions from northern peatforming wetlands. Trends in Ecology and Evolution, 14, Seiten 385-388.

Jödicke, R., 1997. Die Binsenjungfern und Winterlibellen Europas. Westarp Wissenschaften, Magdeburg.

Johnson, C. W., Worley, I. A., 1985. Bogs of the Northeast. University Press of New England, London.

Johnson, M. G. et al., 2014. Evolution of niche preference in *Sphagnum* peat mosses. Evolution, 69, Seiten 90-103.

Joosten, H., 2012. Zustand und Perspektiven der Moore weltweit. Natur und Landschaft, 87, Seiten 50-55.

Joosten, J. H. J., 1995. Time to regenerate: long term perspectives of raised-bog regeneration with special emphasis on paleoecological studies. in: Wheeler, B. D., Shaw, S. C., Fojt, W. J., Robertson, R. A. (Eds.), Restoration of temperate wetlands. Wiley, Chichester, UK, Seiten 379-404.

Kalkman, V.J., Boudot, J.-P., Bernard, R., 2010. European Red List of Dragonflies. Publications Office of the European Union, Luxembourg.

Kazda, J., 1980. *Mycobacterium sphagni* sp. nov. International Journal of Systematic Bacteriology, 30, Seiten 77-81.

Kazda, J., 1983. Principles of the ecology of mycobacteria. Biol. Mycobact., 30, Seiten 323-341.

Kazda, J., 2000. The ecology of Mycobacteria. Kluwer Academic, Dordrecht.

Kazda, J., Pavlik, I., Falkinham, J. O., Hruska, K., 2009. The ecology of Mycobacteria: Impact on animal's and human's health. Springer, Heidelberg.

Kelm, H., Wegner, H., 1988. Degenerierte Moorheide als Refugium gefährdeter Schmetterlingsarten, Anmerkungen zum Pflegeplan des NSG „Hohes Moor" im Landkreis Stade. Natur und Landschaft, 63, Seiten 458-462.

Kinzelbach, R., 1995. Ökologie, Naturschutz, Umweltschutz. Wissenschaftliche Buchgesellschaft Darmstadt, Darmstadt.

Kirkpatrick, M., Barton, N. H., 1997. Evolution of a species' range. American Naturalist, 150, Seiten 1-23.

Kisdi, E., 2002. Dispersal: Risk spreading versus local adaptation. American Naturalist, 159, Seiten 579-596.

Klaus, S. et al., 1990. Die Birkhühner. Die Neue Brehm-Bücherei, Wittenberg Lutherstadt.

Klausnitzer, B., 1984. Käfer - im und am Wasser. Die Neue Brehm-Bücherei, Wittenberg-Lutherstadt.

Kleinebecker, T., Hölzel, N., Vogel, A., 2008. South Patagonian ombrotrophic bog vegetation reflects biogeochemical gradients at the landscape level. Journal of Vegetation Science, 19, Seiten 151-160.

Kleinebecker, T., Hölzel, N., Vogel, A., 2010. Patterns and gradients of diversity in South Patagonian ombrotrophic peat bogs. Austral Ecology, 35, Seiten 1-12.

Kleukers, R., Reemer, M., 2003. Veranderingen in de Nederlandse ongewerveldenfauna. Levende Natuur 104, Seiten 86–89.

Koch, M., 1991. Wir bestimmen Schmetterlinge. Neumann Verlag, Radebeul.

Köhler, G., Schäller, G., 1987. Untersuchungen zur Phänologie und Dormanz der Wespenspinne *Argiope bruennichi* (Scopoli) (Araneae: Araneidae). Zool. Jb. Syst., 114, Seiten 65–82.

Koponen, A., 1990. Entomophily in the Splachnaceae. Botanical Journal of the Linnean Society, 104, Seiten 115–127.

Kotze, D. J., 2008. The occurence and distribution of carabid beetles (Carabidae) on islands in the Baltic Sea: a review. Journal of Insect Conservation, 12, Seiten 265–276.

Kral, F., 1979. Spät- und postglaziale Waldgeschichte der Alpen auf Grund der bisherigen Pollenanalysen. Kommissionsverlag, Wien.

Krehenwinkel, H. et al., 2016. A phylogeographical survey of a highly dispersive spider reveals eastern Asia as a major glacial refugium for Palaearctic fauna. Journal of Biogeography, Seiten 1–12.

Krehenwinkel, H., Rödder, D., Tautz, D., 2015. Eco-genomic analysis of the poleward range expansion of the wasp spider *Argiope bruennichi* shows rapid adaptation and genomic admixture. Global Change Biology 21, Seiten 4320–4332.

Krehenwinkel, H., Tautz, D., 2013. Northern range expansion of European populations of the wasp spider *Argiope bruennichi* is associated with global warming-correlated genetic admixture and population-specific temperature adaptations. Molecular Ecology, 22, Seiten 2232–2248.

Kumschick, S., Fronzek, S., Entling, M. H., Nentwig, W., 2011. Rapid spread of the wasp spider *Argiope bruennichi* across Europe: a consequence of climate change? Climatic Change, 109, Seiten 319–329.

Küster, H., 1999. Geschichte der Landschaft in Mitteleuropa. Von der Eiszeit bis zur Gegenwart. Beck Verlag, München.

Küster, H., 2002. Die Ostsee, Eine Natur- und Kulturgeschichte. C.H.Beck Verlag, München.

Küster, H., 2003. Geschichte des Waldes, Von der Urzeit bis zur Gegenwart. C.H. Beck Verlag München.

Kutschera, U., 2006a. Evolutionsbiologie. Ulmer Verlag, Stuttgart.

Kutschera, U., 2006b. Makroevolution. Naturwissenschaftliche Rundschau, 59, Seiten 289–290.

Kutschera, U., Niklas, K. J., 2005. Endosymbiosis, cell evolution, and speciation. Theory in Biosciences, 124, Seiten 1–24.

Lachance, D., Lavoie, C., 2004. Vegetation of Sphagnum bogs in highly disturbed landscapes: relative influence of abiotic and anthropogenic factors. Applied Vegetation Science, 7, Seiten 183–192.

Lambeck, R. J., 1997. Focal species: A multi-species umbrella for nature conservation. Conservation Biology, 11, Seiten 849–856.

Lamers, L. P. M., Bobbink, R., Roelofs, J. G. M., 2000. Natural nitrogen filter fails in polluted raised bogs. Global Change Biology, 6, Seiten 583–586.

Landbo, A.S., Flöng, P.T., 1992. *Borrelia burgdorferi* infection in *lxodes ricinus* from habitats in Denmark. Medical und Veterinary Entomology 6, Seiten 165-167.

Lang, G., 1994. Quartäre Vegetationsgeschichte Europas. Gustav Fischer Verlag, Jena.
Lange, E., 1989. Aussagen botanischer Quellen zur mittelalterlichen Landnutzung im Gebiet der DDR. in: Herrmann, B. (Ed.), Umwelt in der Geschichte. Kleine Vandenhoeck-Reihe, Göttingen, Seiten Seiten 26–39.
Launer, A. E., Murphy, D. D., 1994. Umbrella species and the conservation of habitat fragments: A case of a threatened butterfly and a vanishing grassland ecosystem. Biology Conservation, 69, Seiten 145–153.
Lawton, J. H., 1999. Are there general laws in ecology? Oikos, 84, Seiten 177–192.
Lepidopterologen-Arbeitsgruppe, 1987. Tagfalter und ihre Lebensräume. Arten Gefährdung Schutz. Schweiz und angrenzende Gebiete. Schweizerischer Bund für Naturschutz, Basel.
Lepidopterologen-Arbeitsgruppe, 1997. Schmetterlinge und ihre Lebensräume. Arten, Gefährdung, Schutz. Band 2. Schweizerischer Bund für Naturschutz, Egg.
Levi, H. W., 1983. The orb weaver genera *Argiope*, *Gea*, and *Neogea* from the Western Pacific region (Araneae, Araneidae, Argiopinae). Bulletin of the Museum of Comparative Zoology, 150, Seiten 247–338.
Limpens, J. et al., 2011. Climatic modifiers of the response to nitrogen deposition in peat-forming Sphagnum mosses: a meta-analysis. New Phytologist, 191, Seiten 496–507.
Lindsay, R. A., Immirzi, C. P., 1996. An inventory of lowland raised bogs in Great Britain, Perth.
Linse, U., 1986. Ökopax und Anarchie. Eine Geschichte der ökologischen Bewegungen in Deutschland. Deutscher Taschenbuch Verlag, München.
Litt, T., 1994. Paläoökologie, Paläobotanik und Stratigraphie des Jungquartärs im mitteleuropäischen Tiefland. Dissertationes Botanicae, 227, Seiten 1–185.
Litt, T., 2000. Waldland Mitteleuropa – die Megaherbivorentheorie aus paläobotanischer Sicht. in: LWF (Ed.), Großtiere als Landschaftsgestalter – Wunsch oder Wirklichkeit?, Seiten 49–64.
Lloyd, D. et al., 1998. Methanogenesis and CO_2 exchange in an ombrotrophic peat bog. Atmospheric Environment, 32, Seiten 3223–3238.
Lomolino, M. V., Riddle, B. R., Brown, J. H., 2006. Biogeography. Sinauer Associates.
Lösch, R., 2001. Wasserhaushalt der Pflanzen. Quelle & Meyer, Wiebelsheim.
Louis, H. W., 2003. Von der Polizeiverordnung zum komplexen Naturschutzrecht. Schriftenreihe des Deutschen Rates für Landespflege, 75, Seiten 39–42.
Lovejoy, T. E., 2006. Protected areas: a prism for a changing world. Trends in Ecology and Evolution, 21, Seiten 329–333.
Mac Arthur, R. H., Wilson, E. O., 1967. The theory of island biogeography. Princeton University Press Princeton.
Magri, D., 2008. Patterns of post-glacial spread and the extent of glacial refugia of European beech (*Fagus sylvatica*). Journal of Biogeography, 35, Seiten 450–463.
Magurran, A. E., 1987. Ecological diversity and its measuremen. Princeton University Press, New Jersey.
Malkus, J., 1997. Habitatpräferenzen und Mobilität der Sumpfschrecke (*Stethophyma grossum* L., 1758) unter besonderer Berücksichtigung der Mahd. Articulata, 12, Seiten 1–18.

Mallon, R., Barros, P., Luzardo, A., Gonzalez, M. L., 2007. Encapsulation of moss buds: an efficient method for the in vitro conservation and regeneration of the endangered moss *Splachnum ampullaceum*. Plant Cell Tiss Organ Cult 88, Seiten 41–49.

Mallon, R., Reinoso, J., Rodriguez-Oubina, J., Gonzalez, M.L., 2006. In vitro development of vegetative propagules in *Splachnum ampullaceum*: brood cells and chloronematal bulbils. The Bryologist, 109, Seiten 215–223.

Malmer, N., 2014. On the relations between water regime, mass accretion and formation of ombrotrophic conditions in *Sphagnum* mires. Mires and Peat, 14, Seiten 1-23.

Manger, R., Dingemanse, N. J., 2007. Overleving en biotoopkeuze von Noordse winterjuffers (*Sympecma paedisca*) in een overwinteringshabitat in Nederland. Brachytron, 11, Seiten 52–62.

Margulis, L., 1996. Archaeal- eubacterial mergers in the origin of Eukarya: Phylogenetic classification of life. Proceedings of the National Academy of Science USA, 93, Seiten 1071–1076.

Margulis, L., Sagan, D., 1995. What is life? Simon & Schuster, New York.

Marino, P. C., 1988. Coexistence on divided habitats: mosses in the family Splachnaceae. Ann. Zool. Fennici., 25, Seiten 89–98.

Marino, P. C., Raguso, R., Goffinet, B., 2009. The ecology and evolution of fly dispersed dung mosses (Family *Splachnaceae*): Manipulating insect behaviour through odour and visual cues. Symbiosis, 47, Seiten 61–76.

Markova, A. K., Simakova, A. N., Puzachenko, A. Y., Kitaev, L. M., 2002. Environments of the Russian Plain during the Middle Valdai Briansk Interstade (33,000–24,000 yr B.P.) indicated by fossil mammals and plants. Quaternary Research, 57, Seiten 391–400.

Martin, D., 1978. Zur Ausbreitung der Zebraspinne (Argiope bruennichi [SCOP.]) in der DDR. Faunistische Abhandlungen des Museums für Tierkunde Dresden, 7, Seiten 1–5.

Marzelli, M., 1994. Ausbreitung von *Mecostethus grossus* auf einer Ausgleichs- und Renaturierungsfläche. Articulata, 9, 25-32.

Mathias, A., Kisdi, E., Olivieri, I., 2001. Divergent evolution of dispersal in a heterogenous landscape. Evolution, 55, Seiten 246–259.

Matthews, D.L., 2009. The Sundew Plume Moth, *Buckleria parvulus* (Barnes & Lindsey) (Lepidoptera: Pterophoridae). Southern Lepidopterist's News, 31, Seiten 74–77.

Mauquoy, D., Yeloff, D., 2008. Raised peat bog development and possible responses to environmental changes during the mid- to late-Holocene. Can the palaeoecological record be used to predict the nature and response of raised peat bogs to future climate change? Biodiversity and Conservation, 17, Seiten 2139–2151.

Mayr, E., 1983. Die Entwicklung der biologischen Gedankenwelt. Springer Verlag, Berlin.

Mayr, E., 2000. A critique from the biological species concept perspective: What is a species, and what is not? . in: Wheeler, Q.D., Meier, R. (Eds.), Species concepts and phylogenetic theory - a debate. Columbia University Press, New York, Seiten 93–100.

Mayr, E., 2003. Was ist Evolution? Geo, Bertelsmann, München.

Mayr, E., 2005. Konzepte der Biologie. S. Hirzel Verlag, Stuttgart.

McKay, B. D., 2009. Evolutionary history suggests rapid differentiation in the yellow-throated warbler *Dendroica dominica*. Journal of Avian Biology, 40, Seiten 181–190.

McLachlan, J. S., Clark, J. S., Manos, P. S., 2005. Molecular indicators of tree migration capacity under rapid climate change. Ecology, 86, Seiten 2088–2098.

McShea, D. W., 1993. Evolutionary change in the morphological complexity of the mammalian vertebral column. Evolution, 47, Seiten 730–740.

Meineke, J.-U., 1982. Einige Aspekte des Moor-Biotopschutzes für Schmetterlinge am Beispiel moorbewohnender Großschmetterlingsarten in Südwestdeutschland. Telma, 12, Seiten 85–98.

Meyer, A., Wilson, A. C., 1990. Origin of Tetrapods inferred from their mitochondrial DNA affiliation to Lungfish. Journal of Molecular Evolution, 31, Seiten 359–364.

Mila, B., Smith, T. B., Wayne, R. K., 2007. Speciation and rapid phenotypic differentiation in the yellow-rumped warbler *Dendroica coronata* complex. Molecular Ecology, 16, Seiten 159–173.

Miller, E., Miller, J., 2006. Beobachtungen zum winterlichen Verhalten von *Sympecma fusca* (Odonata: Lestidae). Libellula, 25, Seiten 119–128.

Miller, J. N., Brooks, R. P., Croonquist, M. J., 1997. Effects of landscape patterns on biotic communities. Landscape Ecology, 12, Seiten 137–153.

Millett, J., Leith, I. D., Sheppard, L. J., Newton, J., 2012. Response of *Sphagnum papillosum* and *Drosera rotundifolia* to reduced and oxidized wet nitrogen deposition. Folia Geobotanica, 47, Seiten 179–191.

Milot, E., Gibbs, H.L., Hobson, K. A., 2000. Phylogeography and genetic structure of northern populations of the yellow warbler (*Dendroica petechia*) Molecular Ecology, 9, Seiten 667–681.

Morgan-Jones, W., Poole, J. S., Goodall, R., 2005. Characterisation of hydrological protection zones at the margins of designated lowland raised peat bog sites. Joint Nature Conservation Committee Report, Peterborough, 365, Seiten 3–87.

Müller, J., Müller, K., Kazda, J., Schröder, K.-H., 1991. Zum Vorkommen von Mykobakterien in der *Sphagnum*-Vegetation von Madagaskar. Telma, 21, Seiten 213–219.

Nebel, M., Philippi, G., 2005. Die Moose – Baden-Württembergs, Band 3. Ulmer Verlag, Stuttgart.

Needham, J. G., Westfall, M. J., May, M. L., 2000. Dragonflies of North America. Scientific Publishers, Gainesville.

Neef, E., 1967. Die theoretischen Grundlagen der Landschaftslehre. Hermann Haack Verlag, Gotha.

Neffe, J., 2005. Einstein; Eine Biographie. Rowohlt Verlag, Reinbek bei Hamburg.

Niemelä, J., Halme, E., 1992. Habitat associations of carabid beetles in fields and forests on the Aland islands, SW Finland. Ecography, 15, Seiten 3–11.

Novak, I., Severa, F., 1992. Der Kosmos-Schmetterlingsführer. Franckh-Kosmos, Stuttgart.

Oleksa, A., Chybicki, I. J., Gawronski, R., Svennsson, G. P., Burczyk, J., 2013. Isolation by distance in saproxylic beetles may increase with niche specialization. Journal of Insect Conservation, 17, Seiten 219-233.

Oschmann, M., 1973. Untersuchungen zur Biotopbindung der Orthopteren. Faunistische Abhandlungen des Museums für Tierkunde Dresden, 4, Seiten 177–206.

Ostfeld, R. S., 2011. Lyme Disease. The ecology of a complex system. Oxford University Press, New York.

Ostfeld, R. S., Glass, G. E., Keesing, F., 2005. Spatial epidemiology: an emerging (or re-emerging) discipline. Trends in Ecology and Evolution, 20, Seiten 328–336.

Osvald, H., 1923. Die Vegetation des Hochmoores Komosse. Svenska Växts.Sällsk Handl. Uppsala, 1, 1-436.

Ott, J., 2010. Zur aktuellen Situation der Moorlibellen im «Pfälzerwald» - wie lange können sie sich in Zeiten des Klimawandels noch halten? Coll. Tourbières, Ann. Sci. Rés. Bios. Trans. Vosges du Nord-Pfälzerwald 15, Seiten 123–139.

Overbeck, F., 1975. Botanisch-geologische Moorkunde. Karl Wachholtz Verlag, Neumünster.

Owen, C. R., 1999. Hydrology and history: land use changes and ecological responses in an urban wetland. Wetlands Ecology and Management, 6, Seiten 209–219.

Paasio, I., 1933. Über die Vegetation der Hochmoore Finnlands. Suomen Keidassoiden Kasvillisuudesta, Helsinki.

Pankow, W., 1991. Structure, function and ecology of the mycorrhizal symbiosis. Experientia, 47, Seiten 311–389.

Peters, G., 1987. Die Edellibellen Europas. Die Neue Brehm-Bücherei. A. Ziemsen Verlag, Wittenberg Lutherstadt.

Peus, F., 1928. Beiträge zur Kenntnis der Tierwelt nordwestdeutscher Hochmoore. Zeitschrift für Morphologie und Ökologie der Tiere, 12, Seiten 533–683.

Peus, F., 1932. Die Tierwelt der Moore unter besonderer Berücksichtigung der europäischen Hochmoore. Verlag von Gebrüder Borntraeger, Berlin.

Peus, F., 1950a. Die ökologische und geographische Determination des Hochmoores als „Steppe". Veröffentlichung des Naturwissenschaftlichen Vereins zu Osnabrück, 25, Seiten 39–57.

Peus, F., 1950b. Stechmücken. Akademische Verlagsgesellschaft Geest & Portig K.G., Leipzig.

Peus, F., 1954. Auflösung der Begriffe „Biotop" und „Biozönose". Deutsche Entomologische Zeitschrift, 1, Seiten 271–308.

Pimm, S., 2004. Growing biodiversity. Nature, 430, Seiten 967–968.

Poniatowski, D., Fartmann, T., 2009. Experimental evidence for density-determined wing dimorphism in two bush-crickets (Ensifera: Tettigoniidae). European Journal of Entomology, 106, Seiten 599–605.

Poniatowski, D., Fartmann, T., 2010. What determines the distribution of a flightless bush-cricket (*Metrioptera brachyptera*) in a fragmented landscape? Journal of Insect Conservation, 14, Seiten 637–645.

Popper, K., 1935. Logik der Forschung: Zur Erkenntnistheorie der modernen Naturwissenschaft. Springer Verlag, Wien.

Poschlod, P., 2015. Geschichte der Kulturlandschaft. Ulmer Verlag, Stuttgart.

Poschlod, P., Bakker, J. P., Kahmen, S., 2005. Changing land use and its impact on biodiversity. Basic and Applied Ecology, 6, 93-98.

Potthast, T., 2003. Wissenschaftliche Ökologie und Naturschutz: Szenen einer Annäherung. in: Radkau, J., Uekötter, F. (Eds.), Naturschutz und Nationalsozialismus. Campus Verlag, Frankfurt a. Main, Seiten 225–254.

Precht, R. D., 2007. Wer bin ich und wenn ja, wie viele? Goldmann Verlag, München.

Precht, R. D., 2016. Tiere denken. Vom Recht der Tiere und den Grenzen des Menschen. Goldmann, München.

Precker, A., 2013. Wiedernutzbarmachung von Torfabbauflächen unter Bergrecht. Schriftenreihe des Landesamtes für Umwelt, Naturschutz und Geologie Mecklenburg-Vorpommern, 1, Seiten 31–44.

Precker, A., Knapp, H. D., 1990. Das Teufelsmoor bei Horst, landeskulturelle Nachnutzung eines industriell abgetorften Regenmoores. Gleditschia, 2, Seiten 309–365.

Proctor, M. C. F., 1995. The ombrogenous bog environment. in: Wheeler, B. D., Shaw, S. C., Fojt, W. J., Robertson, R. A. (Eds.), Restoration of temperate wetlands. John Wiley & Sons, Chichester, Seiten 285-303.

Punttila, P., Kilpeläinen, J., 2009. Distribution of mound-building ant species (*Formica* sSeiten, Hymenoptera) in Finland: preliminary results of a national survey. Annales Zoologici Fennici, 46, Seiten 1-15.

Quammen, D., 2012. Spillover. Der tierische Ursprung weltweiter Seuchen. Deutsche Verlagsanstalt, München.

Rabeler, W., 1931. Die Fauna des Göldenitzer Hochmoores in Mecklenburg. Zeitschrift für Morphologie und Ökologie der Tiere, 21, Seiten 173-315.

Radkau, J., 2011. Die Ära der Ökologie - Eine Weltgeschichte. C.H.Beck, München.

Ralska-Jasiewiczowa, M., 1987. Poland: Vegetational, hydrological and climatic changes inferred from IGCP 159 B studies. in: Gaillard, M.-J. (Ed.), Palaeohydrological changes in the temperate zone in the last 15,000 years. Lundqua Report, Lund, Seiten 35-38.

Randall, D., Burggren, W., French, K., 2000. Animal physiology: mechanisms and adaptations. Freeman and Company, New York.

Ratzel, F., 1898. Deutschland. Einführung in die Heimatkunde. 7 ed. Walter De Gruyter & Co, Berlin.

Ratzel, F., 1901. Der Lebensraum. Eine biogeographische Studie. Verlag der Laupp'schen Buchhandlung, Tübingen.

Ravkin, Y. S., Kokorina, I. P., 2011. Cartographic representation of the distribution of Black Grouse (*Lyrurus tetrix* L.) and Hazel Grouse (*Tetrastes bonasia* L.) in the West Siberian Plain. Contemporary Problems of Ecology, 4, Seiten 396-400.

Rees, S. D., Orledge, G. M., Bruford, M. W., Bourke, A. F. G., 2010. Genetic structure of the Black Bog Ant (*Formica picea* Nylander) in the United Kingdom. Conservation Genet, 11, Seiten 823-834.

Reichholf, J. H., 1990. Der tropische Regenwald. Die Ökobiologie des artenreichsten Naturraums der Erde. Deutscher Taschenbuch Verlag, München.

Reichholf, J. H., 2005. Rabenkrähen *Corvus c. corone* nutzen Gelege von Wespenspinnen *Argiope bruennichi* als Nahrung: Beeinflussen sie damit die Bestandsentwicklung dieser Spinne? Ornithologische Mitteilungen, 57, Seiten 116-119.

Reichholf, J. H., 2006. Die Zukunft der Arten. Neue ökologische Überraschungen. C.H. Beck Verlag München.

Reichholf, J. H., 2008. Ende der Artenvielfalt? Gefährdung und Vernichtung von Biodiversität. Fischer Taschenbuch Verlag, Frankfurt a. M.

Reichholf, J. H., 2011. Der Tanz um das goldene Kalb. Der Ökokolonialismus Europas. Verlag Klaus Wagenbach, Berlin.

Reichholf, J. H., 2014. Ornis: Das Leben der Vögel. C.H. Beck Verlag, München, Seite 272.

Remmert, H., 1992. Ökologie. Springer Verlag, Heidelberg, Berlin, New York.

Renberg, I., Korsman, T., Birks, H. J. B., 1993. Prehistoric increases in the pH of acidsensitive Swedish lakes caused by land-use changes. Nature, 362, Seiten 824-827.

Renker, C., Kappes, H., 2000. Verbreitung der Wespenspinne *Argiope bruennichi* (Scopoli, 1772) (Arachnida: Araneae) in der Region Trier. Decheniana, 153, Seiten 133-138.

Retzlaff, H., 1993. Die Wespenspinne *Argiope bruennichi* (SCOPOLI, 1772) in Ostwestfalen-Lippe und an weiteren Fundorten in Deutschland (Arachnida, Araneae). Mitt. ArbGem. Ostwestf.-lipp. Ent., 9, Seiten 29-30.

Richter, K., Rost, J.-M., 2002. Komplexe Systeme. Fischer Taschenbuch Verlag, Frankfurt a. Main.
Ricklefs, R. E., Miller, G. L., 2000. Ecology. Freeman and Company, New York.
Riehl, R., 1991. Können einheimische Fische anhand ihrer Eier durch Wasservögel verbreitet werden? Zeitschrift für Fischkunde, 1, Seiten 79-83.
Ris, F., 1927. *Aeschna subarctica* WALKER, eine für Deutschland und Europa neue Libelle (Odon.). Entomolog. Mitteilungen 16, Seiten 99–103.
Rocek, Z., Sandera, M., 2008. Distribution of Rana arvalis in Europe: a historical perspective. Zeitschrift für Feldherpetologie, 13, Seiten 135–150.
Rochefort, L., Quinty, F., Campeau, S., Johnson, K., Malterer, T., 2003. North American approach to the restoration of *Sphagnum* dominated peatlands. Wetlands Ecology and Management 11, 3-20.
Rochefort, L., Quinty, F., Campeau, S., Johnson, K., Malterer, T., 2007. North American approach to the restoration of *Sphagnum* dominated peatlands. Wetlands Ecology and Management, 11, Seiten 3–20.
Röhl, M., 2005. Ableitung von Restitutionspotenzialen als Entscheidungshilfe bei der Umsetzung von Moorschutzprogrammen. PhD Thesis, Institut für Landschafts- und Pflanzenökologie, Hohenheim, Seite334
Rosén, E., Borgegard, S.-O., 1999. The open cultural landscape. Acta Phytogeographica Suecica, 84, Seiten 113–134.
Rosén, E., Van der Maarel, E., 2000. Restoration of alvar vegetation on Öland, Sweden. Applied Vegetation Science, 3, Seiten 65–72.
Rosenzweig, M. L., Ziv, Y., 1999. The echo pattern of species diversity: pattern and processes. Ecography, 22, Seiten 614–628.
Rosin, Z. M. et al., 2012. Butterfly responses to environmental factors in fragmented calcareous grasslands. Journal of Insect Conservation, 16, Seiten 321–329.
Roulet, N. T., 2000. Peatlands, carbon storage, greenhouse gases, and the Kyoto Protocol: prospects and significance for Canada. Wetlands, 20, Seiten 605–615.
Routledge, R. D., 1980. The form of species - abundance distribution. Journal of Theoretical Biology, 82, 547-558.
Rowe, R. J., 1987. The dragonflies of New Zealand. Auckland University Press, Auckland.
Rowinsky, V., 1993. Ökologie und Erhaltung von Kesselmooren an Berliner und Brandenburger Beispielen. Naturschutz und Landschaftspflege in Brandenburg; Sonderheft Niedermoore, 25-20.
Rowinsky, V., Kobel, J., 2011. Erfassung, Bewertung und Wiedervernässung von Mooren im Müritz-Nationalpark. Telma, Beiheft 4, Seiten 49–72.
Ruppel, M., Väliranta, M., Virtanen, T., Korhola, A., 2013. Postglacial spatiotemporal peatland initiation and lateral expansion dynamics in North America and northern Europe. The Holocene, 23, Seiten 1596–1606.
Rydin, H., 1985. Effect of water level on desiccation of *Sphagnum* in relation to surrounding *Sphagna*. Oikos, 45, Seiten 374-379.
Rydin, H., 1986. Competition and niche separation in *Sphagnum*. Canadian Journal of Botany, 64, Seiten 1817–1824.
Rydin, H., 1993. Mechanisms of interactions among *Sphagnum* species along water-level gradients. Advances in Bryology, 5, Seiten 153–185.
Rydin, H., Jeglum, J. K., 2013. The biology of peatlands. Oxford University Press, Oxford.
Sacher, P., Bliss, P., 1989. Zum Vorkommen der Wespenspinne (*Argiope bruennichi*) im Bezirk Halle (Arachnida: Araneae). Hercynia, 26, Seiten 400–408.

Salo, U., Rosengren, R., 2001. Memory of location and site recognition in the ant *Formica uralensis* (Hymenoptera: Formicidae). Ethology, 107, Seiten 737-752.
Schaeftlein, H., 1959. Ein eigenartiges Hochmoor in den Schladminger Tauern. Mitteilung naturwissenschaftlicher Verein Steiermark, 92, Seiten 104–199.
Scherzinger, W., 1976. Rauhfußhühner. Schriftenreihe Nationalpark bayerischer Wald, 2, Seiten 11–20.
Schiemenz, H., 1995. Die Kreuzotter. Die Neue Brehm Bücherei.
Schiess, H., Schiess-Bühler, C., 1997. Dominanzminderung als ökologisches Prinzip: eine Neubewertung der ursprünglichen Waldnutzungen für den Arten- und Biotopschutz am Beispiel der Tagfalterfauna eines Auenwaldes in der Nordschweiz. Mitteilungen der Eidgenössischen Forschungsanstalt für Wald, Schnee und Landschaft, 72, Seiten 5–127.
Schmidt, G. W., Migliarina, M., Feldhaus, G., 1991. Zur Verbreitung einheimischer Süßwasserfische durch die Luft. Fischökologie aktuell, 5, Seiten 8–10.
Schmoll, F., 2004. Erinnerung an die Natur. Die Geschichte des Naturschutzes im deutschen Kaiserreich. Campus Verlag, Frankfurt a. M.
Schouwenaars, J. M., 1993. Hydrological differences between bogs and bog-relicts and consequences for bog restoration. Hydrobiologia, 265, Seiten 217–224.
Schreiber, K.-F., 1997. Grundzüge der Sukzession in 20-jährigen Grünlandbracheversuchen in Baden-Württemberg. Forstwissenschaftliches Centralblatt, 116, Seiten 243–258.
Schulte, T., Eller, O., Niehuis, M., Rennwald, E., 2007. Die Tagfalter der Pfalz, Band 1. Fauna und Flora in Rheinland-Pfalz, Beiheft 36, Seiten 3–592.
Schumacher, S., 1925. Der Bau der Blinddärme und des übrigen Darmohres vom Spielhahn (*Lyrurus tetrix* L.). Anatomischer Anzeiger, 54, Seiten 640–645.
Schwintzer, C. R., 1985. Effect of spring flooding on endophyte differentiation, nitrogenase activity, root growth and shoot growth in *Myrica gale* Plant and Soil, 87, Seiten 109–124.
Scott, K. J., Kelly, C. A., Rudd, J. W. M., 1999. The importance of floating peat to methane fluxes from flooded peatlands. Biogeochemistry, 47, Seiten 187-202.
Sedlag, U., 1995. Tiergeographie. Uranina Verlag, Leipzig.
Segers, R., 1998. Methane production and methane consumption; a review of processes underlying wetland methane fluxes. Biogeochemistry, 41, Seiten 23–51.
Seifert, B., 2004. The "Black Bog Ant" *Formica picea* NYLANDER, 1846 – a species different from *Formica candida* SMITH, 1878 (Hymenoptera: Formicidae). Myrmecologische Nachrichten, 6, Seiten 29–38.
Seifert, B., 2007. Die Ameisen Mittel- und Nordeuropas. lutra Verlag, Bautzen.
Sembdner, G., 1959. Die Bakterien- und Pilzkrankheiten der Kartoffel. Neue Brehm Bücherei, Wittenberg-Lutherstadt.
Settele, J., Feldmann, R., Reinhardt, R., 1999. Die Tagfalter Deutschlands – Ein Handbuch für Freilandökologen, Umweltplaner und Naturschützer. Ulmer Verlag, Stuttgart.
Settele, J., Geißler, S., 1989. Beziehungen zwischen Flora und Schmetterlingsfauna von Pfeifengraswiesen im Südlichen Pfälzerwald unter besonderer Berücksichtigung der Methodik, Isolation und Bewertung. Mitt. Pollichia, 76, Seiten 105–132.
Silsby, J., 2001. Dragonflies of the world. Smithsonian Institution Press, Washington, D.C.

Sinclair, W. T., Morman, J. D., Ennos, R. A., 1999. The postglacial history of Scots pine (*Pinus sylvestris* L.) in western Europe: evidence from mitochondrial DNA variation. Molecular Ecology, 8, Seiten 83–88.

Sitte, P., Ziegler, H., Ehrendorfer, F., Bresinsky, A., 1998. Strasburger. Lehrbuch der Botanik. Gustav Fischer Verlag, Stuttgart.

Skene, K. R., Sprent, J. I., Raven, J. A., Herdman, L., 2000. *Myrica gale* L. Journal of Ecology, 88, Seiten 1079–1094.

Smolders, A. J. P., Tomassen, H. B. M., Pijnappel, H., Lamers, L. P. M., Roelofs, J. G. M., 2001. Substrate-derived CO^2 is important in the development of *Sphagnum* spp. New Phytologist, 152, Seiten 325–332.

Smolders, A. J. P., Tomassen, H. B. M., Van Mullekom, M., Lamers, L. P. M., Roelofs, J. G. M., 2003. Mechanisms involved in the re-establishment of *Sphagnum*-dominated vegetation in rewetted bog remnants. Wetlands Ecology and Management, 11, Seiten 403–418.

Soeffing, K., 1988. The importance of mycobacteria for the nutrition of larvae of *Leucorrhinia rubicunda* (L.) (Anisoptera: Libellulidae). Odonatologica, 17, Seiten 227–233.

Soeffing, K., Kazda, J., 1993. Die Bedeutung der Mykobakterien in Torfmoosrasen bei der Entwicklung von Libellen in Moorgewässern. Telma 23, Seiten 261–269.

Soentgen, J., Reller, A., 2009. CO_2 – Lebenselixier und Klimakiller. Oekom Verlag, München.

Sommer, R., 2007. When east met west: the sub-fossil footprints of the west European hedgehog and the northern white-breasted hedgehog during the Late Quaternary in Europe. Journal of Zoology, 273, Seiten 82–89.

Sommer, R. et al., 2011. When the pond turtle followed the reindeer: effect of the last extreme global warming event on the timing of faunal change in Northern Europe. Global Change Biology, 17, Seiten 2049–2053.

Sommer, R., Nadachowski, A., 2006. Glacial refugia of mammals in Europe: evidence from fossil records. Mammal Review, 36, Seiten 251–265.

Sommer, R., Zachos, F. E., 2009. Fossil evidence and phylogeography of temperate species: 'glacial refugia' and post-glacial recolonization. Journal of Biogeography, 36, 2013-2020.

Sonneck, A.-G., Bönsel, A., Matthes, J., 2008. Der Einfluss von Landnutzung auf die Habitate von *Stethophyma grossum* (Linnaeus, 1758) an Beispielen aus Mecklenburg-Vorpommern. Articulata, 23, Seiten 15–30.

Sörens, A., 1996. Zur Populationsstruktur, Mobilität und dem Eiablageverhalten der Sumpfschrecke (*Stethophyma grossum*) und der Kurzflügeligen Schwertschrecke (*Conocephalus dorsalis*). Articulata, 11, Seiten 37–48.

Spitzer, K., Bezdek, A., Jaros, J., 1999. Ecological succession of a relict Central European peat bog and variability of its insect biodiversity. Journal of Insect Conservation, 3, Seiten 97–106.

Spitzer, K., Danks, H. V., 2006. Insect biodiversity of boreal peat bogs. Annual Review of Entomology, 51, Seiten 137–161.

Stanley, S.M., 2001. Historische Geologie. Spektrum Verlag, Berlin.

Sternberg, K., 1993. Hochmoorschlenken als warme Habitatinseln im kalten Lebensraum Hochmoor. Telma, 23, Seiten 125–146.

Sternberg, K., 1995. Populationsökologische Untersuchungen an einer Metapopulation der Hochmoor-Mosaikjungfer (*Aeshna subarctica elisabethae* Djakonov, 1922) Odonata; Aeshnidae) im Schwarzwald. Zeitschrift für Ökologie und Naturschutz, 4, Seiten 53–60.

Sternberg, K., 1998. Die postglaziale Besiedlung Mitteleuropas durch Libellen, mit besonderer Berücksichtigung Südwestdeutschlands (Insecta: Odonata). Journal of Biogeography, 25, Seiten 319–337.

Stewart, J. R., Lister, A. M., 2001. Cryptic northern refugia and the origins of the modern biota. Trends in Ecology and Evolution, 16, Seiten 608–613.

Storozhenko, S., Otte, D., 1994. Review of the Genus Stethophyma Fischer (Orthoptera: Acrididae: Acridinae: Parapleurini). Journal of orthoptera research, 2, Seiten 61-64.

Strack, M., Price, J. S., 2009. Moisture controls on carbon dioxide dynamics of peat-*Sphagnum* monoliths. Ecohydrology, 2, 34–41.

Strack, M., Waddington, J. M., Turetsky, M., Roulet, N. T., Byrne, K. A., 2008. Northern peatlands, greenhouse gas exchange and climate change. in: Strack, M. (Ed.), peatlands and climate change. International Peat Society, Jyväskylä, Finland, Seiten 44-69.

Stugren, B., 1966. Geographic variation and distribution of the moor frog, *Rana arvalis*. Annales Zoologici Fennici, 3, Seiten 29–39.

Succow, M., 1983. Moorbildungstypen des südbaltischen Raumes. Petermanns Geografische Mitteilungen, 282, Seiten 86–107.

Succow, M., 1988. Landschaftsökologische Moorkunde. Gebrüder Borntraeger, Berlin.

Succow, M., 2011. Mensch und Moor (in Nordostdeutschland) – Eine Einführung. Telma, Beiheft, 4, Seiten 9–26.

Succow, M., Jeschke, L., 1986. Moore in der Landschaft. Urania-Verlag, Jena.

Succow, M., Joosten, H., 2001. Landschaftsökologische Moorkunde. E. Schweizerbart'sche Verlagsbuchhandlung, Stuttgart.

Svennsson, B. M., 1995. Competition between Sphagnum fuscum and *Drosera rotundifolia*: a case of ecosystem engineering. Oikos, 74, Seiten 205–212.

Svensson, G., 1988. Fossil plant communities and regeneration patterns on a raised bog in South Sweden. Journal of Ecology, 76, Seiten 41–59.

Taberlet, P., Fumagalli, L., Wust-Saucy, A.-G., Cosson, J.-F., 1998. Comparative phylogeography and postglacial colonization routes in Europe. Molecular Ecology, 7, Seiten 453–464.

Talbot, L. M., 1997. The linkages between ecology and conservation policy. in: Pickett, S.T.A., Ostfeld, R. S., Shachak, M., Likens, G. E. (Eds.), The ecological basis of conservation. Heterogeneity, ecosystems, and biodiversity. Chapman & Hall, New York, Seiten 368–378.

Tautz, D., Arctander, P., Minelli, A., Thomas, R.H., Vogler, A.P., 2003. A plea for DNA taxonomy. Trends in Ecology and Evolution, 18, Seiten 70–74.

Thiele, V., Berlin, A., 2002. Zur ökologischen Bewertung des Naturschutzgebietes „Grosses Moor bei Darze“ (Mecklenburg-Vorpommern) mittels eines neu entwickelten Verfahrens auf der Basis zoologischer Taxa. Telma, 32, Seiten 114–159.

Thiele, V., Precker, A., Berlin, A., Blumrich, B., 2011. Biozönotische Analyse des „Teufelsmoores bei Gresenhorst“ (Mecklenburg-Vorpommern) mittels der Lepidopteren und aquatischen Insekten. Telma, 41, Seiten 101–124.

Thiesmeier, B., 2013. Die Waldeidechse: ein Modellorganismus mit zwei Fortpflanzungswegen. Laurenti Verlag, Braunschweig.

Thompson, D. K., Waddington, J.M., 2008. *Sphagnum* under pressure: towards an ecohydrological approach to examining *Sphagnum* productivity. Ecohydrology, 1, Seiten 299–308.

Thönes, S., Rudolph, H., 1983. Untersuchung der freien Aminosäuren und des N-Gehaltes von *Sphagnum magellanicum* BIRD. Telma, 13, Seiten 201–210.

Thum, M., 1986. Segregation of habitat and prey in two sympatric carnivorous plant species, *Drosera rotundifolia* and *Drosera intermedia*. Oecologia, 70, Seiten 601-605.

Thum, M., 1988. The significance of carnivory for the fitness of *Drosera* in its natural habitat 1.The reactions of *Drosera intermedia* and *D. rotundifolia* to supplementary feeding. Oecologia, 75, Seiten 472-480.

Thum, M., 1989. The significance of opportunistic predators for the sympatric carnivorous plant species *Drosera intermedia* and *Drosera rotundifolia*. Oecologia, 81, Seiten 397-400.

Timmermann, T., 1999. Sphagnum-Moore in Nordostbrandenburg: Stratigraphisch-hydrodynamische Typisierung und Vegetationswandel seit 1923. Dissertationes Botanicae 305, Seiten 1-175.

Tiunov, A. V., Esyunin, S. L., 2015. Orb-weaver spiders of the genus *Argiope* (Aranei, Araneidae) from Russia and Central Asia. Entomological Review, 95, Seiten 99-107.

Tomassen, H. B. M., Smolders, A. J. P., Limpens, J., Lamers, L. P. M., Roelofs, J. G. M., 2004. Expansion of invasive species on ombrotrophic bogs: desiccation or high N deposition? Journal of Applied Ecology, 41, Seiten 139-150.

Trepl, L., 2007. Allgemeine Ökologie - Population. Peter Lang Verlag, Frankfurt a. Main.

Turlure, C., Choutt, J., Baguette, M., van Dyck, H., 2010. Microclimatic buffering and resource-based habitat in a glacial relict butterfly: significance for conservation under climate change. Global Change Biology, 16, Seiten 1883-1893.

Turlure, C., van Dyck, H., Schtickzelle, N., Baguette, M., 2009. Resource-based habitat definition, niche overlap and conservation of two sympatric glacial relict butterflies. Oikos, 118, Seiten 950-960.

Tüxen, R., 1979. Vorschlag einer typologischen Ordnung der Niedersächsischen Hochmoore. Telma, 9, Seiten 15-29.

Tzedakis, P. C., 2005. Towards an understanding of the response of southern European vegetation to orbital and suborbital climate variability. Quaternary Science Reviews, 24, Seiten 1585-1599.

Uekötter, F., 2003. Von der Rauchplage zur ökologischen Revolution. Eine Geschichte der Luftverschmutzung in Deutschland und den USA 1880-1970. Klartext, Essen.

Uekötter, F., Hohensee, J., 2004. Wird Kassandra heiser? Die Geschichte falscher Ökoalarme. Franz Steiner Verlag, Stuttgart.

Uhl, G., Nessler, S. H., Schneider, J., 2007. Copulatory mechanism in a sexually cannibalistic spider with genital mutilation (Araneae: Araneidae: *Argiope bruennichi*). Zoology, 110, Seiten 398-408.

Uhl, G., Nessler, S. H., Schneider, J. M., 2010. Securing paternity in spiders? A review on occurrence and effects of mating plugs and male genital mutilation. Genetica, 138, Seiten 75-104.

Urbanova, Z., Picek, T., Tuittila, E.-S., 2013. Sensitivity of carbon gas fluxes to weather variability on pristine, drained and rewetted temperate bogs. Mires and Peat, 11, 1-14.

van Breemen, N., 1995. How *Sphagnum* bogs down other plants. Trends in Ecology and Evolution, 10, Seiten 270-275.

van Valen, L., 1976. Ecological species, multispecies, and oaks. Taxon, 25, Seiten 233-239.

van Wijngaarden, A., 1959. Over de verspreiding en de ecologie van de adder (*Vipera b. berus* L.) in Nederland. Levende Natuur 62, Seiten 254-261.

Vandewoestijne, S., Baguette, M., 2002. The genetic structure of endangered populations in the Cranberry Fritillary, *Boloria aquilonaris* (Lepidoptera, Nymphalidae): RAPDs vs allozymes. Heredity, 89, Seiten 439–445.

Varma, A., Hock, B., 2014. Mycorrhiza – State of the art, genetics and molecular biology, eco-function, biotechnology, eco-physiology, structure and systematics. Springer Verlag, Berlin.

Vasander, H. et al., 2003. Status and restoration of peatlands in northern Europe. Wetlands Ecology and Management, 11, 51–63.

Verhoeven, J. T. A., Arheimer, B., Yin, C., Hefting, M. M., 2006. Regional and global concerns over wetlands and water quality. Trends in Ecology and Evolution, 21, Seiten 96–103.

Völkl, W., 1989. Prey density and growth: Factors limiting the hibernation success of neonate adders (*Vipera berus* L.). Zoologischer Anzeiger, 222, Seiten 75–82.

Völkl, W., Biella, H.-J., 1993. Ökologische Grundlagen einer Schutzkonzeption für die Kreuzotter (*Vipera b. berus* L.) in Mittelgebirgen. Mertensiella 3, Seiten 357–368.

Völkl, W., Thiesmeier, B., 2002. Die Kreuzotter – ein Leben in festen Bahnen?. Laurenti Verlag, Bielefeld.

Wagenknecht, E., 1988. Rotwild. Landwirtschaftsverlag, Berlin.

Walker, D., Walker, P. M., 1961. Stratigraphic evidence of regeneration in some Irish bogs. Journal of Ecology, 49, Seiten 19–185.

Walker, E. M., 1912. The north american dragonflies of the genus *Aeshna*. University of Toronto studies – Biological series 11, Seiten 1–203.

Walker, E. M., 1934. The nymphs of *Aeschna juncea* L. and *A. subarctica* WLK. The canadian Entomologist, 66, Seiten 267–274.

Walter, H., 1967. Die physiologischen Voraussetzungen für den Übergang der autotrophen Pflanzen vom Leben im Wasser zum Landleben. Zeitschrift für Pflanzenphysiologie, 56, Seiten 170–185.

Walter, H., 1975. Über ökologische Beziehungen zwischen Steppenpflanzen und alpinen Elementen. Flora, 164, Seiten 339–346.

Walter, H., Breckle, S.-W., 1994. Ökologie der Erde, Band 3, Spezielle Ökologie der Gemäßigten und Arktischen Zonen Euro-Nordasiens. Gustav Fischer Verlag, Stuttgart, Jena.

Walter, H., Breckle, S.-W., 1999. Vegetation und Klimazonen. 7 ed. Eugen Ulmer Verlag, Stuttgart.

Wawer, W., Kostro-Ambroziak, A., 2016. Egg sac parasitism: how important are parasitoids in the range expansion of the wasp spider *Argiope bruennichi*? Journal of Arachnology 44, Seiten 247–250.

Weber, C. A., 1907. Aufbau und Vegetation der Moore Norddeutschlands. Bot. Jb. f. Syst. Pflanzengesch. u. Pflanzengeogr., 30, Seiten 19–34.

Wendel, D., 2011. Autogene Regenerationserscheinungen in erzgebirgischen Moorwäldern und deren Bedeutung für Schutz und Entwicklung der Moore. PhD; Tharandt, 248.

Westheide, W., Rieger, R., 2004. Spezielle Zoologie, Teil I: Einzeller und Wirbellose Tiere. Gustav Fischer, München.

Wheeler, B. D., Shaw, S. C., Fojt, W. J., Robertson, R. A., 1995. Restoration of temperate wetlands. John Wiley & Sons, Chichester.

Wheeler, Q. D., Meier, R., 2000. Species concepts and phylogenetic theory - a debate. Columbia University Press, New York.

Whitmire, R. S., 1965. Ecological observations on *Splachnum ampullaceum*. The Bryologist, 68, Seiten 342–343.

Whittaker, R. H., 1972. Evolution and measurement of species diversity. Taxon 21 (2/3), Seiten 213–251.

Wichtmann, W., Schröder, C., Joosten, H., 2016. Paludikultur - Bewirtschaftung nasser Moore: Klimaschutz - Biodiversität - regionale Wertschöpfung. Schweizerbart'sche Verlagsbuchhandlung, Stuttgart.

Wichtmann, W., Tanneberger, F., Wichmann, S., Joosten, H., 2010. Paludiculture is paludifuture: Climate, biodiversity and economic benefits from agriculture and forestry on rewetted peatland. Peatlands International, 1, Seiten 48–51.

Wichtmann, W., Wichmann, S., 2011. Paludikultur: Standortgerechte Bewirtschaftung wiedervernässter Moore. Telma, Beiheft, 4, Seiten 215–234.

Wiens, J. J., 2004. What is speciation and how should we study it? The American Naturalist, 163, Seiten 914–923.

Wiens, J. J., Donoghue, M. J., 2004. Historical biogeography, ecology and species richness. Trends in Ecology and Evolution, 19, Seiten 639–644.

Wiens, J. J., Graham, C. H., 2005. Niche conservatism: Integrating evolution, ecology, and conservation biology. Annual review of ecology and systematics, 36, Seiten 519–539.

Wildermuth, H., 2016a. Auswirkung der Hochmoorregeneration auf die Libellenfauna (Odonata) des Torfrieds Pfäffikon (ZH). Entomo Helvetica, 9, Seiten 41–51.

Wildermuth, H., 2016b. Erhaltung und Förderung gefährdeter Wasserpflanzen in den Mooren der Drumlinlandschaft Zürcher Oberland (Schweiz). Bauhinia, 26, Seiten 1–14.

Wildermuth, H., Martens, A., 2014. Taschenlexikon der Libellen Europas: Alle Arten von den Azoren bis zum Ural im Porträt Quelle & Meyer, Wiesbaden.

Wiley, E. O., Mayden, R. L., 2000. The evolutionary species concept. in: Wheeler, Q. D., Meier, R. (Eds.), Species concepts and phylogenetic theory – a debate. Columbia University Press, New York, Seiten 70–89.

Williams, R. T., Crawford, R. L., 1984. Methane production in Minnesota peatlands. Applied and Environmental Microbiology, 47, Seiten 266–271.

Wilson, D., Farrell, C., Müller, C., Hepp, S., Renou-Wilson, F., 2013. Rewetted industrial cutaway peatlands in western Ireland: a prime location for climate change mitigation? Mires and Peat, 11, Seiten 1–22.

Wulf, A., 2016. Alexander von Humboldt und die Erfindung der Natur. C. Bertelsmann, München.

Yang, S., Doolittle, R. F., Bourne, P. E., 2005. Phylogeny determined by protein domain content. Proc. Natl. Acad. Sci. USA, 102, Seiten 373–378.

Yavitt, J. B., Williams, C. J., Wieder, R. K., 2000. Controls on microbial production of methane and carbon dioxide in three *Sphagnum*-dominated peatland ecosystems as revealed by a reciprocal field peat transplant experiment. Geomicrobiology J, 17, Seiten 61–88.

Zacher, F., 1917. Die Gradflügler Deutschlands und ihre Verbreitung. Gustav Fischer Verlag, Jena.

Zedler, J. B., 2000. Progress in wetland restoration ecology. Trends in Ecology and Evolution, 15, Seiten 402–407.

Zeuner, F., 1930. Der Einfluß der postglazialen Klimaschwankungen auf die Verbreitung von *Ephippigera vitium* Serv. (Orth. Tettig.). Mitteilungen aus dem Zoologischen Museum in Berlin, 15, Seiten 85–106.

Zrzavy, J., Burda, H., Storch, D., Begall, S., Mihulka, S., 2013. Evolution. Ein Lese-Lehrbuch. Springer Verlag, Heidelberg.

Danksagung

Mein größter Dank geht an meinen väterlichen Freund und Mentor Joachim Matthes, der sich Wort für Wort durch meinen Entwurf des Manuskripts arbeitete, es immer und immer wieder auseinandernahm, um mich zu vollständig durchdachten Gedankengängen in den einzelnen Kapiteln zu trimmen. Er diskutierte mit mir über die schlüssige Reihenfolge der Gedanken. Seine Hilfe war schier unermüdlich, denn wir unternahmen auch zahlreiche gemeinsame Exkursionen in das eine oder andere Regenmoor, wo ich viel von Joachim als ehemaligen Standortkundler lernte. Vielen lieben Dank, Achim!
Ein großes Dankeschön geht an meine Familie, an meine Frau und an meine drei Kinder, die stets alle Exkursionen in die Regenmoore ertragen mussten, sie manchmal liebten, aber vor allem meine Angespanntheit an den vielen Abenden ertragen haben, wenn ich mal wieder an diesem Buch schrieb. Ein besonderer Dank geht an meinen größten Sohn Arthur. Er hat mich mit seinen vielen Fragen erst zu dem einen oder anderen Gedanken gebracht. Ich finde, das Buch hat dadurch an wörtlicher Farbe gewonnen.

Ein Torfstich, der allmählich wieder verlandet.

Das Entstehen eines solchen Buches ist fast genauso komplex wie das Entstehen eines Regenmoores. Es dauert auch ziemlich lange, was nicht den Zeitspannen eines Regenmoores entspricht, aber es ist für eine menschliche Zeitspanne schon eine lange Zeit, in der viele Freunde oder Kollegen mit ihren Wünschen mir gegenüber zurückstecken mussten. Dafür danke ich euch allen, und ich danke euch für die vielen Diskussionen rund um dieses Thema.
Ein riesiges Dankeschön möchte ich noch Hilmar Wichmann widmen. Er hat mich in zahlreiche schwedische Regenmoore geführt, um mir die gewünschten Fotomotive zu präsentieren - ob es das Birkhuhn war, die Kraniche zusammen mit den Singschwänen, die zahlreichen Torfmoose oder die zahlreichen Gebilde von Regenmooren. Als ich Hilmar vom Entstehen der Strangmoore berichtete, wusste er sofort, wo ich ein solches Regenmoor in Schweden finde und führte mich für ein Foto dorthin. Es ist eine richtige Männerfreundschaft geworden. Ich danke dir, lieber Hilmar, durch dich hat das Buch viele farbenfrohe Bilder bekommen.

Impressum

© 2019 DEMMLER VERLAG GmbH
An der Bäderstraße 7c, 18311 Ribnitz-Damgarten
Tel.: 03821 / 425514-0, Fax: 03821 / 425514-2
www.demmlerverlag.de

Bilder: André Bönsel
Titelbild: Deckenmoor in Norwegen
Lektorat: Katja Völkel
Layout, Satz: Verlag *grünes herz*®, Sibylle Senftleben
Schrift: DejaVu Serif
Titelgestaltung: Annekatrin Gebhardt
Druck: Jelgavas tipogrāfija, Jelgava

1. Auflage 2019

ISBN: 978-3-944102-31-3